高等职业教育“十三五”精品规划教材

（计算机网络技术系列）

# 交换机与路由器配置与管理

主　编　王素芳　谷利芬

副主编　谢　芳　杨红果　刘淑芝

中国水利水电出版社
www.waterpub.com.cn
·北京·

## 内 容 提 要

本书以市场上占主要地位的 H3C 公司的网络产品——交换机和路由器的配置与管理为载体，按照企事业单位一般组网的过程，从局域网到广域网的顺序组织内容。在局域网组网技术中，介绍了网络应用中最常用和实用的技术，包括交换机初始配置、端口技术、STP、链路聚合、VLAN 技术。在广域网组网技术中，介绍了路由器的 Telnet 配置、常用路由协议——直连路由、静态路由、RIP、OSPF、广域网协议、利用三层交换机实现 VLAN 间路由以及企业网络中常用的安全技术 ACL 和 NAT、IPSec VPN。最后介绍了提高网络可靠性的 VRRP 技术和网络故障排除常用方法。在附录部分给出了 H3C 云实验平台和 LITO 两种模拟器的使用方法。教材以项目为导向，每个项目都有具体的学习目标，按照任务描述、任务要求、知识链接、实现方法、思考与练习的顺序过程进行任务编写，是为高职院校学生量身定做的一本教材。

图书在版编目（ＣＩＰ）数据

交换机与路由器配置与管理 / 王素芳，谷利芬主编. -- 北京 : 中国水利水电出版社，2017.8
高等职业教育"十三五"精品规划教材. 计算机网络技术系列
ISBN 978-7-5170-5704-8

Ⅰ. ①交… Ⅱ. ①王… ②谷… Ⅲ. ①计算机网络－信息交换机－高等职业教育－教材②计算机网络－路由器－高等职业教育－教材 Ⅳ. ①TN915.05

中国版本图书馆CIP数据核字(2017)第185444号

策划编辑：祝智敏　责任编辑：李　炎　加工编辑：陈宏华　封面设计：李　佳

| | |
|---|---|
| 书　　名 | 高等职业教育"十三五"精品规划教材（计算机网络技术系列）<br>交换机与路由器配置与管理<br>JIAOHUANJI YU LUYOUQI PEIZHI YU GUANLI |
| 作　　者 | 主　编　王素芳　谷利芬<br>副主编　谢　芳　杨红果　刘淑芝 |
| 出版发行 | 中国水利水电出版社<br>（北京市海淀区玉渊潭南路 1 号 D 座　100038）<br>网址：www.waterpub.com.cn<br>E-mail：mchannel@263.net（万水）<br>sales@waterpub.com.cn<br>电话：（010）68367658（营销中心）、82562819（万水） |
| 经　　售 | 全国各地新华书店和相关出版物销售网点 |
| 排　　版 | 北京万水电子信息有限公司 |
| 印　　刷 | 三河市航远印刷有限公司 |
| 规　　格 | 184mm×260mm　16 开本　14.5 印张　356 千字 |
| 版　　次 | 2017 年 8 月第 1 版　2017 年 8 月第 1 次印刷 |
| 印　　数 | 0001—3000 册 |
| 定　　价 | 30.00 元 |

# 前 言

随着计算机和网络技术的迅猛发展，计算机网络及应用已经渗透到社会各个领域，社会对网络应用型人才的需求与日俱增。“交换机与路由器配置与管理”作为计算机网络人才培养的一门基础课程，在其中扮演了重要的角色。目前市场上关于交换机/路由器配置与管理的教材大多都是由行业内部编写，例如思科、H3C 的相关教材，教材知识量大，各高职院校在授课时，往往要根据各自的教学大纲进行取舍。而高职高专学生不光要会操作，还要懂得基本的理论，因此需要一本理论够用、实践操作强的教材，本书就是基于这一点编写的。所有参与本书编写的人员均来自教学一线，都有多年的网络教学经验。

教材特点：

（1）以 H3C 的交换机/路由器为载体进行编写，所有的实践操作均在真实的设备或模拟器上测试通过。

（2）实践操作以任务驱动的方式给出，以提高学生学习的积极性和主动性。

（3）每个项目都有具体的学习目标，按照任务描述→任务要求→知识链接→实现方法→思考与练习的顺序进行任务编写，是为高职院校学生量身定制的一本教材。

（4）案例丰富，面向应用，变抽象为具体，力图将抽象的知识转化为具体的实现过程。

教材内容：按照企事业单位的一般组网过程，从局域网到广域网的顺序组织内容。全书共有 17 个项目，包括小型局域网的构建、网络互连及相关路由协议、网络安全、网络可靠性、IPv6 技术、网络故障排除及云计算技术等。每个项目有相关的理论知识作为支撑，通过完成每个项目中的任务，实现教学目标。

读者对象：本书既可作为高职高专院校、中职院校计算机网络技术及计算机相关专业教材，也可作为网络维护人员的技术参考书。本书语言通俗易懂，操作步骤明确，有利于读者自学。

本书由焦作师范高等专科学校计算机与信息工程学院的王素芳、谷利芬任主编，谢芳、杨红果、刘淑芝任副主编。主要编写人员分工如下：王素芳编写项目 5、项目 6、项目 7、项目 8，谷利芬编写项目 3、项目 4、项目 13、项目 14，谢芳编写项目 9、项目 10、项目 11、项目 12，杨红果编写项目 1、项目 2、附录 A、附录 B，刘淑芝编写项目 15、项目 16、项目 17。参与本书编写工作的还有杨梦龙、秦晓明、米西峰、柳志新、郭天一、倪志刚、孙继征等。来自企业一线的专家王俊强对本书的编写提出了宝贵的建议，在此表示衷心的感谢。

本书编写过程中参考了很多优秀的教材，得到了中国水利水电出版社的大力支持和帮助，在此对所有引用文献的作者和出版社表示衷心的感谢！由于编者水平有限，书中难免有疏漏和不足之处，恳请广大读者批评指正。

编 者

2017 年 6 月

# 目　　录

# 1

# 局域网的设计与组建

本项目主要针对局域网进行规划与组建，通过基础知识的学习及任务的实施，使读者对网络基础知识有一定的认识，能够掌握简单的小型局域网的组建及基本设置。

- 了解局域网的基本规划及产品选型
- 掌握 IP 地址的规划与设计
- 会组建家庭局域网

## 任务　组建 SOHO 家庭网络

### 1.1.1　任务描述

网络与我们的生活密切相关，我们的生活越来越离不开网络。除了办公室外，家庭网络是许多人上网的主要渠道，越来越多的家庭拥有了两台或两台以上的计算机，因此，组建一个家庭局域网就非常迫切了。目前，家庭上网的方式主要有五种：

- 拨号上网方式
- ISDN 上网方式
- 宽带上网方式

- 光纤上网方式
- 无线上网方式

本文以宽带上网方式为例，为大家详解家庭网络解决方案。

### 1.1.2 任务要求

能正确规划设计小型局域网、简单配置路由器，使家庭中的计算机、手机、iPad、电视等网络终端设备能连入 Internet。

### 1.1.3 知识链接

局域网是一种在小范围内实现共享的计算机网络，具有结构简单、投资少、数据传输速率高和可靠性好、组建和维护容易等优点，应用范围极其广泛。主要用于办公自动化、企业事业单位的管理、银行业务处理、校园网建设等方面。

要完成一个局域网的规划，从对用户进行需求分析、论证，到工程竣工时的测试和验收，以及相关文件的归档，这是一个相对复杂的过程，如图 1-1-1 所示。

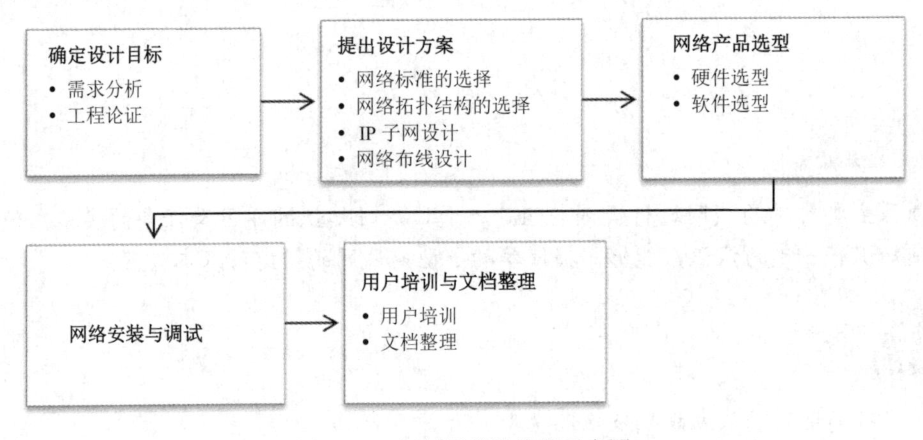


图 1-1-1 局域网设计流程示意图

在局域网的设计流程中，本项目着重介绍设计方案和网络产品选型。

1. 网络标准的选择

网络设计的一个重要步骤就是根据业务性质与需求选择最合适的网络标准。常见的局域网种类有以太网、令牌环网、FDDI 和 ATM 等。由于以太网具有安装快速、容易，使用可靠和价格低廉等优点，因此很受欢迎。以太网可以用于几乎所有类型的结构化布线系统，以下主要对以太网标准进行介绍。

（1）10Mbps 以太网

最初以太网只有 10Mbps 的吞吐量，它所使用的是 CSMA/CD（带有冲突检测的载波侦听多路访问）的介质访问控制方法。通常把这种早期的 10Mbps 以太网称为标准以太网。以太网主要有两种传输介质：双绞线和同轴电缆。所有的以太网都遵循 IEEE802.3 标准，下面列出了一些以太网标准，在这些标准中前面的数字表示传输速度，单位是“Mbps”，最后一个数字表示单段网线长度（基准单位是 100m），Base 代表“基带”，Broad 代表“宽带”。

- 10Base-5 使用粗同轴电缆，最大网段长度为 500m，基带传输方法；

- 10Base-2　使用细同轴电缆，最大网段长度为185m，基带传输方法；
- 10Base-T　使用双绞线电缆，最大网段长度为100m；
- 1Base-5　使用双绞线电缆，最大网段长度为500m，传输速度为1Mbps；
- 10Broad-36　使用同轴电缆（RG-59/U CATV），最大网段长度为3600m，是一种宽带传输方式；
- 10Base-F　使用光纤传输介质，传输速率为10Mbps。

20世纪80年代初期，出现了使用光纤布线的以太网。IEEE发布了一系列光纤介质标准，这些标准被统称为10Base-F。虽然连接器和终止器的费用非常昂贵，但是却有极好的抗干扰性，多用于距离较远的集线器的连接。

（2）快速以太网

随着网络的发展，传统标准的以太网技术已难以满足日益增长的网络数据流量需求。在1993年10月以前，对于要求10Mbps以上数据流量的LAN应用，只有光纤分布式数据接口（FDDI）可供选择，但它是一种价格非常昂贵的、基于100Mbps光缆的LAN。1993年10月，Grand Junction公司推出了世界上第一台快速以太网集线器FastSwitch10/100和网络接口卡FastNIC100，快速以太网技术正式得以应用。随后Intel、SynOptics、3COM、BayNetworks等公司亦相继推出自己的快速以太网设备。与此同时，IEEE802工程组亦对100Mbps以太网的各种标准，如100Base-TX、100Base-T4、全双工等进行了研究。1995年3月，IEEE发布了IEEE802.3u 100Base-T快速以太网标准（Fast Ethernet），自此进入了快速以太网的时代。

快速以太网与原来工作在100Mbps带宽下的FDDI相比具有许多的优点，主要体现在快速以太网技术可以有效地保障用户在布线基础设施上的投资，它支持3、4、5类双绞线以及光纤的连接，能有效地利用现有的设施。

快速以太网的不足其实也是以太网技术的不足，那就是快速以太网仍基于载波侦听多路访问和冲突检测（CSMA/CD）技术，当网络负载较重时，会造成效率的降低，当然这可以使用交换技术来弥补。

100Mbps快速以太网标准又分为：100Base-TX、100Base-FX、100Base-T4三个子类。

- 100Base-TX：是一种使用5类非屏蔽双绞线或屏蔽双绞线的快速以太网技术。它使用两对双绞线，一对用于发送数据，一对用于接收数据。使用与10Base-T相同的RJ-45连接器，它的最大网段长度为100米。支持全双工的数据传输。
- 100Base-FX：是一种使用光纤的快速以太网技术，可使用单模和多模光纤，多模光纤连接的最大距离为550米，单模光纤连接的最大距离为3000米。100Base-FX特别适合于有电气干扰的环境、较大距离连接或高保密环境等。
- 100Base-T4：是一种可使用3、4、5类非屏蔽双绞线或屏蔽双绞线的快速以太网技术。它使用4对双绞线，3对用于传送数据，1对用于检测冲突信号。它使用与10Base－T相同的RJ-45连接器，最大网段长度为100米。

（3）千兆以太网

1998年6月制定了千兆位以太网标准：IEEE802.3z标准。新标准包括介质访问控制、拓扑规则和独立于千兆位介质的接口规范，规定了3种物理层接口：1000Base-EX、1000Base-LX和1000Base-CX。1999年7月，IEEE通过了IEEE802.3ab的补充标准。

IEEE802.3z为基于单模光纤、多模光纤和同轴电缆的千兆以太网标准；IEEE802.3ab制定了5类双绞线较长距离连接方案的标准。

千兆以太网在速度上比标准以太网快100倍，而在技术上却与它兼容，同样使用CSMA/CD协议，仍保留IEEE802.3标准规定的以太网数据帧格式及最大、最小帧长。

（4）万兆以太网

万兆位以太网标准由IEEE802.3ae委员会制定，它的数据传输率是10000Mbps。万兆标准意味着以太网具有更高的带宽（10G）和更远的传输距离（最长传输距离可达到40km）。万兆以太网标准包括：

- 10GBase-SR和10GBase-SW：主要支持短波（850nm）多模光纤（MMF），光纤距离为2km～300km。10GBase-SR主要支持“暗光纤”（Dark fiber），“暗光纤”是指没有光传播并且不与任何设备连接的光纤。10GBase-SW主要用于连接SONET设备，它应用于远程数据通信；
- 10GBase-LR 和 10GBase-LW：主要支持长波（1310nm）单模光纤（SMF），光纤距离为2km～10km；
- 10GBase-ER 和 10GBase-EW：主要支持超长波（1550nm）单模光纤（SMF），光纤距离为2km～40km。10GBase-EW主要用来连接SONET设备，10GBase-ER则用来支持“暗光纤”；
- 10GBase-LX4：采用波分复用技术，在单对光纤上以4倍光波长发送信号。系统运行在1310nm的多模或单模“暗光纤”方式下，设计目标是针对2m～300m的多模光纤模式或2m～10km的单模光纤模式。

总而言之，以太网具有以下技术特性：

- 以太网是基带网，采用基带传输技术；
- 以太网的标准是IEEE802.3，它使用CSMA/CD介质访问控制方法；
- 以太网是广播式网络；
- 以太网是一种共享型网络，网上所有站点共享传输媒体和宽带；
- 以太网的拓扑结构主要是总线型和星型；
- 以太网帧可变长，长度为64B～1514B；
- 虽然简单，但是技术先进；
- 价格低廉，易扩展、易维护、易管理。

2. 网络拓扑结构的选择

（1）计算机网络拓扑结构的概念

计算机网络拓扑（Computer Network Topology）是指网上计算机或设备与传输媒体形成的结点与线的物理构成模式。网络的结点有两类：一类是转换和交换信息的转接结点，包括结点交换机、集线器和终端控制器等；另一类是访问结点，包括计算机主机和终端等。线则代表各种传输媒体，包括有形的和无形的。

（2）计算机网络拓扑结构的分类

计算机网络的拓扑结构主要有：总线型拓扑、星型拓扑、环型拓扑、树型拓扑、网状型和混合型拓扑，如图1-1-2所示。

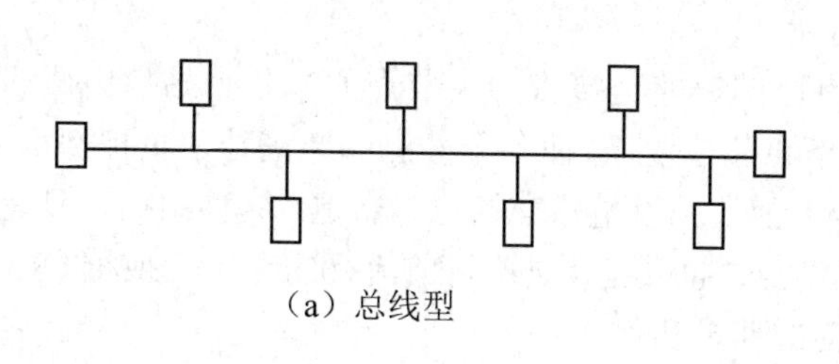
（a）总线型

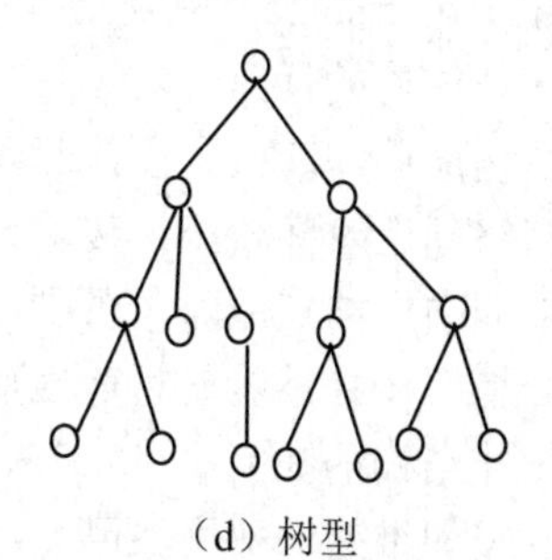
（b）星型

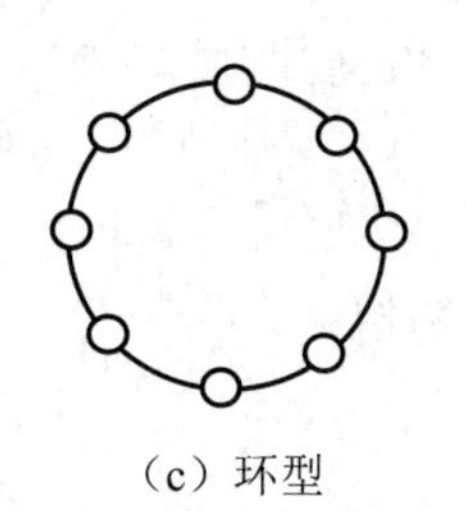
（c）环型

（d）树型

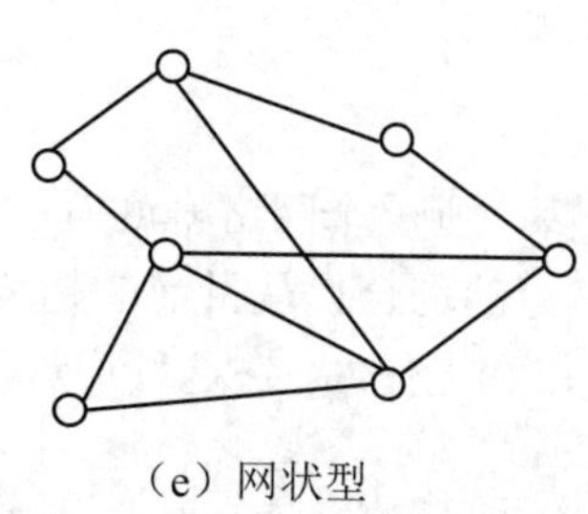
（e）网状型

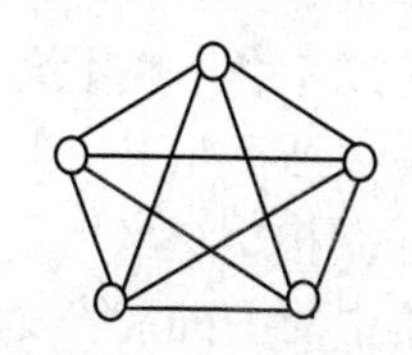
（f）混合型

图 1-1-2　网络的拓扑结构

①总线型拓扑

总线型拓扑结构采用一个信道作为传输媒体，所有站点都通过相应的硬件接口直接连到这一公共传输媒体上，该公共传输媒体即称为总线。任何一个站发送的信号都沿着传输媒体传播，而且能被所有其他站接收。

因为所有站点共享一条公用的传输信道，所以一次只能由一个设备传输信号。通常采用分布式控制策略来确定哪个站点可以发送，发送站将报文分成分组，然后逐个依次发送这些分组，有时还要与其他站来的分组交替地在媒体上传输。当分组经过各站时，其中的目的站会识别到分组所携带的目的地址，然后复制下这些分组的内容。

总线型拓扑结构的优点：

- 总线型拓扑需要的电缆数量少，线缆长度短，易于布线和维护。
- 结构简单，又是无源工作，有较高的可靠性；传输速率高，可达 1Mbps～100Mbps。
- 易于扩充，增加或减少用户比较方便，结构简单，组网容易，网络扩展方便。
- 多个结点共用一条传输信道，信道利用率高。

总线型拓扑结构的缺点：

- 总线的传输距离有限，通信范围受到限制。
- 故障诊断和隔离较困难。
- 分布式协议不能保证信息的及时传送，不具有实时功能。站点必须是智能的，要有媒体访问控制功能，从而增加了站点的硬件和软件开销。

②星型拓扑

星形拓扑是由中央节点和（通过点到点通信链路连接到中央节点的）各个站点组成。中央节点执行集中式通信控制策略，因此中央节点相当复杂，而各个站点的通信处理负担都很小。星型拓扑采用的交换方式有电路交换和报文交换，尤以电路交换更为普遍。这种结构一旦建立了通道连接，就可以无延迟地在连通的两个站点之间传送数据。目前流行的专用交换机（PBX，Private Branch eXchange）就是星型拓扑结构的典型实例。

星型拓扑结构的优点：

- 结构简单，连接方便，管理和维护都相对容易，而且扩展性强。
- 网络延迟时间较小，传输误差低。
- 除非中央结点故障，否则网络不会轻易瘫痪。

因此，星型拓扑结构是目前应用最广泛的一种网络拓扑结构。

星型拓扑结构的缺点：

- 安装和维护的费用较高。
- 共享资源的能力较差。
- 通信线路利用率不高。
- 对中央结点要求相当高，一旦中央结点出现故障，则整个网络将瘫痪。

星型拓扑结构广泛应用于网络的智能集中于中央节点的场合。从目前的趋势看，计算机的发展已从集中的主机系统发展到大量功能很强的微型机和工作站，在这种形势下，传统的星型拓扑的使用会有所减少。

③环型拓扑

环型拓扑由站点和连接站点的链路组成一个闭合环。每个站点能够接收从一条链路传来的数据，并以同样的速率串行地把该数据沿环送到另一段链路上。这种链路可以是单向的，也可以是双向的，数据以分组形式发送。

环型拓扑的优点：

- 电缆长度短。环型拓扑网络所需的电缆长度和总线型拓扑网络相似，但比星型拓扑网络要短得多。
- 增加或减少工作站时，仅需简单的连接操作。
- 可使用光纤。光纤的传输速率很高，十分适合于环型拓扑的单方向传输。

环型拓扑的缺点：

- 节点的故障会引起全网故障。这是因为环上的数据传输要通过连接在环上的每一个节点，一旦环中某一节点发生故障就会引起全网的故障。
- 故障检测困难。这与总线型拓扑相似，因为不是集中控制，故障检测需在网上各个节点进行，因此就很不容易检测。
- 环型拓扑结构的媒体访问控制协议都采用令牌传递的方式，在负载很轻时，信道利用率就比较低。

④树型拓扑

树型拓扑从总线拓扑演变而来，形状像一棵倒置的树，顶端是树根，树根以下带分支，每个分支还可再带子分支，树根接收各站点发送的数据，然后再广播发送到全网。

树型拓扑的优点：

- 易于扩展。这种结构可以延伸出很多分支和子分支，这些新节点和新分支都能容易地加入网内。
- 故障隔离较容易。如果某一分支的节点或线路发生故障，很容易将故障分支与整个系统隔离开来。

树型拓扑的缺点：

各个节点对根的依赖性太大，如果根发生故障，则全网不能正常工作。从这一点来看，树型拓扑结构的可靠性有点类似于星型拓扑结构。

⑤网状型拓扑

网状型拓扑由于节点之间有许多条路径相连，可以为数据流的传输选择适当的路由，从而绕过失效的部件或过忙的节点。网状型拓扑虽然比较复杂，成本也比较高，提供上述功能的网络协议也较复杂，但由于它的可靠性高，仍然受到用户的欢迎。网状型拓扑分为部分网状和全网状网络拓扑。

⑥混合型拓扑

将以上某两种单一拓扑结构混合起来，取两者的优点构成的拓扑称为混合型拓扑结构。常见的有两种，一种是星型拓扑和环型拓扑混合成的“星—环”拓扑，另一种是星型拓扑和总线型拓扑混合成的“星—总”拓扑。

目前局域网都不采用单纯的某一种网络拓扑结构，而是将几种网络拓扑结构进行综合。根据实际需要选择合适的混合型网络拓扑结构，具有较高的可靠性和较强的扩充性。

（3）网络拓扑结构选择的基本原则

拓扑结构的选择往往与传输媒体的选择及媒体访问控制方法的确定紧密相关。在选择网络拓扑结构时，应该考虑的主要因素有下列几点：

- 可靠性。尽可能提高可靠性，以保证所有数据流能准确接收，还要考虑系统的可维护性，使故障检测和故障隔离较为方便。
- 费用。建网时需考虑适合特定应用的信道费用和安装费用。
- 灵活性。需要考虑系统在今后扩展或改动时，能容易地重新配置网络拓扑结构，能方便地处理原有站点的删除和新站点的加入。
- 响应时间和吞吐量。要为用户提供尽可能短的响应时间和最大的吞吐量。

3. 网络设备选择

随着计算机技术的迅速发展，网络技术也逐步地上升到了一个高水平，其中这所有的一切都与网络互联设备的日益更新有着千丝万缕的联系，也可以说网络互联设备的发展与更新为推动计算机网络的发展起到了关键性的作用。在日常工作和生活中，常见的网络互联设备包括网卡、集线器、交换机、路由器、中继器、网桥以及网关等。

（1）网卡

网卡（Network Interface Card，NIC）又称为通信适配器或网络适配器（Network Adapter），是一块插入计算机 I/O 槽中的集成电路板，如图 1-1-3 所示。

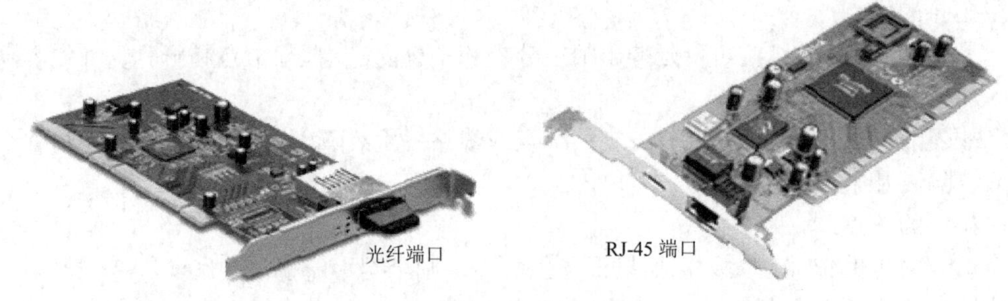


图 1-1-3　网卡

网卡是局域网中最重要的连接设备，计算机主要通过网卡连接网络。在网络中，网卡的工作是双重的。一方面它负责接收网络上传过来的数据包，拆包后，将数据通过主板上的总线传输给本地计算机；另一方面它将本地计算机上的数据打包后送入网络。

网卡有不同的分类方法，如图 1-1-4 所示。

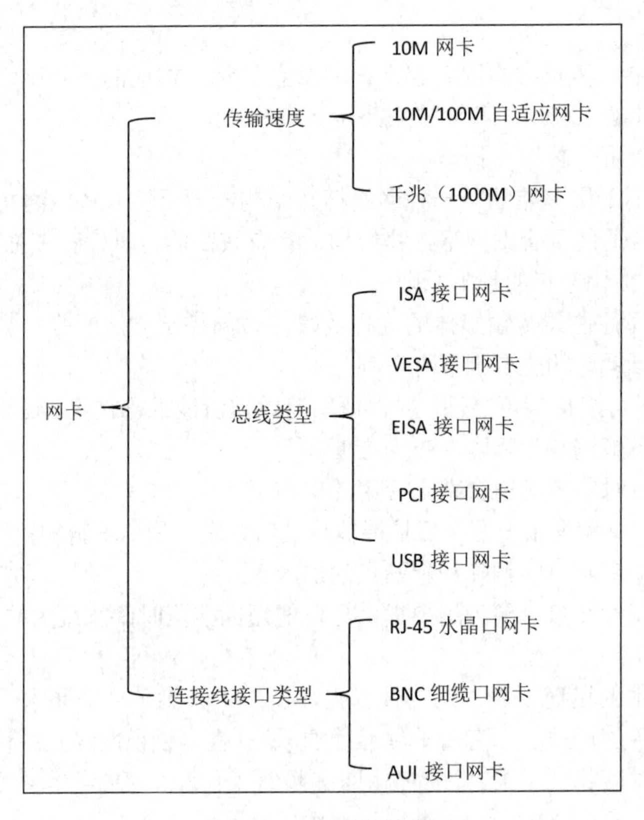


图 1-1-4　网卡的分类

（2）集线器

集线器（Hub）是指将多条以太网双绞线或光纤集合连接在同一段物理介质下的设备。集线器运行在 OSI 模型中的物理层，它可以视作多端口的中继器。

由于集线器会把收到的任何数字信号经过再生或放大，再从集线器的所有端口提交出去，这会造成信号之间碰撞的机会很大，而且信号也可能被窃听，并且这代表所有连到集线器的设备，都是属于同一个碰撞域以及广播域，因此大部分集线器已被交换机取代。

（3）交换机

交换机（Switch）是一种在通信系统中完成信息交换功能的设备。其外观如图 1-1-5 所示。

图 1-1-5　交换机

交换机的主要作用是连接多个以太网物理段，扩展局域网范围。除了提供桥接功能外，还可以增加网络的带宽，可以有效地隔离网络流量，减少网络冲突，缓解网络堵塞现象。

此外，交换机还具有物理编址、错误校验以及流量控制等功能。随着技术的发展，目前的一些交换机还具备了对 VLAN（虚拟局域网）的支持、对链路汇聚的支持以及防火墙等功能。

虽然交换机是集线器的升级产品，但是交换机也有着自己的独特之处，其主要特点为：

- 交换机可以自动创建 IP 地址与 MAC 地址的映射表，交换机上的数据交换完全依靠该地址映射。
- 交换机的每个端口都能独享带宽。
- 交换机可使多端口同时进行通信。
- 交换机可以减少网络冲突。

交换机有多种分类方法，以下介绍几种常见的分类方法：

- 按网络覆盖范围分类

按照网络的覆盖范围，交换机可以分为两种：局域网交换机和广域网交换机。

- 按传输介质和传输速度分类

按照交换机使用的网络传输介质和传输速度的不同，一般可以将局域网交换机分为以太网交换机、快速以太网交换机、千兆以太网交换机、ATM 交换机、FDDI 交换机和令牌环交换机等。

- 按工作的协议层次分类

网络设备都对应工作在 OSI 模型（即开放系统互联参考模型）的一定层次上，工作的层次越高，说明其设备的技术性越高，性能也越好，档次也就越高。根据工作的协议层不同，交换机可分为二层交换机、三层交换机和四层交换机。

交换机选择的基本原则：

- 适用性与先进性相结合的原则。不同品牌的交换机产品价格差异较大，功能也不一样，因此选择时不能只看品牌或追求高价，也不能只看价钱低的，应根据应用的实际情况，选择性能价格比高，既能满足目前需要，又能适应未来几年网络发展的交换机。
- 选择市场主流产品的原则。选择交换机时，应选择在国内市场上有相当的份额，具有高性能、高可靠性、高安全性、高可扩展性、高可维护性的产品，目前中兴、3COM、华为的产品市场份额较大。
- 安全可靠的原则。交换机的安全决定了网络系统的安全，选择交换机时这一点是非常重要的，交换机的安全主要表现在 VLAN 的划分、交换机的过滤技术等方面。

- 产品与服务相结合的原则。选择交换机时，既要看产品的品牌又要看生产厂商和销售商品是否有强大的技术支持和良好的售后服务，否则买回的交换机出现故障时既没有技术支持又没有产品服务，会使企业蒙受损失。

（4）路由器

路由器（Router）是连接因特网中各局域网、广域网的设备，它会根据信道的情况自动选择和设定路由，它是互联网络的枢纽——“交通警察”。目前路由器已经广泛应用于各行各业，各种不同档次的产品已成为实现各种骨干网内部连接、骨干网间互联和骨干网与互联网互联互通业务的主力军。其外观如图 1-1-6 所示。

图 1-1-6　路由器

路由器的分类：

- 按性能档次分

路由器可分高、中和低档路由器。通常将背板交换能力大于 40Gbps 的路由器称为高档路由器，背板交换能力在 25Gbps～40Gbps 之间的路由器称为中档路由器，低于 25Gbps 的则为低档路由器。这只是一种宏观上的划分标准，实际上路由器档次的划分不仅是以背板带宽为依据，而且是有一个综合指标的。

- 按结构分

路由器可分为模块化结构与非模块化结构。模块化结构可以灵活地配置路由器，以适应企业不断增加的业务需求，非模块化结构就只能提供固定的端口。通常中高端路由器为模块化结构，低端路由器为非模块化结构。

- 按功能划分

路由器可分为核心层（骨干级）路由器，分发层（企业级）路由器和访问层（接入级）路由器。

- 按应用划分

路由器可分为通用路由器与专用路由器。一般所说的路由器皆为通用路由器。专用路由器通常为实现某种特定功能会对路由器接口、硬件等作专门优化。

- 按性能划分

路由器可分为线速路由器以及非线速路由器。所谓线速路由器就是完全可以按传输介质带宽进行通畅传输，基本上没有间断和延时的路由器。通常线速路由器是高端路由器，具有非常高的端口带宽和数据转发能力，能以媒体速率转发数据包；中低端路由器是非线速路由器。但是一些新的宽带接入路由器也有线速转发能力。

选择路由器的基本原则：

- 实用性原则：采用成熟的、经实践证明其实用性的技术。这既能满足现行业务的管理，又能适应 3～5 年的业务发展的要求；

- 可靠性原则：设计详细的故障处理及紧急事故处理方案，保证系统运行的稳定性和可靠性；
- 标准性和开放性原则：网络系统的设计符合国际标准和工业标准，采用开放式系统体系结构；
- 先进性原则：所使用的设备应支持 VLAN 划分技术、HSRP（热备份路由协议）技术、OSPF 协议等，保证网络的传输性能和路由快速收敛性，抑制局域网内广播风暴，减少数据传输延时等；
- 安全性原则：系统具有多层次的安全保护措施，可以满足用户身份鉴别、访问控制、数据完整性、可审核性和保密性传输等要求；
- 扩展性原则：在业务不断发展的情况下，路由系统可以不断升级和扩充，并保证系统的稳定运行；
- 性价比：不盲目追求高性能产品，要购买适合自身需求的产品。

4. IP 地址规划

在网络方案设计中，IP 地址的规划至关重要，地址分配方案的好坏直接影响着网络的可靠性、可管理性和可扩展性等重要指标，好的 IP 地址分配方案不仅可以有效分担网络负载，还能为以后的网络扩展打下良好的基础。地址一旦分配后，其更改的难度和对网络的影响程度都很大。IP 地址规划可以反映一个网络的规划质量，直接反映出一个网络设计师的水平。因此，在进行地址分配之前，必须规划好 IP 地址的分配策略和子网划分方案。

（1）IP 地址的概念

连接到 Internet 上的设备必须有一个全球唯一的身份——IP 地址（IP Address）。IP 地址与链路类型、设备硬件无关，而是由管理员分配制定的，因此也称为逻辑地址（Logical Address）。每台主机可以拥有多个网络接口卡，也可以同时拥有多个 IP 地址。路由器可以看做这种主机，但其每个 IP 接口必须处于不同的 IP 网络，即各个接口的 IP 地址分别处于不同的 IP 网段。

（2）IP 地址类型

一个 IP 地址由 32 位的二进制数表示，然而，使用二进制表示法很不方便记忆，因此通常采用点分十进制方法表示，即把 32 位的 IP 地址分成 4 段，每段二进制分别转换成人们习惯的十进制数，并用点隔开，这种表示方法称为点分十进制表示法。如 192.168.5.123。

一个 IP 地址包括网络号与主机号两部分。网络号表示主机所在的网络，主机号表示主机所在网络中的地址编号。

为了便于寻址和层次化地构造网络，IP 地址按第一个字节的前几位的不同分为 A、B、C、D 和 E 五类，如图 1-1-7 所示。

（3）子网掩码

随着 Internet 的发展，接入 Internet 的网络增多，仅仅利用 IP 地址中的网络标识来区分接入 Internet 的网络，将会出现网络标识不够分配的现象。为了提高 IP 地址的利用率，便于网络维护和 IP 路由管理，采用在标准分类的 IP 地址的基础上增加子网号的三级地址结构来解决这个问题，如图 1-1-8 所示。

为了确定 IP 地址的哪部分代表网络号，哪部分代表主机号以及判断两个 IP 地址是否属于同一个网络，就引入了子网掩码的概念。

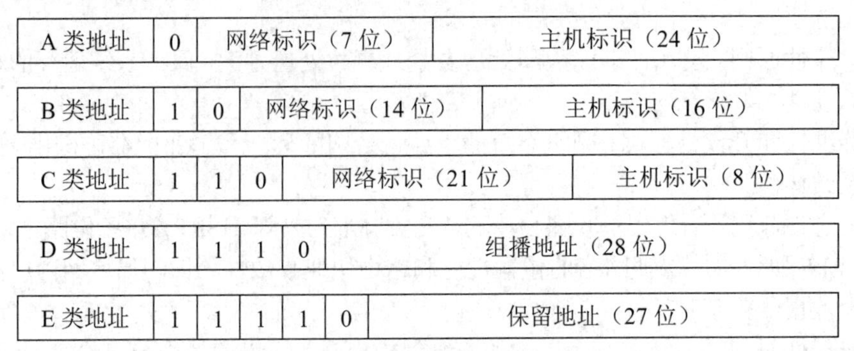


图 1-1-7 IP 地址分类

（a）两级层次的结构

| 网络号（net ID） | 子网号（subnet ID） | 主机号（host ID） |
|---|---|---|

（b）三级层次的结构

图 1-1-8 两种地址的比较

RFC950 定义了子网掩码的使用，子网掩码是一个 32 位的二进制数，其对应网络地址的所有位都为 1，对应于主机地址的所有位都为 0，应用中也采用点分十进制来表示。例如，255.255.0.0 就是常用的 B 类 IP 地址的子网掩码。

子网掩码还可以用“/网络位数”表示。例如，C 类网络地址 192.168.10.1 使用默认子网掩码表示为 192.168.10.1/24。

（4）子网规划实例

某公司分配到一个 B 类 IP 地址 142.100.0.0，需要连接 4 个分公司，最大的一个分公司有 750 台主机。如果每个分公司需要使用一个网段，请写出 IP 地址分配方案。

①该公司共需划分 4 个子网，子网的主机数要大于 750。

②网络号取 6 位，可划分 $2^6$=64 个子网；主机号取剩下的 10 位，每个子网可包含 $2^{10}$-2=1022 台主机，满足组网需求。对应的子网掩码为 255.255.255.0。

③给每个分公司分配如表 1-1-1 所示子网号码。

表 1-1-1 子网号码

| 分公司 | 子网号 | 子网网络地址 | 子网广播地址 | 主机 IP 的范围 |
|---|---|---|---|---|
| 1 | 00000100 | 142.100.4.0 | 142.100.7.255 | 142.100.4.1～142.100.7.254 |
| 2 | 00001000 | 142.100.8.0 | 142.100.11.255 | 142.100.8.1～142.100.11.254 |
| 3 | 00001100 | 142.100.12.0 | 142.100.15.255 | 142.100.12.1～142.100.15.254 |
| 4 | 00010000 | 142.100.16.0 | 142.100.19.255 | 142.100.16.1～142.100.19.254 |

### 1.1.4 实现方法

1. 拓扑结构

目前，随着计算机价格的下降以及多种移动智能终端设备的使用，家庭中需要接入 Internet 的设备越来越多，由于多台设备同时上网，是一种将网络的智能集中于中央节点的场合，所以选择星型拓扑结构。具体如图 1-1-9 所示。

图 1-1-9　典型家庭局域网拓扑结构

2. 设备选型

由于目前家庭局域网多为一个集有线和无线于一体的家庭网络，网络设备选型如表 1-1-2 所示。

表 1-1-2　设备选型

| 设备名称 | 功能与用途 |
|---|---|
| 无线路由器 | 具有路由功能、交换机功能、无线接入功能，将家庭局域网和 Internet 互连 |
| 网线 | 将计算机等网络终端设备与路由器相连 |

3. IP 子网设计

家庭网络一般会向 ISP 申请一个 Internet 地址，例如 222.22.10.55，这个地址就是路由器 WAN 端口的网络地址；路由器的 LAN 端口配置一个私网 IP 地址，如 192.168.0.1。家庭局域网内多台终端设备若要同时访问 Internet 资源，每台设备都需分配一个和路由器 LAN 端口 IP 地址在同一网段的 IP 地址。路由器负责转发局域网与 Internet 之间的数据。

4. 布线设计

IP 子网设计好以后，需要将终端设备与路由交换设备相连，由于家庭网络设备少，网络模型简单，仅需用按 T568B 标准制作网络直通线将终端设备与路由器相连即可。

5. 设备配置

根据图 1-1-9 的模型，此处需配置的设备有无线路由器、台式计算机、智能终端设备。

不同的无线路由器的配置界面不同，但内容大致相同。D-Link 无线路由器的连接与配置步骤如下。

第一步：把外网网线插到路由器的 WAN 口上，再用一条网线把路由器的 LAN 口（随便哪一个）和电脑连起来。

第二步：在电脑上打开浏览器，在地址栏输入 192.168.0.1，（有个别品牌的路由器的默认 IP 地址是 192.168.1.1），按回车键，进入路由器的登录界面。输入用户名和密码（假如路由器是新的，别人没动过，或者经过了复位，那么用户名和密码就都是 admin），就进入了路由器的设置界面。可以选择“因特网连接安装向导”，也可选择“手动因特网连接安装”，如图 1-1-10 所示。本例选择前者。

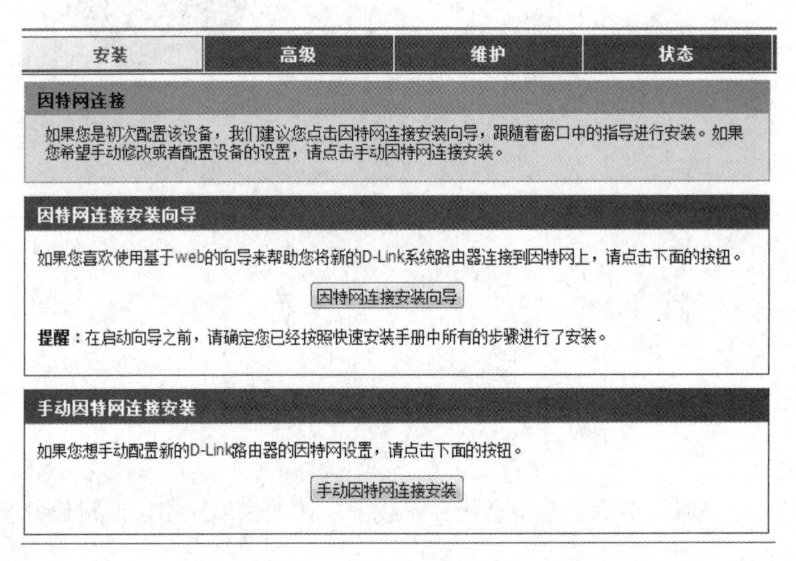


图 1-1-10　选择路由器配置方式



第三步：根据向导信息提示进行下一步配置，关键配置内容为选择因特网连接类型，常用的连接类型有静态 IP、动态 IP 和 PPPoE 三种方式。本例以静态 IP 为例，如图 1-1-11 所示。

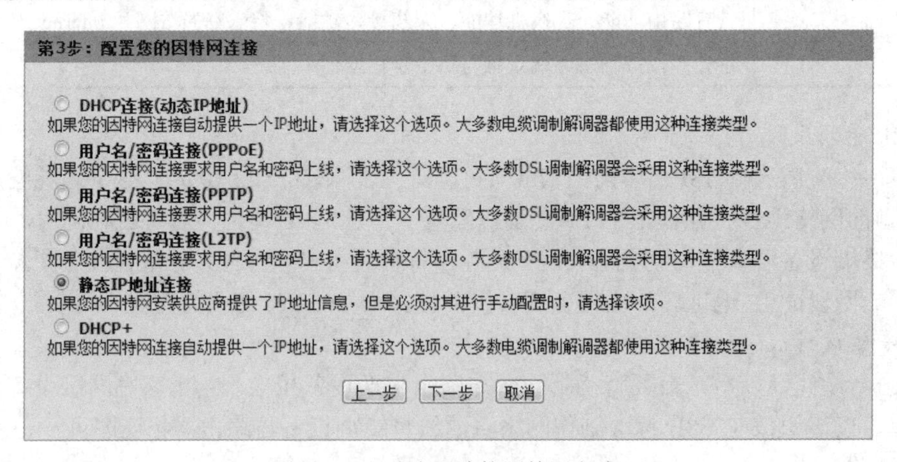


图 1-1-11　路由器连接因特网方式

第四步：根据网络提供商提供的 IP 地址信息，配置路由器内 WAN 口的设置，如图 1-1-12 所示。

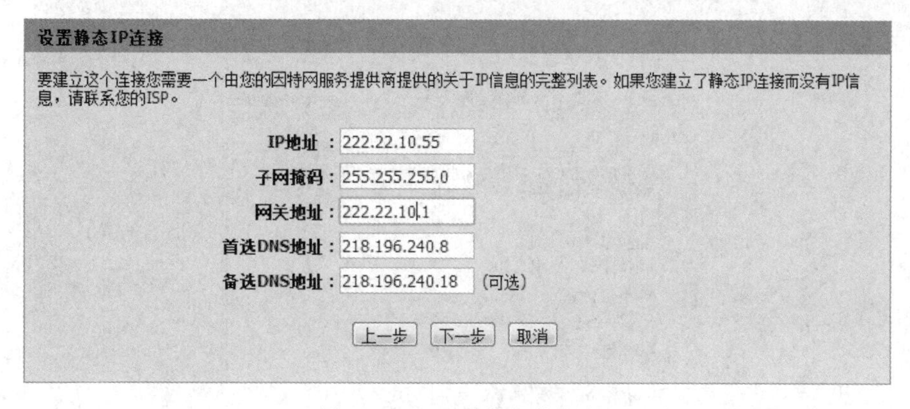


图 1-1-12　IP 地址相关信息

第五步：连接网络。

第六步：设置路由器无线连接，关键内容有无线网络名称（智能设备搜索的网络名称）、安全模式、网络密钥等，如图 1-1-13 所示。

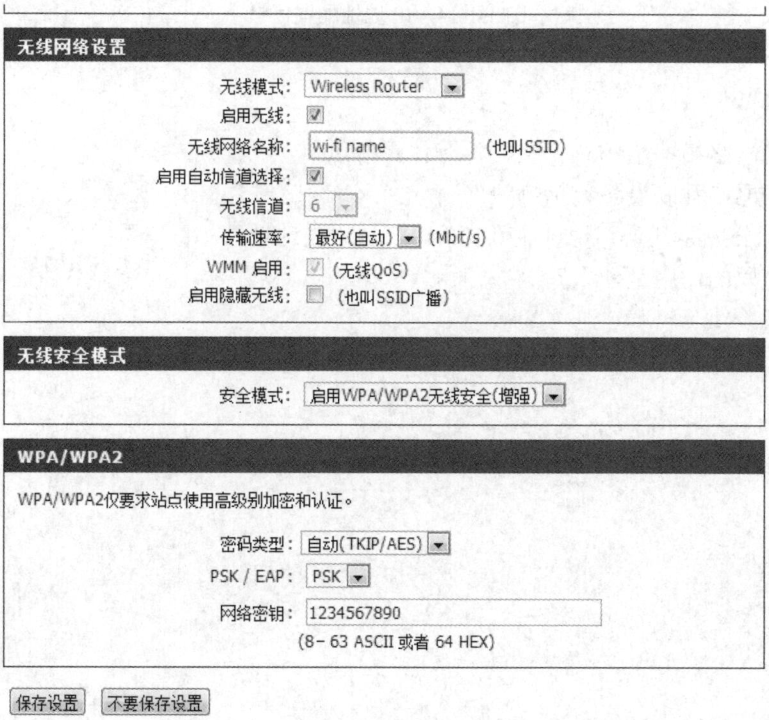

无线网络设置
无线模式：Wireless Router
启用无线：
无线网络名称：wi-fi name (也叫SSID)
启用自动信道选择：
无线信道：6
传输速率：最好(自动) (Mbit/s)
WMM 启用：(无线QoS)
启用隐藏无线：(也叫SSID广播)

无线安全模式
安全模式：启用WPA/WPA2无线安全(增强)

WPA/WPA2
WPA/WPA2仅要求站点使用高级别加密和认证。
密码类型：自动(TKIP/AES)
PSK / EAP：PSK
网络密钥：1234567890
(8- 63 ASCII 或者 64 HEX)

保存设置　不要保存设置

图 1-1-13　路由器无线连接设置内容

第七步：保存设置，重启路由器，路由器最基本的配置就完成了。

无论通过哪种方式配置，最终的目的都是给路由器 WAN 口配置一个网络服务提供商提供的 IP 地址相关内容，同时配置一个可供智能终端设备使用的无线网络连接。

然后是终端设备的配置，手机等智能终端设备只需自动搜索网络，连接到自己设置的无线网络即可自动获取 IP 地址；通过网线连接的电脑等终端设备可自动获取或手动配置 IP 地址

（和路由器 LAN 口在一个网段内），如图 1-1-14 所示。

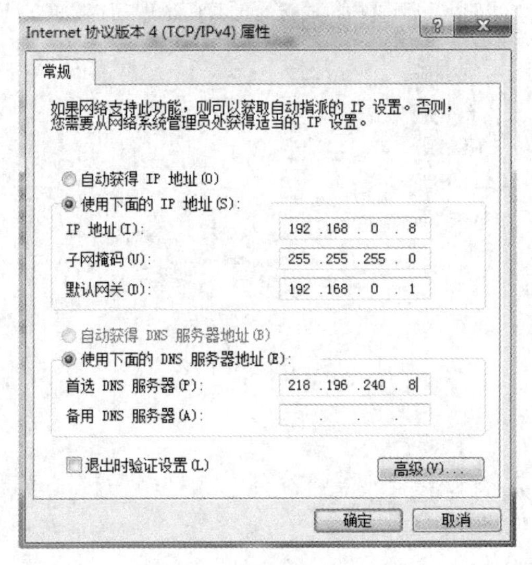


图 1-1-14　IP 地址配置信息

### 1.1.5　思考与练习

1．常用的网络拓扑结构有哪些？各有什么特点？
2．常见的网络互联设备包括哪些？
3．IP 地址分成哪几类？地址 190.125.18.5 是哪类地址？
4．子网掩码的作用是什么？

# 2

# 组建小型交换式局域网

随着公司内部的主机数量越来越多，为了有效地对公司内部主机进行管理和维护，保证内部网络的连通性，需要在公司内部构建小型局域网。在局域网中，交换机是非常重要的网络设备，负责在主机之间快速转发数据帧。本项目以H3C交换机为例，介绍交换机的基本配置、如何组建小型局域网及以太网交换机的基本工作原理。

- 掌握以太网交换机的基本配置
- 会用交换机组建小型局域网
- 掌握以太网交换机的工作原理

## 任务2.1 交换机的基本配置

### 2.1.1 任务描述

公司购进一批新的交换机，网络管理员首先需要熟悉交换机的基本结构和接口，搭建对交换机进行配置的环境，并对交换机进行初始配置。如图2-1-1所示，使用Console口连接交换机。

### 2.1.2 任务要求

通过Console口对交换机进行基本配置，熟悉H3C交换机的基本配置命令。

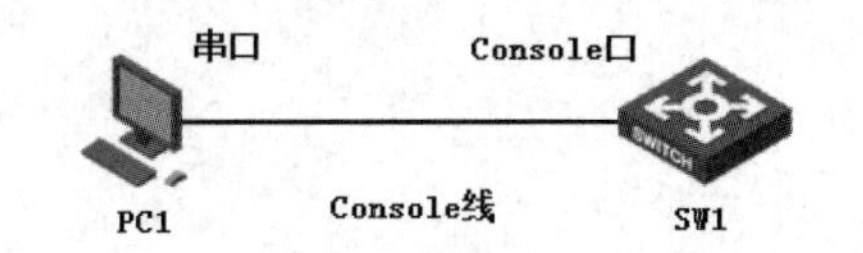


图 2-1-1　使用 Console 口连接网络设备

### 2.1.3　知识链接

1．以太网

（1）共享式与交换式以太网

共享式以太网的典型代表是使用 10Base2/10Base5 的总线型网络和以集线器为核心的星型网络，如图 2-1-2、图 2-1-3 所示。

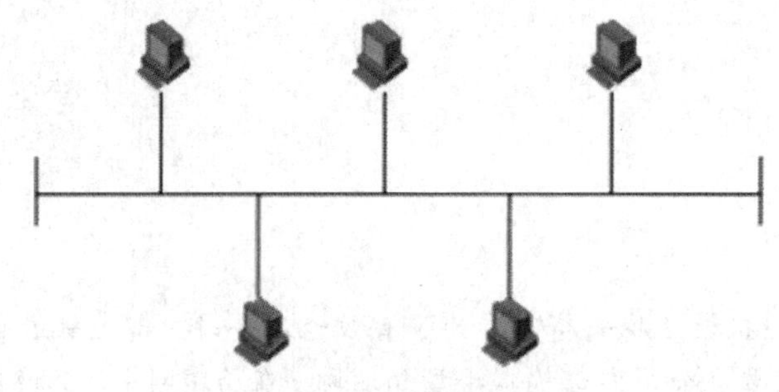

图 2-1-2　总线型拓扑以太网

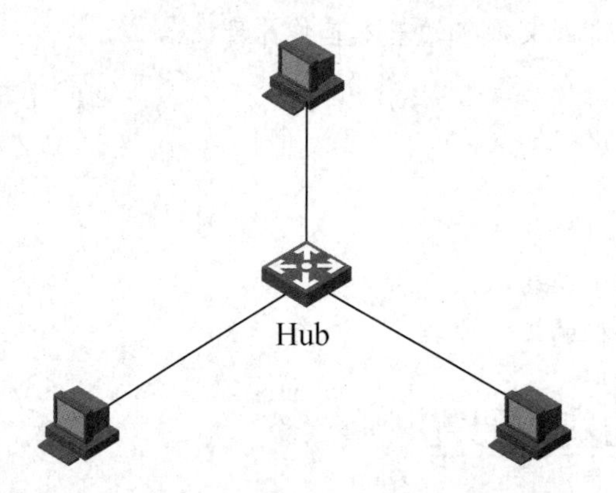


图 2-1-3　Hub 组建的以太网

在使用集线器的以太网中，集线器将很多以太网设备集中到一台中心设备上，这些设备都连接到同一物理总线结构中。从本质上讲，以集线器为核心的以太网同原先的总线型以太网无根本区别。

共享式以太网存在的弊端：由于所有的节点都接在同一冲突域（某一时刻，所有可能发生冲突的站点的集合）中，不管一个帧从哪里来或到哪里去，所有的节点都能接收到这个帧。随着节点的增加，大量的冲突将导致网络性能急剧下降。而且集线器同一时刻只能传输一个数据帧，这意味着集线器所有端口都要共享同一带宽。

交换式以太网以交换式集线器（Switching Hubs）或交换机（Switch）为中心构成，是一种星型拓扑结构的网络，如图 2-1-4 所示。

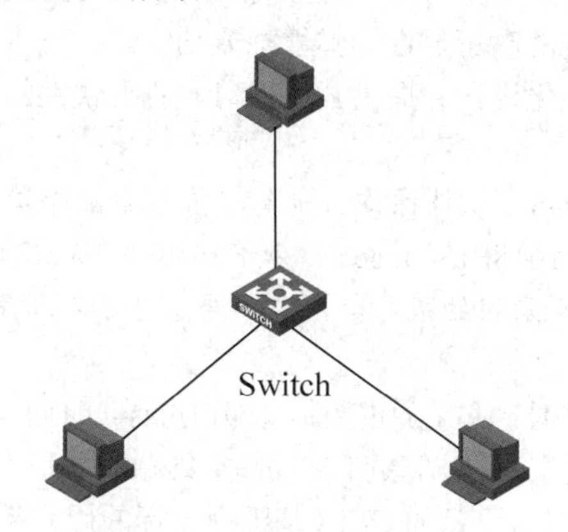


图 2-1-4 Switch 组建的以太网

交换机根据收到的数据帧中的 MAC 地址决定数据帧应发向交换机的哪个端口。因为端口间的帧传输彼此屏蔽,因此节点就不担心自己发送的帧在通过交换机时是否会与其他节点发送的帧产生冲突。

交换机目前已经完全取代了集线器，成为以太网的核心设备。它的优点表现在：

减少冲突：交换机将冲突隔绝在每一个端口（每个端口都是一个冲突域），避免了冲突的扩散。

提升带宽：接入交换机的每个节点都可以使用全部的带宽，而不是各个节点共享带宽。

（2）冲突检测和处理

当一个冲突域中的站点数目过多时，冲突就会很频繁。为了避免数据传输的冲突，以太网采用带有冲突检测的载波侦听多路访问（CSMA/CD）方式工作。

CSMA/CD 工作流程：

①各站点在发送数据前先侦听线路上的载波。如果没有侦听到载波，则站点开始发送数据；如果侦听到载波，则等待指定的时间后再准备发送数据。

②站点发送数据时，仍然侦听载波，如果侦听到其他载波，为了避免冲突，站点立刻停止发送数据，并向其他所有站点发送一个“冲突信号”，使所有站点都知道发生了冲突。

③发生冲突后，发生冲突的站点停止发送数据并等待一个随机时间，然后再次准备发送数据。

CSMA/CD 是一种简单而且容易实现的机制，在以太网上节点不多的情况下能够顺利的工作。但是，随着节点数量的增多，发生冲突的概率也会越来越高，使得以太网的信道的利用率大幅度下降，一般一个以太网冲突域中的主机数量建议不超过 50 台。

2. 网络设备操作系统

网络设备都有自己的操作系统，负责整个硬件和软件的正常运行，并为用户提供管理设备的接口和界面，H3C 网络设备使用 Comware 操作系统。Comware 是网络设备共用的核心软件平台，就像计算机的操作系统的作用一样。

Comware 的特点可以归纳如下：

（1）支持 IPv4 和 IPv6 双协议栈。

（2）支持多核 CPU，增强网络设备的处理能力。

（3）同时提供路由和交换功能，可以同时被路由器和交换机所共用。

（4）Comware 注重系统的高可靠性和弹性扩展功能。

（5）Comware 采取组件化设计并提供开放接口，便于软件的灵活裁减和定制，因此具有良好的伸缩性和可移植性。

**注意**：不同版本的 Comware 软件操作、命令、信息输出等均可能有所差别，本课程基于 MSR30-20/20-20 CMW5.20 R1618P13 Standard 和 S3610 CMW5.20 进行讲解，并以其作为实验操作使用的版本。如果读者所采用的版本与本书不同，可参考所用版本的相关手册。

3. 交换机的基本配置

对交换机进行第一次配置时，必须通过控制台端口进行，通过 Console 线缆将交换机的控制台端口和计算机的串口连接起来，在计算机上启动超级终端，然后就可以对交换机进行各种配置。

可以通过多种方法访问网络设备的 CLI（基于命令行的用户接口）环境，最常用的方法有以下几种：

- 通过 Console 口本地访问
- 通过 AUX 口远程访问
- 使用 Telnet 终端访问
- 使用 SSH 终端访问
- 通过异步串口访问

其中 Console 口连接是最基本的连接方式，也是对设备进行初始配置时最常用的方式。路由器和交换机的 Console 口用户，默认拥有最大权限，可以执行一切操作和配置。如图 2-1-1 所示，Console 线一端为 RJ-45 接口，用于连接路由器或交换机的 Console 口，另一端为 DB9 接口，用于与终端的串口相连。

如果是无 COM 口的笔记本计算机需要使用 Console 线与网络设备相连访问 CLI，则需要增加一条 USB 转串口的线缆，通过 USB 转串口的线缆及 Console 线缆与网络设备的 Console 口相连，Console 线缆如图 2-1-5 所示。USB 转 RS-232 线缆如图 2-1-6 所示。



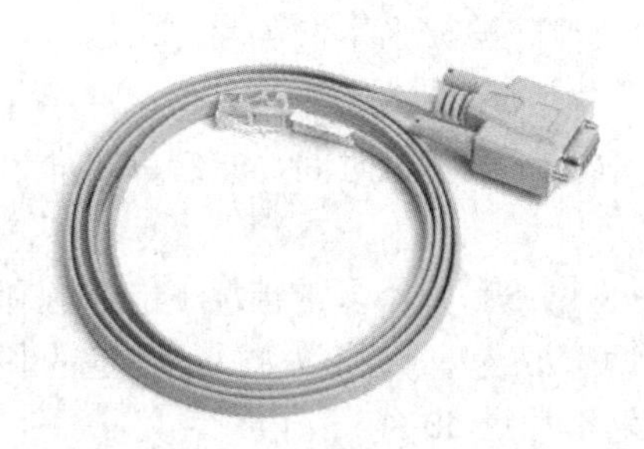

图 2-1-5　Console 线缆

图 2-1-6　USB 转 RS-232 线缆

4. 命令视图

命令视图是 Comware 命令行对用户的一种呈现方式。比较常见的命令视图类型包括以下几种。

（1）用户视图：网络设备启动后的默认视图。在该视图下可以查看启动后设备基本运行状态和统计信息。用户视图的提示符为< >，如<H3C>。

（2）系统视图：这是配置系统全局通用参数的视图，可以在用户视图下使用 system-view

命令进入该视图。系统视图的提示符为[ ]，如[H3C]。

（3）路由协议视图：在后续的项目中，还会介绍路由和路由协议，路由协议的参数是在路由协议视图下进行配置的。比如 OSPF 协议视图、RIP 协议视图等。在系统视图下，使用路由协议启动命令可以进到相应的路由协议视图，如[h3c-ospf]。

（4）接口视图：配置接口参数的视图称为接口视图，在该视图下可以配置接口相关的物理属性、链路层特性及 IP 地址等重要参数，使用 interface 命令并指定接口类型及接口编号可以进入相应的接口视图，如[H3C-Ethernet0/4/1]。

（5）用户界面视图（User-interface view）：用户界面视图是系统提供的一种视图。通过在用户界面视图下的各种操作，可以达到统一管理各种用户配置的目的，如[user-interface]。

各视图之间的切换如图 2-1-7 所示：

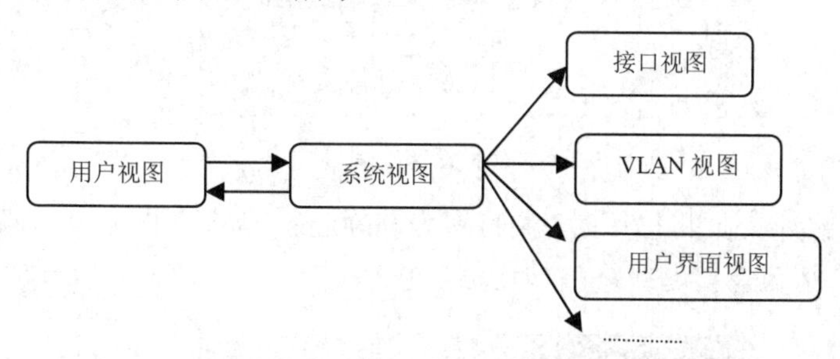


图 2-1-7　各种视图之间的关系

### 2.1.4　实现方法

1. 设备清单

交换机一台。

装有 Windows XP SP2 的 PC 一台。

2. 实验步骤

（1）将 PC 的串口通过标准 Console 线缆与交换机的 Console 口连接。

下面以 Microsoft 操作系统中自带的终端应用程序“超级终端”来连接到终端服务器的控制台接口为例。

①在 PC 上执行“开始”|“程序”|“附件”|“通讯”|“超级终端”命令，弹出如图 2-1-8 所示的对话框。输入新建连接的名称，如 H3C。

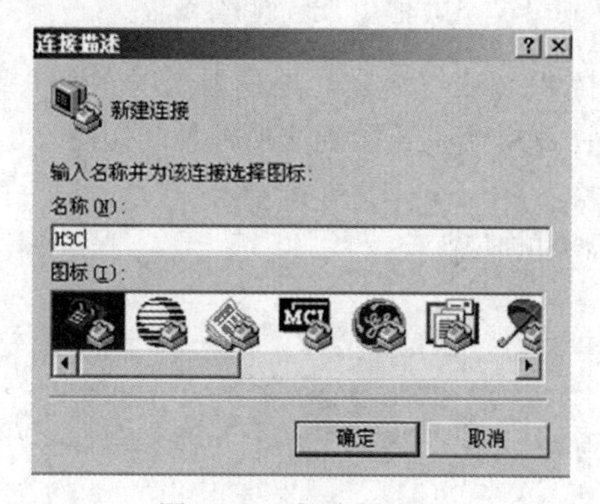


图 2-1-8　创建新连接

单击“确定”按钮，弹出如图 2-1-9 所示的对话框。在“连接时使用”下拉列表框中，选择终端 PC 的连接接口，本例中，连接到 COM1，单击“确定”按钮。

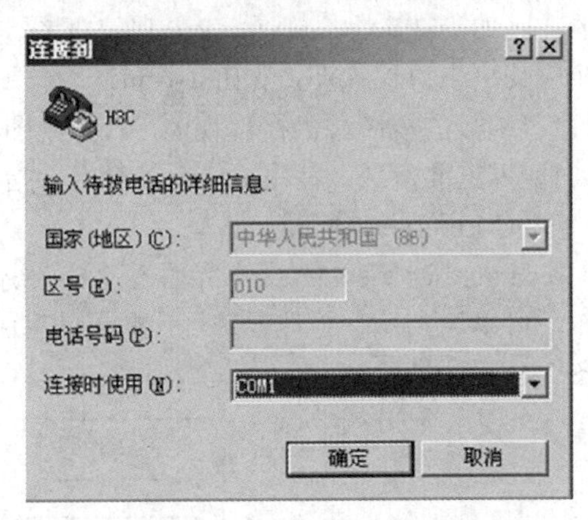


图 2-1-9　选择 COM 接口

②设置通信参数。通常交换机出厂时，波特率为 9600bps，因此在图 2-1-10 所示对话框中，单击“还原为默认值”按钮设置超级终端的通信参数。

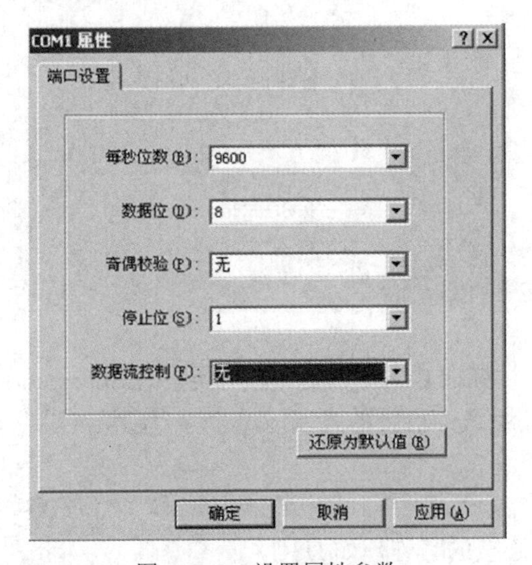


图 2-1-10　设置属性参数

③单击“确定”按钮。看看超级终端窗口上是否出现交换机提示符或其他字符，如果出现提示符或其他字符则说明计算机已经连接到交换机了，如图 2-1-11 所示，这时就可以开始配置交换机了。

（2）交换机基本配置命令的使用

①进入系统视图

```
<SW1>system-view
System View: return to User View with Ctrl+Z.
[SW1]
```

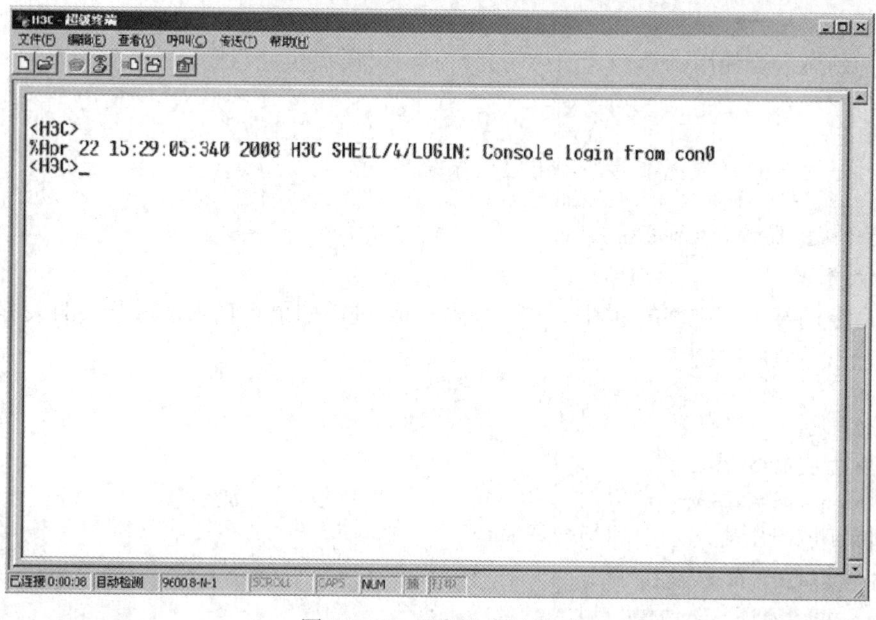


图 2-1-11 设备命令行界面

②更改交换机的标识名

用户可以在系统视图下使用 sysname 命令来设置设备的名称。

```
[SW1]sysname H3C
[H3C]
```

③帮助命令“?”有三种使用方法。

第一种是可以查看当前模式下所有可以使用的命令。

```
<SW1>?
User view commands:
  archive            Specify archive settings
  backup             Backup next startup-configuration file to TFTP server
  boot-loader        Set boot loader
  bootrom            Update/read/backup/restore bootrom
  cd                 Change current directory
  clock              Specify the system clock
  cluster            Run cluster command
  copy               Copy from one file to another
  debugging          Enable system debugging functions
  delete             Delete a file
  dialer             Dialer disconnect
  dir                List files on a file system
  display            Display current system information
  fdisk              Partition device
  fixdisk            Recover lost chains in storage device
  format             Format the device
  free               Clear user terminal interface
  ftp                Open FTP connection
  graceful-restart   Graceful restart
  ipc                Interprocess communication
  lock               Lock current user terminal interface
```

```
    logfile                 Specify log file configuration
```

第二种是当需要使用的命令无法拼写完整时，可以提供完整的命令。

```
[SW1]dis?
  Display
```

第三种是命令的参数记不清楚，可以让系统显示。

```
[SW1]sysname ?
  TEXT   Host name （1 to 30 characters）
```

④补全命令

输入命令的某个关键字的前几个字母，按 Tab 键，如果已输入字母开头的关键字唯一，则可以显示出完整的关键字。

```
[SW1]dis
[SW1]display
```

⑤查看历史命令记录

```
[SW1]display history-command
```

⑥翻阅和调出历史记录中的某一条命令

用<↑>或<Ctrl+P>快捷键调出上一条历史命令

用<↓>或<Ctrl+N>快捷键调出下一条历史命令

⑦退出当前配置接口或视图

```
[SW1]quit
```

⑧删除或者撤销某一功能

```
[SW1]undo stp enable /stp disable
```

⑨端口选择

```
[SW1]interface Ethernet 0/4/2
[SW1-Ethernet0/4/2]
```

⑩保存配置

```
<H3C>save
```

⑪显示保存的配置

```
<H3C>display saved-configuration
```

在查看配置的时候，如果配置命令较多，一屏显示不完，则在显示完一屏后，可以按<Space>键显示下一页。

⑫删除 FLASH 中的配置文件

```
<H3C>reset saved-configuration
```

⑬重启交换机

```
<H3C>reboot
```

### 2.1.5 思考与练习

1．想要修改设备名称，应该使用______ 命令。

2．如果要使当前配置在系统重启后继续生效，在重启设备前应使用______ 命令将当前配置保存到配置文件中。

3．以下关于 CSMA/CD 的说法中正确的是______ 。

A．CSMA/CD 应用在总线型以太网中，主要解决在多个站点同时发送数据时如何检测冲突、确保数据有序传输的问题

B．当连在以太网上的站点要传送一个帧时，它必须等到信道空闲，即载波消失

C．信道空闲时站点才能开始传送它的帧

D．如果两个站点同时开始传送，它们将侦听到信号的冲突，并暂停帧的发送

4．在查看配置的时候，如果配置命令较多，一屏显示不完，则在显示完一屏后，可以按下______显示下一页。

A．<Ctrl+C>组合键　　B．<Enter>键

C．<Ctrl+P>组合键　　D．<Space>键

5．在命令行里，用户想要从当前视图返回上一层视图，应该使用______。

A．return 命令　　B．quit 命令

C．<Ctrl+Z>组合键　　D．<Ctrl+C>组合键

6．用户可以使用______命令查看历史命令。

A．display history-cli　　B．display history-area

C．display history-command　　D．display history-cache

7．搭建如图 2-1-1 所示的实验环境，熟悉本任务中交换机常用命令的使用。

# 任务 2.2　组建简单局域网

## 2.2.1　任务描述

将计算机和交换机用双绞线按图 2-2-1 所示的方式连接起来，组建简单局域网，在组建局域网的过程中，查看交换机 MAC 地址学习过程，理解 MAC 地址表。

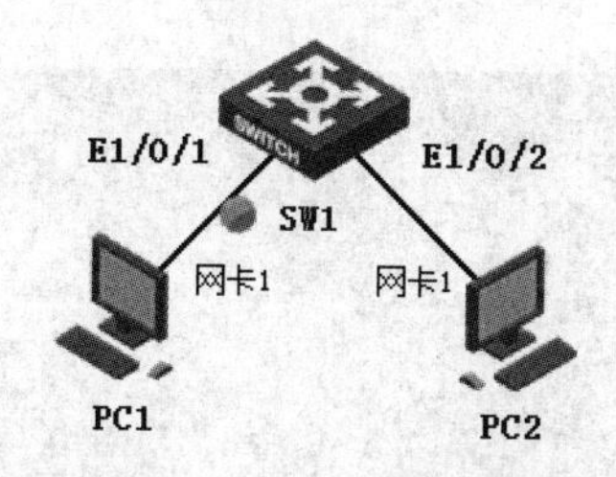


图 2-2-1　组建简单局域网

## 2.2.2　任务要求

组建如图 2-2-1 所示的简单局域网，测试 PC 间的连通性。在组建局域网的过程中，掌握以太网交换机 MAC 地址学习机制和以太网交换机数据帧转发过程，理解以太网交换机 MAC 地址表。

## 2.2.3　知识链接

1．用交换机组建简单局域网

在交换机和计算机的电源处于关闭状态时，将计算机和交换机用网线按图 2-2-1 所示方式连接起来。然后打开交换机电源，启动计算机，将计算机的 IP 地址分别配置为 192.168.0.1、

192.168.0.2，子网掩码是 255.255.255.0，如图 2-2-2 所示。

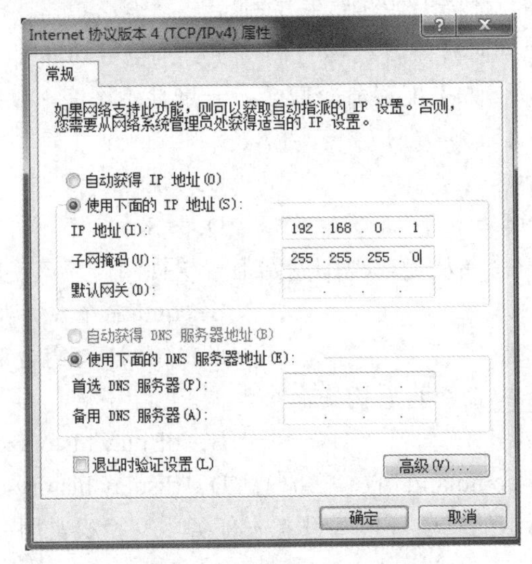


图 2-2-2　TCP/IP 参数配置

全部配置完成后，用 ping 命令测试计算机之间的连通状态，这时两台计算机之间应该相互连通。

2. 以太网交换机工作原理

（1）MAC 地址

MAC 地址为 48 位二进制数，用 12 个十六进制数表示。在计算机的命令提示符下输入 ipconfig/all，可以查看本机网卡的 MAC 地址，如图 2-2-3 所示。

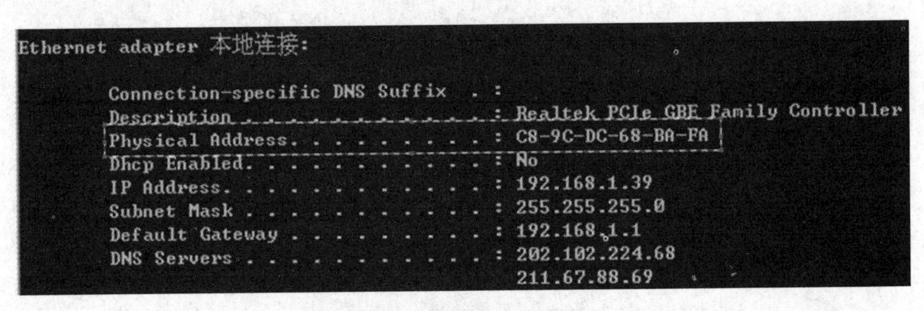


图 2-2-3　本地连接参数

MAC 地址由两部分组成：前 24 位为组织唯一标识符（OUI），全球厂商向 IEEE RA 进行注册和申请，由 IEEE 统一进行分配；后 24 位为扩展唯一标识符（EUI），由厂商自行分配。MAC 地址通常固化在网卡的 ROM（只读存储器）中，无法更改。一台计算机可以安装多块网卡，也可以同时具有多个 MAC 地址。除了计算机以外，交换机、路由器等网络设备也需要 MAC 地址。

（2）单播、组播和广播

在以太网中数据传播分为三种：单播、组播和广播。

设备在发送单播帧时，将目的节点的 MAC 地址封装在帧结构的目的地址中；发送广播帧时，将以太网广播地址 48 个 1，即十六进制 FF-FF-FF-FF-FF-FF 封装在帧结构的目的地址中，使本地广播域范围内所有主机都能接收该帧；发送组播帧时，将以 01-00-5E 开头、IP 组播地址（范围 224.0.0.0～239.255.255.255）的低 24 位转换成后三个字节的 MAC 地址封装在帧结构的目的地址中。

（3）MAC 地址学习

在交换式以太网中，交换机转发数据帧的依据是帧结构中的 MAC 地址字段。交换机根据其中的源 MAC 地址进行学习，构建 MAC 地址表，根据目的 MAC 地址进行数据帧的转发与过滤。

在交换机刚启动时，它的 MAC 地址表中没有表项，此时如果交换机的某个端口收到数据帧，它会把数据帧从除接收端口之外的所有其他端口转发出去。这样，交换机就能确保网络中其他所有的终端主机都能收到此数据帧，同时，交换机记录该数据帧中的源 MAC 地址和接收该数据帧的端口，将其写入 MAC 地址表。

同样的，当网络中其他 PC 发出数据帧时，重复上面的过程。当网络中所有的主机的 MAC 地址和对应端口在交换机中都有记录后，意味着 MAC 地址学习完成，也可以说交换机知道了所有主机的位置。交换机通过记录端口接收数据帧中的源 MAC 地址和端口的对应关系来进行 MAC 地址表学习。交换机在学习 MAC 地址时，同时给每条表项设定一个老化时间，如果在老化时间到期之前一直没有刷新，则表项会清空。交换机的 MAC 地址表空间是有限的，设定表项老化时间有助于回收长久不用的 MAC 表项空间。

MAC 地址表见表 2-2-1。

表 2-2-1　MAC 地址表

| MAC 地址 | 端口 |
|---|---|
| 00-00-00-11-11-11 | E0/1 |
| 00-00-00-11-11-22 | E0/2 |

交换机在进行 MAC 地址学习时，一个 MAC 地址只能被一个端口学习，一个端口可学习多个 MAC 地址。

（4）数据帧的转发

MAC 地址表学习完成后，交换机根据 MAC 地址表项进行数据帧转发。如果目的地址是单播数据帧，且在 MAC 地址表中有该 MAC 地址对应的表项，则直接从对应的端口转发出去；如果目的地址为单播帧，且在 MAC 地址表中没有该 MAC 地址对应的表项，则将该单播帧从除源端口外的其他端口转发出去；如果目的地址为广播帧或组播帧，则将该广播帧或组播帧从除源端口外的其他端口转发出去。

（5）数据帧的过滤

如果帧目的 MAC 地址表中有表项存在，且表项所关联的端口与接收到帧的端口相同时，交换机对此帧进行过滤，即不转发此帧。

3. 相关配置命令

①显示 MAC 地址表信息

display mac-address

例如：

```
<H3C> display mac-address
MAC ADDR        VLAN ID   STATE     PORT INDEX         AGING TIME(s)
000f-e20f-0101  1         Learned   Ethernet1/0/1      300
```

| 字段 | 描述 |
| --- | --- |
| MAC ADDR | MAC 地址 |
| VLAN ID | MAC 地址所在的 VLAN ID |
| STATE | MAC 地址的状态，包括“Static”“Learned”等 |
| PORT INDEX | 端口号 |
| AGING TIME(s) | 是否处在老化时间内 |

②配置静态 MAC 地址

系统视图下的命令形式：

mac-address { static | dynamic} *mac-address* interface *interface-type interface-number* vlan *vlan-id*

端口视图下的命令形式：

mac-address { static | dynamic } *mac-address* vlan *vlan-id*

参数说明：

static：配置静态 MAC 地址表项。

dynamic：配置动态 MAC 地址表项。

mac-address：MAC 地址。

interface-type：端口类型。

interface-number：端口编号。

vlan-id：指定的 VLAN ID，取值范围为 1～4094。

③设置 MAC 地址表动态表项的老化时间，在系统视图下做如下配置：

mac-address timer { aging age | no-aging }

aging age：二层地址动态表项的老化时间，取值范围为 10～1000000，单位为秒。

no-aging：不老化。

④显示 MAC 地址表动态表项的老化时间，在任意视图下做如下配置：

display mac-address aging-time

例如：

```
<H3C>display mac-address aging-time
Mac address aging time: 300s
```

以上显示信息表示：MAC 地址表中动态表项的老化时间为 300 秒。

```
<H3C> display mac-address aging-time
Mac address aging time: no-aging
```

以上显示信息表示：MAC 地址表中动态表项不老化。

### 2.2.4 实现方法

1. 设备清单

S3100 交换机一台。

装有 Windows XP SP2 的 PC 两台。

网线两根，配置电缆一根。

2. 实验步骤

（1）查看交换机未连接 PC 时 SW1 的 MAC 地址表。

```
[SW1]display mac-address
No MAC addresses found.
```

显示 MAC 地址表是空的。

（2）连接 PC1 并查看 MAC 地址表。

```
[SW1]display mac-address
MAC ADDR        VLAN ID    STATE       PORT INDEX          AGING TIME(s)
c89c-dc68-bafa   1         Learned     Ethernet1/0/1       AGING

  ---  1 mac address(es) found  ---
```

MAC ADDR 列表示 E1/0/1 接口所连接的以太网中的主机的 MAC 地址；VLAN ID 列指出这个端口所在的 VLAN，VLAN 概念我们将在项目 3 中讨论；STATE 列指出这个 MAC 地址表项的属性：Learned 表示 MAC 地址为动态学习到的；AGING TIME 是该表项的老化时间，表示这个表项还会被保存多长时间（以秒为单位）。在 S3100 交换机中，正是由于 MAC 地址表的存在，才使得交换机可以根据数据包的 MAC 地址查出端口号，来实现基于二层的快速转发。

当一台 PC 被连接到交换机的端口，交换机会从该端口动态学习到 PC 的 MAC 地址，并将其添加到 MAC 地址表中。

（3）连接 PC2 并查看 MAC 地址表。

```
[SW1]display mac-address
MAC ADDR         VLAN ID    STATE       PORT INDEX        AGING TIME(s)
0090-f58b-06de    1         Learned     Ethernet1/0/2      AGING
c89c-dc68-bafa    1         Learned     Ethernet1/0/1      AGING

  ---  2 mac address(es) found  ---
```

（4）配置静态 MAC 地址。

S3100 交换机除了可以动态从端口学习到 MAC 地址之外，还可以通过一些命令来手动添加或删除静态的表项，来实现对 MAC 地址表的维护和控制。在 S3100 交换机中，对于同一个 MAC 地址只能有一个表项，因此在我们配置静态表项之前，必须把相应的动态表项给释放掉，然后再进行如下配置：

```
[SW1]mac-address static 0090-f58b-06de interface Ethernet 1/0/2 vlan 1
[SW1]display mac-address
MAC ADDR         VLAN ID    STATE          PORT INDEX      AGING TIME(s)
0090-f58b-06de    1         Config static  Ethernet1/0/2     NOAGED
c89c-dc68-bafa    1         Learned        Ethernet1/0/1     AGING

  ---  2 mac address(es) found  ---
```

从上面的 MAC 地址表中我们可以看出，STATE 字段是 Config static，表示是手动添加的静态表项；AGING TIME(s)为 NOAGED，表示不老化。只要交换机没有重启丢失配置，该表项就会一直存在。可以用“undo”命令删除配置静态表项。

（5）将 PC2 连接 SW1 的网线断开，将 PC2 连接到 SW1 的 Ethernet 1/0/3 接口上，然后再次查看 MAC 地址表。

```
[SW1]display mac-address
MAC ADDR          VLAN ID    STATE            PORT INDEX           AGING TIME(s)
0090-f58b-06de    1          Config static    Ethernet1/0/2        NOAGED
c89c-dc68-bafa    1          Learned          Ethernet1/0/1        AGING

  ---  2 mac address(es) found  ---
```

可以看到 PC2 的 MAC 地址没有学习到端口 Ethernet 1/0/3 上，原因是交换机的 MAC 地址对于同一个 VLAN 中只有一个记录。静态配置了 PC2 的 MAC 地址和端口号的映射关系后，交换机就不能也不再同一 VLAN 中动态学习这个主机的 MAC 地址了。

（6）查看 MAC 地址表动态表项的老化时间。

```
[SW1]display mac-address aging-time
Mac address aging time: 300s
```

（7）修改 MAC 地址表动态表项的老化时间。

```
[SW1]mac-address timer aging 100
```

（8）给各主机配置 IP 地址，用 ping 命令测试局域网的互通。

将计算机 PC1 和 PC2 的 IP 地址分别配置为 211.67.94.50、211.67.94.51，子网掩码是 255.255.255.0，用 ping 命令测试计算机之间的连通状态，如图 2-2-4 所示。

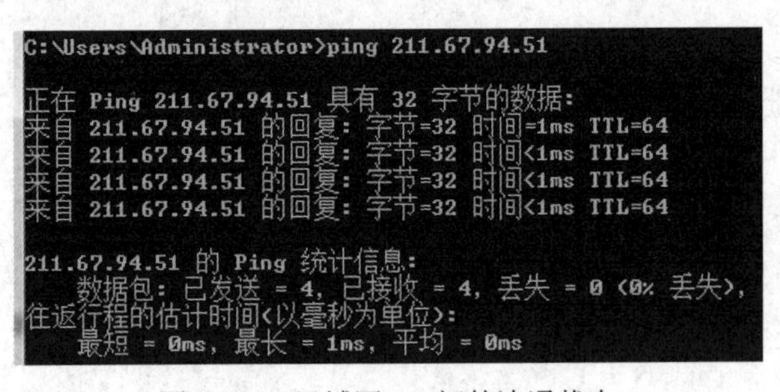


图 2-2-4　局域网 PC 间的连通状态



### 2.2.5　思考与练习

1．下列有关 MAC 地址的说法中哪些是正确的？

A．以太网用 MAC 地址标识主机

B．MAC 地址是一种便于更改的逻辑地址

C．MAC 地址固化在 ROM 中，通常情况下无法改动

D．通常只有终端主机才需要 MAC 地址，路由器等网络设备不需要

2．二层以太网交换机在 MAC 地址表中查找与帧目的 MAC 地址匹配的表项，从而将帧从相应接口转发出去，如果查找失败，交换机将______。

A．把帧丢弃

B．把帧由除入端口以外的所有其他端口发送出去

C．查找快速转发表

D．查找路由表

3．交换机上的以太帧交换依靠 MAC 地址映射表，这个表可以通过______ 来建立。（选择一项或多项）

A．交换机自行学习

B．手工添加映射表项

C．交换机之间相互交换目的地的位置信息

D．生成树协议交互学习

4. 某二层交换机上的 MAC 地址表如下所示。当交换机从 E1/0/1 接口收到一个广播帧时，会将该帧______。（选择一项或多项）

| MAC 地址表 | |
|---|---|
| MAC 地址 | 接口 |
| 00-13-72-8E-4A-C0 | E1/0/1 |
| 00-13-72-8E-4B-C1 | E1/0/2 |
| 00-13-72-8E-4C-C2 | E1/0/3 |
| 00-13-72-8E-4D-C3 | E1/0/4 |

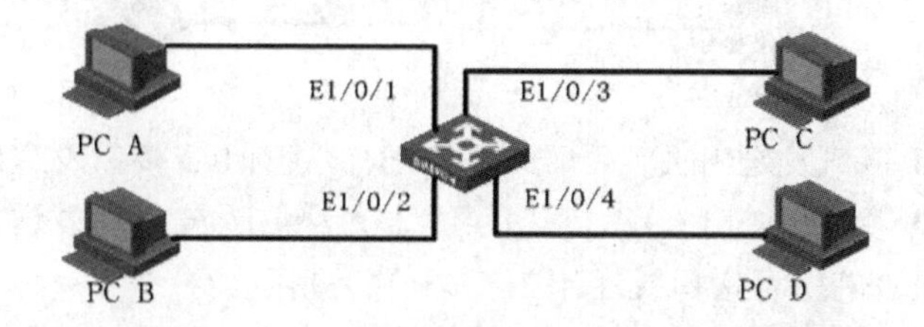


A．从 E1/0/1 接口发送出去

B．从 E1/0/2 接口发送出去

C．从 E1/0/3 接口发送出去

D．从 E1/0/4 接口发送出去

E．从交换机上的所有接口发送出去

F．直接丢弃

5. 某二层交换机上的 MAC 地址表如下所示。当交换机从 E1/0/2 接口收到一个目的 MAC 地址为 00-13-72-8E-4E-C4 的帧时，交换机会将该帧______。（选择一项或多项）

| MAC 地址表 | |
|---|---|
| MAC 地址 | 接口 |
| 00-13-72-8E-4A-C0 | E1/0/1 |
| 00-13-72-8E-4B-C1 | E1/0/2 |
| 00-13-72-8E-4C-C2 | E1/0/3 |
| 00-13-72-8E-4D-C3 | E1/0/4 |

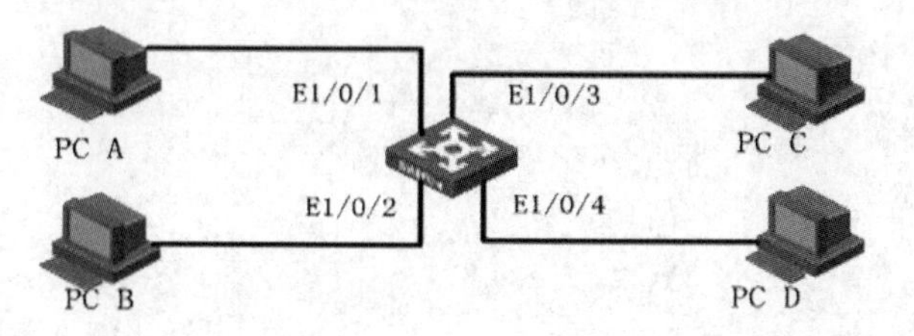

A．从 E1/0/1 接口发送出去　　　　　B．从 E1/0/2 接口发送出去
C．从 E1/0/3 接口发送出去　　　　　D．从 E1/0/4 接口发送出去
E．从交换机上的所有接口发送出去　　F．直接丢弃

6．某二层交换机上的 MAC 地址表如下所示。当交换机从 E1/0/2 接口收到一个目的 MAC 地址为 00-13-72-8E-4B-C1 的帧时，交换机会将该帧______。（选择一项或多项）

| MAC 地址表 | |
|---|---|
| MAC 地址 | 接口 |
| 00-13-72-8E-4A-C0 | E1/0/1 |
| 00-13-72-8E-4B-C1 | E1/0/2 |
| 00-13-72-8E-4C-C2 | E1/0/3 |
| 00-13-72-8E-4D-C3 | E1/0/4 |

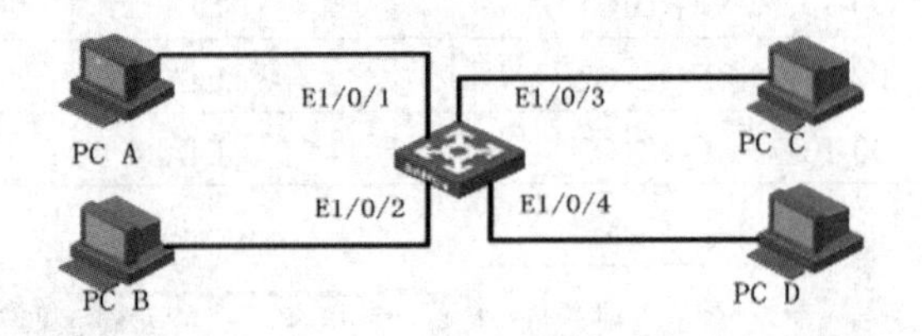


A．从 E1/0/1 接口发送出去　　　　　B．从 E1/0/2 接口发送出去
C．从 E1/0/3 接口发送出去　　　　　D．从 E1/0/4 接口发送出去
E．从交换机上的所有接口发送出去　　F．直接丢弃

7．搭建如图 2-2-1 所示的实验环境，组建小型局域网，完成本任务的要求。

# 3

# 虚拟局域网

VLAN（虚拟局域网）技术的出现，主要是为了解决交换机在进行局域网互连时无法限制广播的问题。这种技术可以把一个物理局域网划分成多个虚拟局域网，每个 VLAN 就是一个广播域，VLAN 内的主机间通信就和在一个 LAN 内一样，而 VLAN 间的主机则不能直接互通，这样，广播数据帧就被限制在一个 VLAN 内。

- 掌握什么是交换机的 VLAN 及交换机 VLAN 的划分方法
- 掌握单交换机 VLAN 和跨交换机 VLAN 的基本配置

## 任务 3.1　单交换机 VLAN 及配置

### 3.1.1　任务描述

学校实验楼中有两个实验室位于同一楼层，一个是计算机软件实验室，一个是多媒体实验室，两个实验室的信息端口都连在一台交换机上。学校已经为实验楼分配了固定的 IP 地址段，为了保证两个实验室的相对独立，就需要划分对应的 VLAN，使交换机某些端口属于软件实验室，另一些端口属于多媒体实验室，这样就能保证它们之间的数据互不干扰，也不影响各自的通信效率。拓扑图如图 3-1-1 所示。

### 3.1.2　任务要求

PC1 和 PC2 属于软件实验室，PC3 和 PC4 属于多媒体实验室，在 SW1 配置 VLAN，使相同实验室的PC间可互相通信，不同实验室的PC不能互相通信。

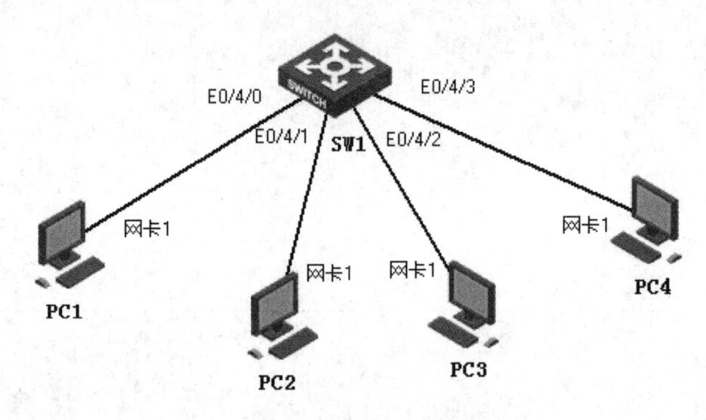


图 3-1-1　单交换机 VLAN 拓扑图

### 3.1.3　知识链接

1．什么是VLAN

VLAN（Virtual Local Area Network，虚拟局域网）是一种通过将局域网内的设备从逻辑上而不是物理上划分成多个网段，从而实现虚拟工作组的技术。VLAN 工作在 OSI 的第二层，VLAN 是交换机端口的逻辑组合，可以把在同一交换机上的端口组合成一个 VLAN，也可以把在不同交换机上的端口组合成一个 VLAN，一个 VLAN 就是一个广播域，VLAN 之间的通信如果不通过第三层设备是无法通信的。

2．为什么划分VLAN

第二层交换式网络存在很多缺陷。例如，全网属于一个广播域，极易引起广播碰撞和广播风暴等问题，必然会造成网络带宽资源的极大浪费；网络安全性不高，所有用户都可以监听到服务器及其他设备端口发出的数据包；蠕虫病毒泛滥，如果不对局域网进行有效的广播域隔离，一旦病毒发起泛洪广播攻击，将会很快占用完网络的带宽，导致网络阻塞和瘫痪。VLAN技术的使用可以解决交换机在进行局域网互连时无法限制广播的问题。

VLAN 主要的优点如下：

（1）广播风暴防范：将网络划分为多个 VLAN 可减少参与广播风暴的设备数量。每个 VLAN 是一个广播域，广播流量仅在 VLAN 中传播，节省了带宽，提高了网络处理能力。如果一台终端主机发出广播帧，交换机只会将此广播帧发送到所有属于该 VLAN 的其他端口，而不是所有交换机的端口，从而控制了广播范围，节省了带宽。

（2）增强局域网的安全性：不同 VLAN 内的报文在传输时是相互隔离的，即一个 VLAN 内的用户不能和其他 VLAN 内的用户直接通信，如果不同 VLAN 要进行通信，则需要通过路由器或第三层交换机等设备。

（3）提高管理效率：由于 VLAN 是逻辑上的组合，管理员可以很容易地通过修改配置重新划分 VLAN，而不需要改变物理拓扑，大大提高了管理的效率。

（4）增加网络的健壮性：当网络规模增大时，部分网络出现问题往往会影响整个网络，引入 VLAN 之后，可以将一些网络故障限制在一个 VLAN 之内。

3. 如何划分 VLAN

VLAN 在交换机上的实现方法，可以大致划分为 4 类：

（1）基于端口划分 VLAN

方法：基于端口划分 VLAN（静态 VLAN）是最简单、最有效的方法，即按照设备端口来定义 VLAN 成员。将指定端口加入到指定 VLAN 中之后，该端口就可以转发指定 VLAN 的数据帧了。

优点：配置简单。

缺点：用户离开了原来的端口，到了一个新的交换机的某个端口，必须重新定义。

（2）基于 MAC 地址划分 VLAN

方法：基于 MAC 地址划分 VLAN（动态 VLAN）是根据每个主机的 MAC 地址来划分，即对每个 MAC 地址的主机都配置它属于哪个组。通过一种称为 VLAN 成员资格策略服务器（VMPS）的特殊服务器完成。使用 VMPS 可以根据连接到交换机端口的设备的源 MAC 地址，动态地将端口分配给 VLAN。即使将计算机从一台交换机的端口移到另一台交换机的端口，第二台交换机也会将该主机的端口动态地分配给相同的 VLAN。

优点：当用户物理位置移动时，即从一个交换机换到其他的交换机时，VLAN 不用重新配置，因此也可以认为这种根据 MAC 地址的划分方法是基于用户的 VLAN。

缺点：初始化时，所有的用户都必须进行配置，工作量大；导致交换机执行效率的降低，因为在每一个交换机的端口都可能存在很多个 VLAN 组的成员，这样就无法限制广播包；笔记本电脑用户可能经常更换网络，这样 VLAN 就必须不停的配置。

（3）基于网络层划分 VLAN

方法：根据每个主机的网络层地址或协议类型来划分，虽然这种划分方法是根据网络地址，比如 IP 地址，但它不是路由，与网络层的路由无关。它虽然查看每个数据包的 IP 地址，但由于不是路由，所以，没有 RIP、OSPF 等路由协议，而是根据生成树算法进行桥交换。

优点：用户的物理位置改变后不需要重新配置 VLAN；可以根据协议类型来划分 VLAN；不需要附加的帧标签来识别 VLAN，可以减少网络流量。

缺点：效率低。一般的交换机芯片都可以自动检查网络上数据包的以太网帧头，但要让芯片能检查 IP 帧头，需要更高的技术，同时也更费时。

（4）根据 IP 组播划分 VLAN

方法：认为一个组播组就是一个 VLAN，这种划分方法将 VLAN 扩大到了广域网。

优点：具有更大的灵活性，而且也便于通过路由器进行扩展。

缺点：不适合局域网，主要是效率不高。

从上述几种 VLAN 划分方法的优缺点综合来看，基于端口的 VLAN 划分是最普遍使用的方法之一，它也是目前所有交换机都支持的一种 VLAN 划分方法。

4. VLAN 的帧格式

为了保证不同厂家生产的设备能够顺利互通，IEEE802.1Q 标准严格规定了统一的 VLAN 帧格式以及其他重要参数。如图 3-1-2 所示，在传统的以太网帧中添加了 4 个字节的 IEEE802.1Q 标签后，成为带有 VLAN 标签的帧（Tagged Frame）。而传统的不携带 IEEE802.1Q 标签的数据帧称为未打标签的帧（Untagged Frame）。

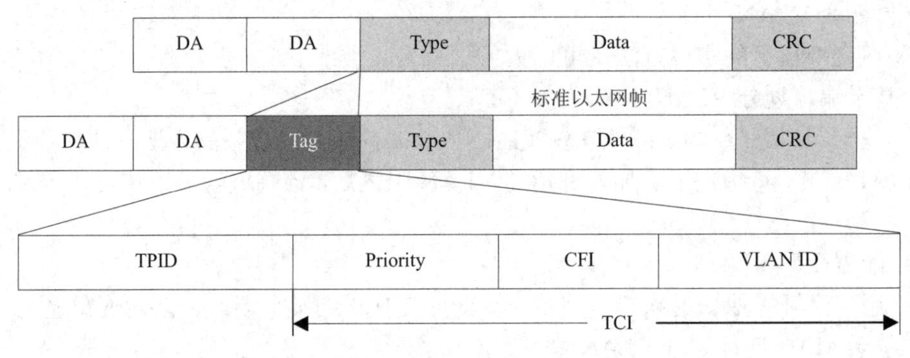


图 3-1-2　VLAN 帧格式

IEEE802.1Q 标签头包含了 2 个字节的标签协议标识（TPID）和 2 个字节的标签控制信息（TCI）。

TPID（Tag Protocol Identifier）是 IEEE 定义的新的类型，表明这是一个加了 IEEE802.1Q 标签的帧。TPID 包含了一个固定的值 0x8100。

TCI 包含的是帧的控制信息，它包含了下面的一些元素：

Priority：这 3 位指明帧的优先级。一共有 8 种优先级，0～7。IEEE 802.1Q 标准使用这 3 位信息。

Canonical Format Indicator（CFI）：CFI 值为 0 说明是规范格式，1 为非规范格式。它被用在令牌环/源路由 FDDI 介质访问方法中来指示封装帧中所带地址的比特次序信息。

VLAN Identified（VLAN ID）：这是一个 12 位的域，指明 VLAN 的 ID，一共 4096 个，每个支持 IEEE802.1Q 协议的交换机发送出来的数据包都会包含这个域，以指明自己属于哪一个 VLAN。

当终端主机发出的以太网帧到达交换机端口时，交换机根据相关的 VLAN 配置给进入端口的帧附加相应的 IEEE802.1Q 标签。默认情况下，所附加标签中的 VLAN ID 等于端口所属 VLAN 的 ID。端口所属的 VLAN 称为端口默认 VLAN，又称为 PVID（Port VLAN ID）。

默认情况下，Trunk 端口的默认 VLAN 是 VLAN 1。可以根据实际情况修改默认 VLAN，以保证两端交换机的默认 VLAN 相同为原则，否则会发生同一 VLAN 内的主机跨交换机不能通信的情况。

5. 交换机端口类型

（1）Access 端口

交换机端口的默认类型，一般用于接主机，从主机端接收到标准以太网帧后加上 IEEE 802.1Q 标签，将从端口转发给主机的数据帧剥离 IEEE 802.1Q 标签。Access 端口只能处理属于一个 VLAN ID 的数据帧。

（2）Trunk 端口

也称为中继端口，可以接收和发送多个 VLAN 的数据帧，在接收和发送过程中不对帧中的 IEEE 802.1Q 标签进行任何操作。一般用于交换机互连或交换机与路由器之间相连的端口。

（3）Hybrid 端口

Hybrid 端口也能允许多个 VLAN 帧通过，并且还可以指定哪些 VLAN 数据帧被剥离标签。而 Trunk 端口只允许默认 VLAN（PVID）的报文发送时不打标签。

注意：Trunk 端口不能直接被设置为 Hybrid 端口，只能先设为 Access 端口，再设置为 Hybrid 端口。

6. 配置 VLAN

默认情况下，交换机只有 VLAN1，所有的端口都属于 VLAN1 且是 Access 链路类型端口。如果想在交换机上创建新的 VLAN，并指定属于这个 VLAN 的端口，VLAN ID 的范围为 1～1005。1002～1005 的 ID 保留供令牌环 VLAN 和光纤分布式数据接口 VLAN 使用。ID1 和 ID1002～1005 是自动创建的，不能删除。其配置的基本步骤如下：

（1）在系统视图下创建 VLAN 并进入 VLAN 视图。配置命令如下：

```
vlan vlan-id
```

（2）在 VLAN 视图下将指定端口加入到 VLAN 中，配置命令如下：

```
port interface-list
```

### 3.1.4 实现方法

1. 设备清单

交换机 1 台。

装有 Windows XP SP2 的 PC 4 台

网线 4 根。

2. IP 地址规划（如表 3-1-1 所示）

表 3-1-1 IP 地址列表及端口所属 VLAN

| 设备 | 端口 | VLAN | IP 地址 | 子网掩码 |
|---|---|---|---|---|
| SW1 | E0/4/0 | VLAN10 | | |
| | E0/4/1 | VLAN10 | | |
| | E0/4/2 | VLAN20 | | |
| | E0/4/3 | VLAN20 | | |
| PC1 | | | 192.168.1.1 | 255.255.255.0 |
| PC2 | | | 192.168.1.2 | 255.255.255.0 |
| PC3 | | | 192.168.1.3 | 255.255.255.0 |
| PC4 | | | 192.168.1.4 | 255.255.255.0 |

3. 实验步骤

（1）搭建物理环境。

（2）在 SW1 上创建 2 个 VLAN，分别是 VLAN10、VLAN20，将 PC 与交换机连接的端口分配到 VLAN 中。

```
[SW1]vlan 10
[SW1-vlan10]port Ethernet 0/4/0 to Ethernet 0/4/1
[SW1-vlan10]quit
[SW1]vlan 20
[SW1-vlan20]port Ethernet 0/4/2 to Ethernet 0/4/3
```

（3）查看 VLAN 配置。

```
[SW1]display vlan all
```

```
VLAN ID: 1
 VLAN Type: static
 Route Interface: not configured
 Description: VLAN 0001
 Name: VLAN 0001
 Broadcast MAX-ratio: 100%
 Tagged     Ports: none
 Untagged Ports:
    Ethernet0/4/4          Ethernet0/4/5          Ethernet0/4/6
    Ethernet0/4/7

 VLAN ID: 10
 VLAN Type: static
 Route Interface: not configured
 Description: VLAN 0010
 Name: VLAN 0010
 Broadcast MAX-ratio: 100%
 Tagged     Ports: none
 Untagged Ports:
    Ethernet0/4/0          Ethernet0/4/1

 VLAN ID: 20
 VLAN Type: static
 Route Interface: not configured
 Description: VLAN 0020
 Name: VLAN 0020
 Broadcast MAX-ratio: 100%
 Tagged     Ports: none
 Untagged Ports:
    Ethernet0/4/2          Ethernet0/4/3
```

（4）验证。

配置PC的IP地址和子网掩码。PC1的IP地址配置如图3-1-3所示，其他PC配置相似。

```
VPCS[4]> 1
VPCS[1]> ip 192.168.1.1 24
Checking for duplicate address...
PC1 : 192.168.1.1 255.255.255.0
```

图3-1-3　PC1的IP地址配置

使用ping命令分别测试PC1、PC2、PC3、PC4之间的连通性，测试结果显示相同VLAN的PC间能互相通信，如图3-1-4和图3-1-5所示，不同VLAN的PC间不能互相通信，如图3-1-6所示。

```
VPCS[1]> ping 192.168.1.2
192.168.1.2 icmp_seq=1 ttl=64 time=20.000 ms
192.168.1.2 icmp_seq=2 ttl=64 time=20.000 ms
192.168.1.2 icmp_seq=3 ttl=64 time=20.000 ms
192.168.1.2 icmp_seq=4 ttl=64 time=10.000 ms
192.168.1.2 icmp_seq=5 ttl=64 time=20.000 ms
```

图3-1-4　PC1与PC2互通

```
VPCS[3]> ping 192.168.1.4
192.168.1.4 icmp_seq=1 ttl=64 time=20.000 ms
192.168.1.4 icmp_seq=2 ttl=64 time=20.000 ms
192.168.1.4 icmp_seq=3 ttl=64 time=30.000 ms
192.168.1.4 icmp_seq=4 ttl=64 time=20.000 ms
192.168.1.4 icmp_seq=5 ttl=64 time=20.000 ms
```

图 3-1-5　PC3 与 PC4 互通

```
VPCS[1]> ping 192.168.1.3
host (192.168.1.3) not reachable.
```

图 3-1-6　PC1 与 PC3 不能互通

### 3.1.5　思考与练习

1．VLAN 技术有哪些优点？

2．VLAN 的划分方法有哪些？

3．VLAN 编号最大是（　　）。

A．1024　　B．2048　　C．4096　　D．无限制

4．默认情况下，交换机上所有端口属于 VLAN（　　）。

A．0　　B．1　　C．1024　　D．4095

5．根据用户的需求，管理员需要在交换机 SWA 上新建一个 VLAN，并且该 VLAN 需要包括端口 Ethernet1/0/2。根据以上要求，需要在交换机上配置下列哪些命令？

A．[SWA]vlan 1　　B．[SWA-vlan1]port Ethernet1/0/2

C．[SWA]vlan 2　　D．[SWA-vlan2]port Ethernet1/0/2

6．完成任务 3.1 并测试 PC 间的连通性。

## 任务 3.2　跨交换机 VLAN 及配置

### 3.2.1　任务描述

某一公司内财务部、销售部的 PC 通过 2 台交换机实现通信，PC1、PC3 属于财务部，PC2、PC4 属于销售部，要求财务部和销售部内的 PC 可以互通，但为了数据安全起见，销售部和财务部需要进行隔离，现要在交换机上做适当配置来实现这一目的。拓扑图如图 3-2-1 所示。

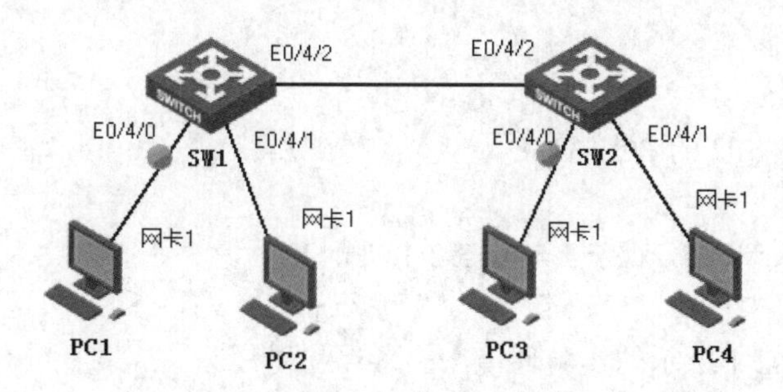


图 3-2-1　跨交换机 VLAN 拓扑图

### 3.2.2 任务要求

PC1 和 PC3 属于财务部，PC2 和 PC4 属于销售部，在 SW1 和 SW2 上配置 VLAN，使相同部门 PC 间可互相通信，不同部门间 PC 不能通信。

### 3.2.3 知识链接

1. Trunk 链路端口

当一个 VLAN 跨越不同交换机时，接在不同的交换机上的计算机进行通信时要如何实现通信？可以在交换机之间为每一个 VLAN 都增加连线，然而这样的方法在有多个 VLAN 时会占用太多的以太网接口。采用 Trunk 技术可以实现跨交换机的 VLAN 内通信，Trunk 技术使得在一条物理线路上可以传送多个 VLAN 的信息，交换机从属于同一 VLAN（如 VLAN 3）的端口接收到数据，在 Trunk 链路上进行传输前，会加上一个标记，表明该数据是 VLAN 3 的。到了对方交换机，交换机会把该标记去掉，只发送到属于 VLAN 3 的端口上。

2. Trunk 端口配置及相关命令

Trunk 端口能够允许多个 VLAN 的数据帧通过，通常用在交换机之间互连。配置某个端口成为 Trunk 端口的步骤如下：

（1）在以太网端口视图下指定端口链路类型为 Trunk，配置命令如下：

```
port link-type trunk
```

（2）默认情况下，Trunk 端口只允许默认 VLAN 即 VLAN1 的数据帧通过，所以，需要在以太网端口视图下指定哪些 VLAN 帧能够通过当前 Trunk 端口。配置命令如下：

```
port trunk permit vlan{vlan-id-list|all}
```

（3）必要时，可以在以太网端口视图下设定 Trunk 端口的默认 VLAN。配置命令如下：

```
prot trunk pvid vlan vlan-id
```

默认情况下，Trunk 端口的默认 VLAN 是 VLAN1。可以根据实际情况修改默认 VLAN，以保证两端交换机的默认 VLAN 相同为原则，否则会发生同一 VLAN 内的主机跨交换机不能通信的情况。

（4）查看端口的配置信息。

```
display interface
```

如

```
[SW1] display interface Ethernet 0/4/0
```

### 3.2.4 实现方法

1. 设备清单

S3610 交换机 2 台。

装有 Windows XP SP2 的 PC 4 台。

网线 5 根。

2. IP 地址规划及 VLAN 划分（如表 3-2-1 所示）

3. 实验步骤

（1）搭建如图 3-2-1 所示的实验环境

表 3-2-1 IP 地址列表及端口所属 VLAN

| 设备 | 端口 | VLAN | IP 地址 | 子网掩码 |
|---|---|---|---|---|
| SW1 | E0/4/0 | VLAN10 | | |
| | E0/4/1 | VLAN20 | | |
| SW2 | E0/4/0 | VLAN10 | | |
| | E0/4/1 | VLAN20 | | |
| PC1 | | | 192.168.1.1 | 255.255.255.0 |
| PC2 | | | 192.168.1.2 | 255.255.255.0 |
| PC3 | | | 192.168.1.3 | 255.255.255.0 |
| PC4 | | | 192.168.1.4 | 255.255.255.0 |

（2）交换机 VLAN 配置

SW1 配置：

```
[SW1]VLAN 10
[SW1-vlan10]port Ethernet 0/4/0
[SW1-vlan10]quit
[SW1]vlan 20
[SW1-vlan20]port Ethernet 0/4/1
[SW1-vlan20]quit
[SW1]int e0/4/2
[SW1-Ethernet0/4/2]port link-type trunk
[SW1-Ethernet0/4/2]port trunk permit vlan 10 20
```

SW2 配置：

```
[SW2]vlan 10
[SW2-vlan10]port Ethernet 0/4/0
[SW2-vlan10]vlan 20
[SW2-vlan20]port Ethernet 0/4/1
[SW2-vlan20]interface Ethernet 0/4/2
[SW2-Ethernet0/4/2]port link-type trunk
[SW2-Ethernet0/4/2]port trunk permit vlan 10 20
```

（3）查看 VLAN 配置

```
<SW1> display vlan
 Total 3 VLAN exist(s).
 The following VLANs exist:
  1(default), 10, 20,
```

由输出中可以看到，目前交换机上有 VLAN1、VLAN10、VLAN20 存在，VLAN1 是默认 VLAN。

```
<SW1>display vlan 10
 VLAN ID: 10
 VLAN Type: static
 Route Interface: not configured
 Description: VLAN 0010
 Name: VLAN 0010
 Broadcast MAX-ratio: 100%
 Tagged      Ports:
```

```
        Ethernet0/4/2
    Untagged Ports:
        Ethernet0/4/0
<SW1> display vlan 20
    VLAN ID: 20
    VLAN Type: static
    Route Interface: not configured
    Description: VLAN 0020
    Name: VLAN 0020
    Broadcast MAX-ratio: 100%
    Tagged Ports:
        Ethernet0/4/2
    Untagged Ports:
        Ethernet0/4/1
```

由输出可以看到，VLAN10 中包含了 Ethernet0/4/0 和 Ethernet0/4/2 两个端口，VLAN20 中包含了 Ethernet0/4/1 和 Ethernet0/4/2 两个端口，端口 Ethernet0/4/2 是 Tagged 端口，端口 Ethernet0/4/0 和 Ethernet0/4/1 是 Untagged 端口。

（4）查看端口的 VLAN 信息

```
[SW1] display interface Ethernet 0/4/0
…
PVID: 10
 Mdi type: auto
 Port link-type: access
  Tagged VLAN ID : none
  Untagged VLAN ID : 10
 Port priority: 0
…
```

由输出可知，端口 Ethernet 0/4/0 的端口类型为 Access，默认 VLAN（PVID）是 VLAN10。

```
[SW1]display interface Ethernet 0/4/2
…
PVID: 1
 Mdi type: auto
 Port link-type: trunk
  VLAN passing    : 1(default vlan), 10, 20
  VLAN permitted: 1(default vlan), 10, 20
  Trunk port encapsulation: IEEE 802.1q
 Port priority: 0
…
```

由输出可知，端口 Ethernet 0/4/2 的端口类型为 Trunk，默认 VLAN（PVID）是 VLAN1。

查看交换机 SW2 的 VLAN 信息同 SW1。

（5）验证

配置 PC 的 IP 地址。

使用 ping 命令分别测试 PC1、PC2、PC3、PC4 之间的连通性。测试结果如图 3-2-2 和图 3-2-3 所示。配置完成后，PC1 与 PC3 能够互通，PC2 与 PC4 能够互通；但 PC1 与 PC2，PC3 与 PC4 之间不能够互通。

```
VPCS[1]> ping 192.168.1.3
192.168.1.3 icmp_seq=1 ttl=64 time=40.000 ms
192.168.1.3 icmp_seq=2 ttl=64 time=30.000 ms
192.168.1.3 icmp_seq=3 ttl=64 time=30.000 ms
192.168.1.3 icmp_seq=4 ttl=64 time=40.000 ms
192.168.1.3 icmp_seq=5 ttl=64 time=30.000 ms

VPCS[1]> ping 192.168.1.2
host (192.168.1.2) not reachable
```

图 3-2-2　PC1 与 PC2、PC3 的连通状态

```
VPCS[2]> ping 192.168.1.4
192.168.1.4 icmp_seq=1 ttl=64 time=30.001 ms
192.168.1.4 icmp_seq=2 ttl=64 time=40.000 ms
192.168.1.4 icmp_seq=3 ttl=64 time=40.000 ms
192.168.1.4 icmp_seq=4 ttl=64 time=40.000 ms
192.168.1.4 icmp_seq=5 ttl=64 time=30.000 ms

VPCS[2]> ping 192.168.1.3
host (192.168.1.3) not reachable

VPCS[2]> 3
VPCS[3]> ping 192.168.1.4
host (192.168.1.4) not reachable
```

图 3-2-3　PC2 与 PC3、PC4 的连通状态

**注意**：两个交换机的 E0/4/2 端口应该都配置相同的模式，本实验中都配置为 Trunk 模式，同时封装的协议也应该相同，最后还要让相应的 VLAN 通过此端口，否则网络会不通。

### 3.2.5　思考与练习

1．根据用户需求，管理员需要将交换机 SWA 的端口 Ethernet1/0/1 配置为 Trunk 端口。下列哪个命令是正确的配置命令？______

A．[SWA]port link-type trunk

B．[SWA-Ethernet1/0/1]port link-type trunk

C．[SWA]undo port link-type access

D．[SWA-Ethernet1/0/1]undo port link-type access

2．以下关于 Trunk 端口、链路的描述正确的是______。

A．Trunk 端口的 PVID 值不可以修改

B．Trunk 端口接收到数据帧时，当检查到数据帧不带有 VLAN ID 时，数据帧在端口加上相应的 PVID 值作为 VLAN ID

C．Trunk 链路可以承载带有不同 VLAN ID 的数据帧

D．在 Trunk 链路上传送的数据帧都是带 VLAN ID 的

3．以下关于 Trunk 端口、链路的描述错误的是______。

A．Trunk 端口的 PVID 值不可以修改

B．Trunk 端口发送数据帧时，若数据帧不带有 VLAN ID 时，则对数据帧加上相应的 PVID 值作为 VLAN ID

C．Trunk 链路可以承载带有不同 VLAN ID 的数据帧

D．在 Trunk 链路上传送的数据帧都是带 VLAN ID 的

4．根据实训拓扑图 3-2-4 完成如下任务：

（1）按照表 3-2-2 地址列表的规划对 6 台 PC 进行 IP 地址配置，测试 PC1 与 PC4、PC2 与 PC5、PC3 与 PC6 的连通性，从 PC2 ping 其他主机，结果是什么？

（2）按照地址表的规划将 PC 与交换机连接的端口分配到 VLAN 中，这时再对 PC1 与 PC4、PC2 与 PC5、PC3 与 PC6 的连通性进行测试，结果是什么？

（3）对交换机 SW1、SW2 进行配置，使相同 VLAN 的 PC 间能够互通。

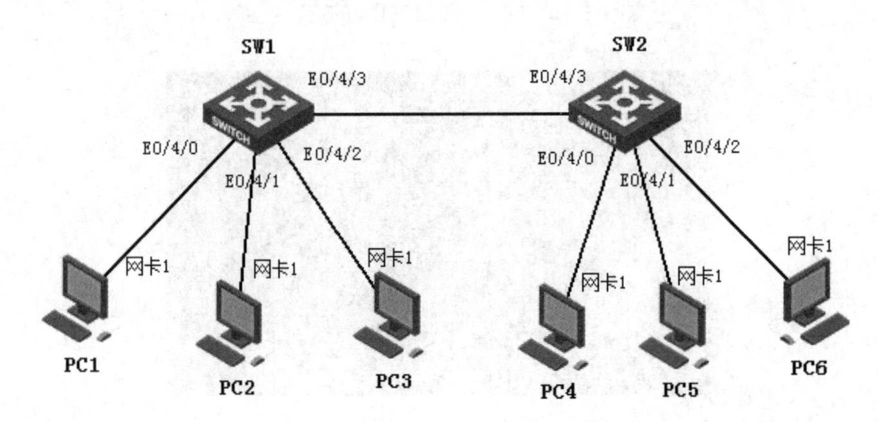


图 3-2-4　实训拓扑图

表 3-2-2　IP 地址规划及端口所属 VLAN

| 设备 | 端口 | VLAN | IP 地址 | 子网掩码 |
|---|---|---|---|---|
| SW1 | E0/4/0 | VLAN10 | | |
| | E0/4/1 | VLAN20 | | |
| | E0/4/2 | VLAN30 | | |
| SW2 | E0/4/0 | VLAN10 | | |
| | E0/4/1 | VLAN20 | | |
| | E0/4/2 | VLAN30 | | |
| PC1 | | | 192.168.10.1 | 255.255.255.0 |
| PC2 | | | 192.168.20.1 | 255.255.255.0 |
| PC3 | | | 192.168.30.1 | 255.255.255.0 |
| PC4 | | | 192.168.10.2 | 255.255.255.0 |
| PC5 | | | 192.168.20.2 | 255.255.255.0 |
| PC6 | | | 192.168.30.2 | 255.255.255.0 |

# 4

# 可靠性局域网组建

一个局域网通常由多台交换机互连而成，为了避免广播风暴，需要保证在网络中不存在路径回环，交换机的生成树协议（STP）就实现了这样的功能。在组建局域网的过程中，为了提高网络的性能，在保证连通性的基础上，有时还要求网络具有高带宽、高可靠性等，链路聚合技术是在局域网中最常见的高带宽和高可靠性技术。本项目主要介绍如何在局域网中添加冗余链路来提高网络的可靠性和安全性。

- 掌握 STP 基本工作原理
- 掌握 STP 的配置
- 掌握链路聚合的基本原理及配置

## 任务 4.1　生成树协议（STP）

### 4.1.1　任务描述

学校为了开展计算机教学和网络办公，建立了一个计算机教室和一个校办公区，这两处的计算机网络通过两台交换机互相连接组成内部局域网。为了提高网络的可靠性，作为网络管理员，你要用两条链路将交换机互连，现要求在交换机上做适当的配置，使网络避免出现环路。网络拓扑图如图 4-1-1 所示。

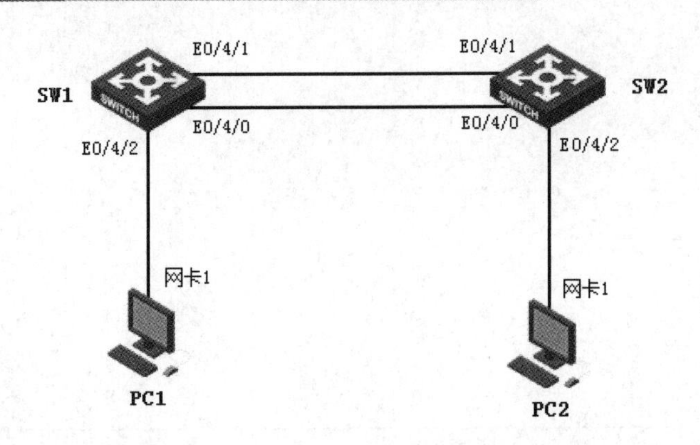


图 4-1-1　有冗余链路的网络拓扑图

### 4.1.2　任务要求

1．在交换机 SW1、SW2 做相应配置避免网络环路。

2．查看各交换机端口角色及状态，测试终端主机的连通性。

### 4.1.3　知识链接

1．STP 简介

在传统的交换网络中，设备之间通过单条链路进行连接，当某个节点或某一链路发生故障时可能导致网络无法访问。在许多重要的场合，常常需要高度的可靠性或冗余性来保证网络的不间断运行。如图 4-1-2 所示，如果交换机 A 出现故障，通信仍旧会通过交换机 B 从网段 2 流向网段 1，最终到达目的网络。但是交换网络中的冗余会产生广播风暴、多帧复制、MAC 地址表不稳定等现象。广播风暴导致网络中充斥大量广播包，大量占用网络带宽；多帧复制导致网络中有大量的重复包；MAC 地址表不稳定导致交换机频繁刷新 MAC 地址表，严重影响网络的正常运行。

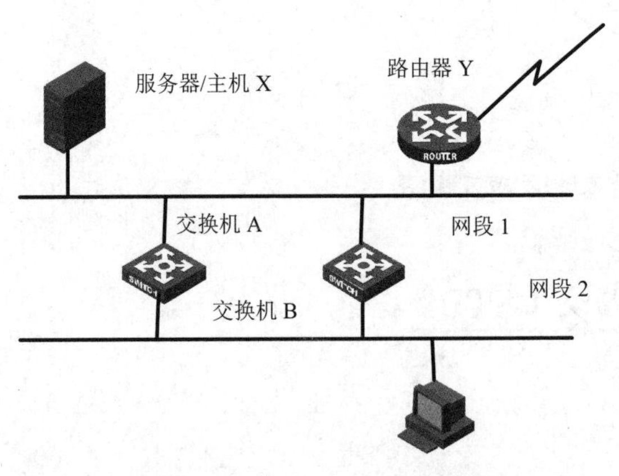


图 4-1-2　交换机之间的冗余链路

如何解决由于冗余链路产生的上述问题，比较容易想到的方法是为网络提供冗余链路，在网络正常时自动备份链路断开，在网络故障时自动启用备份链路，生成树协议就是为解决这一问题而产生的。

STP（Spanning Tree Protocol，生成树协议）是由 IEEE 制定的用于在局域网中消除数据链路层物理环路的协议。该协议的原理是按照树的结构来构造网络拓扑，消除网络中的环路，避免由于环路的存在而造成广播风暴问题。运行该协议的设备通过彼此交互信息发现网络中的环路，并有选择地对某些端口进行阻塞，最终将环路网络结构修剪成无环路和树型网络结构，从而防止报文在环路网络中不断增生和无限循环，避免设备由于重复接收相同的报文造成的报文处理能力下降的问题发生。

2. 生成树算法

生成树协议使用生成树算法，在一个具有冗余路径的容错网络中计算出一个无环路的路径，使一部分端口处于转发状态，另一部分处于阻塞状态（备用状态），从而生成一个稳定的、无环路的生成树网络拓扑，而且一旦发现当前路径故障，生成树协议能立即启动相应的端口，打开备用链路，重新生成 STP 的网络拓扑，从而保持网络的正常工作。为了实现这种功能，运行 STP 的交换机之间通过网桥协议数据单元（Bridge Protocol Data Unit，BPDU）进行信息的交流。生成树协议的关键就是保证网络上任何一点到另一点的路径有一条且只有一条。生成树协议的使用，使具有冗余路径的网络既有了容错能力，同时又避免了产生网络回环带来的不利影响。

IEEE 802.1d 标准定义了 STP 所使用的生成树算法，该算法依赖于 BID、路径开销以及端口 ID 参数来做出决定。

（1）网桥 ID

网桥 ID（即 BID）是生成树算法所使用的第一个参数。STP 使用 BID 来决定桥接网络的中心，称为根网桥或根交换机。BID 参数是一个 8 字节域，由一对有序数字组成，如图 4-1-3 所示。最开始的 2 字节的十进制数称为网桥优先级，接下来是 6 个字节（十六进制）的 MAC 地址。网桥优先级是一个十进制数，用来在生成树算法中衡量一个网桥的优先级。其值的范围是 0～65535，默认设置为 32768。

BID 中的 MAC 地址是交换机的一个 MAC 地址。每个交换机都有一个 MAC 地址池，每个 STP 实例使用一个作为 VLAN 生成树实例（每 VLAN 一个）的 BID。

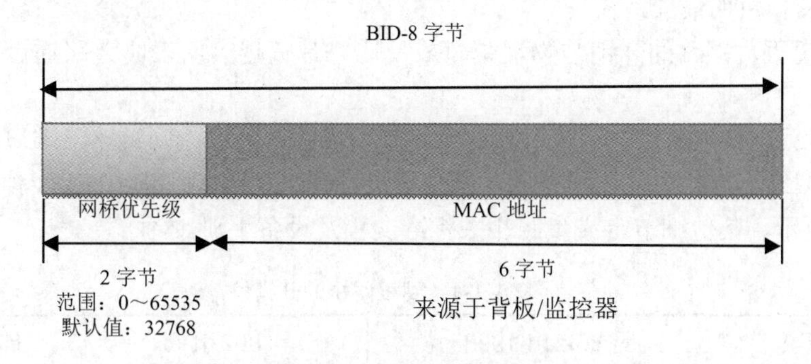


图 4-1-3　网桥 ID 的组成

比较两个 BID 的原则如下：

首先比较网桥优先级，网桥优先级小的 BID 优先。如果两个网桥优先级相同，再比较 MAC 地址，MAC 地址小的 BID 优先。两个 BID 不可能相等，因为交换机所分配的 MAC 地址是唯一的。按照生成树算法，比较两个给定的 STP 参数值时，较低的值总是优先。

交换机 LAN 内的每个生成树实例中都有一台交换机被指定为根网桥。根网桥是所有生成树计算的参考点，用以确定哪些冗余路径应被阻塞，如图 4-1-4 所示。

根据上述原则，在图 4-1-4 中交换机 SWC 的 BID 最小，则其优先为根网桥或根交换机。

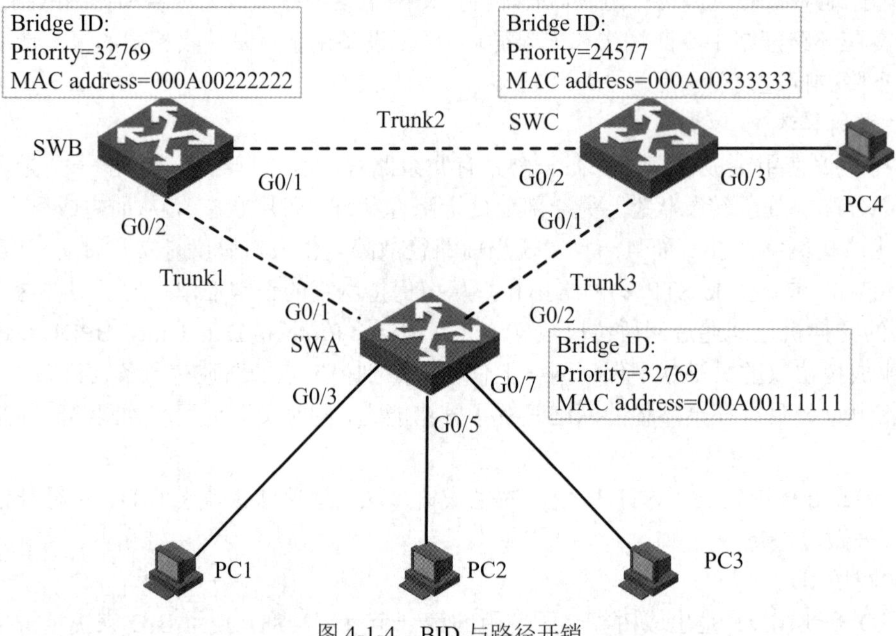


图 4-1-4　BID 与路径开销

（2）路径开销

路径开销是生成树算法所使用的第二个参数，用来决定到根交换机的路径。路径开销是用来衡量网桥之间的距离的参数，是两个网桥之间某条路径上所有链路开销的总和，它不是使用跳数来衡量。

交换机用路径开销来决定到根交换机的最佳路径。最短路径组合具有最小累计路径开销，并成为到根交换机的最佳路径。

通常情况下，链路的开销与物理带宽成反比。带宽越大，表明链路通过能力越强，则路径开销越小。

IEEE 802.1d 和 802.1t 定义了不同速率和工作模式下的以太网链路（端口）开销，H3C 则根据实际的网络运行状况优化了开销的数值定义，制定了私有标准，上述 3 种标准的常用定义如表 4-1-1 所示，其他细节定义参照相关标准文档及设备手册。

表 4-1-1　到根网桥的开销值

| 链路速率 | 802.1d-1998 | 802.1t | H3C 私有标准 |
|---|---|---|---|
| 0 | 65535 | 200000000 | 200000 |
| 10Mbps | 100 | 2000000 | 2000 |
| 100Mbps | 19 | 200000 | 200 |
| 1000Mbps | 4 | 20000 | 20 |
| 10Gbps | 2 | 2000 | 2 |

尽管交换机端口关联有默认的端口开销，但端口开销是可以配置的，通过单独配置各个端口的开销，管理员便能灵活控制到根网桥的生成树路径。

在图 4-1-4 中，有两条路径。

①路径 1：交换机 SWA 到根网桥交换机 SWC，路径开销是 19（基于 IEEE 定义的单端口开销）。

②路径 2：交换机 SWA 到 SWB 再到 SWC，路径开销是 38。

由于路径 1 到根网桥的总路径开销更低，因此其是首选路径。STP 随后将其他冗余路径阻塞，以防形成环路。

（3）端口 ID

端口 ID 是生成树算法所使用的第三个参数，用来决定到根交换机的路径。端口 ID 由端口号和端口优先级两部分组成。在进行比较时，首先比较端口优先级，端口优先级小的端口 ID 优先。如果两个端口优先级相同，再比较端口号，端口号小的端口 ID 优先。

3. 交换机端口角色

生成树算法确定了哪些路径要保留为可用之后，它会将交换机端口配置为不同的端口角色，端口角色描述了网络中端口与根网桥的关系，以及端口是否能转发流量。端口角色有下列几种：

（1）根端口：生成树拓扑中的每台交换机（根网桥除外）都需要有一个根端口。根端口是到达根网桥的路径开销最低的交换机端口。在图 4-1-5 中，最靠近根网桥的交换机端口即为根端口。交换机 SWC 被选为根网桥，则交换机 SWB 的根端口是 G0/1，该端口位于交换机 SWB 与 SWC 之间的中继链路上。交换机 SWA 的根端口是 G0/2，该端口位于交换机 SWA 与 SWC 之间的中继链路上。

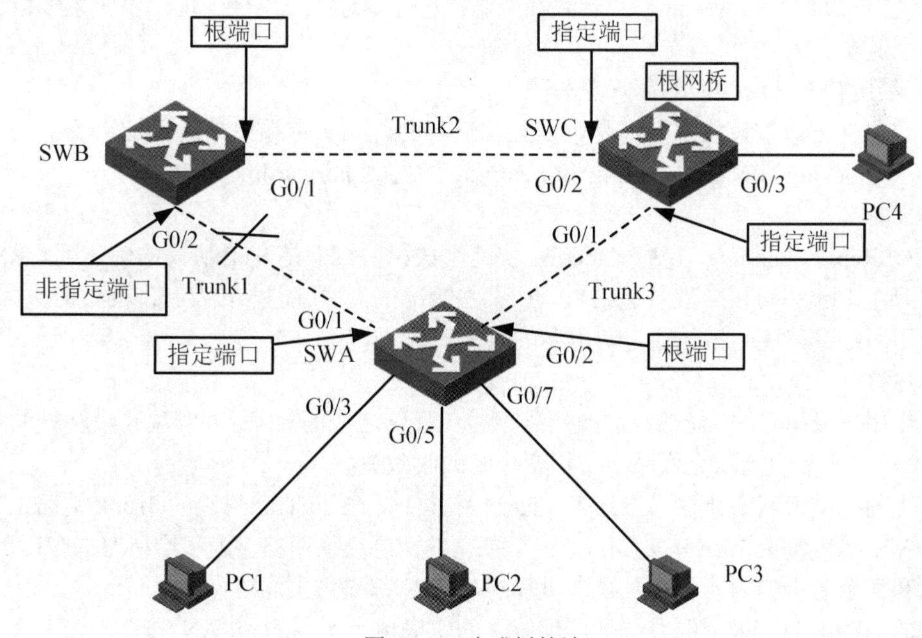


图 4-1-5　生成树算法

（2）指定端口：网络中获准转发流量的，除根端口之外的所有端口。在图 4-1-5 中，交换机 SWC 上的端口 G0/1 和 G0/2 都是指定端口，交换机 SWA 的 G0/1 端口也是指定端口。

（3）非指定端口：为防止环路而被置于阻塞状态的所有端口。在图 4-1-5 中，STP 将交换机 SWB 上的端口 G0/2 配置为非指定端口，即该端口处于阻塞状态。

如何确定指定端口和非指定端口呢？

交换网络中的每个网段只能有一个指定端口。当两个非根端口的交换机端口连接到同一个 LAN 网段时，会发生竞争端口角色的情况。这两台交换机会交换 BPDU 帧，以确定哪个交换机端口是指定端口，哪一个是非指定端口。一般而言，交换机端口是否配置为指定端口，首先比较到达根网桥的最低路径开销，离根网桥最近的网桥负责向这个网段转发数据，该网桥上对应的端口为指定端口。当端口开销相等时，才考虑发送方的 BID，BID 较小的交换机会赢得竞争，其端口将配置为指定端口，失败的交换机将其端口配置为非指定端口，非指定端口最终会进入阻塞状态以防止生成环路。

4. STP 的端口状态

在网桥已经确定哪个端口是根端口、哪个是指定端口和哪个是非指定端口后，STP 准备创建一个无环拓扑。为完成这点，STP 根据端口和指定端口来转发流量。STP 规定非指定端口阻塞流量。为了避免路径回路，生成树协议强迫交换机的端口经历不同状态，其有 5 种不同状态。

（1）阻塞状态（Blocking）：端口处于只能接收状态，不能转发数据包，但能收听网络上的 BPDU 帧。

（2）监听状态（Listening）：STP 算法开始或初始化时，交换机进入的状态，不转发数据包，不学习地址，只监听帧。但是可以接收、处理和发送 BPDU 配置消息。

（3）学习状态（Learning）：与监听状态相似，仍不转发数据包，但学习 MAC 地址建立地址表。

（4）转发状态（Forwarding）：转发所有数据帧，且学习 MAC 地址。表明生成树已经形成，无冗余链路。

（5）禁用状态（Disabled）：管理关闭。

在一定条件下，端口状态之间是可以互相迁移的，当一个端口被选为指定端口或根端口后，需要从 Blocking 状态经 Listening 和 Learning 才能到 Forwarding 状态。

5. RSTP

RSTP（Rapid Spanning Tree Protocol，快速生成树协议）是 STP 协议的优化版。RSTP 具备 STP 的所有功能，可以实现快速收敛，在某些情况下，端口进入转发状态的延时大大缩短，从而缩短了网络最终达到拓扑稳定所需要的时间。

6. MSTP

STP 使用生成树算法，能够在交换网络中避免环路造成的故障，并实现冗余路径的备份功能，RSTP 则进一步提高了交换网络拓扑变化时的收敛速度。

然而当前的交换网络往往工作在多 VLAN 环境下。在 802.1Q 封装的 Trunk 链路上，同时存在多个 VLAN，每个 VLAN 实质上是一个独立的两层交换网络。为了给所有的 VLAN 提供环路避免和冗余备份的功能，就必须为所有的 VLAN 都提供生成树计算。

传统的 STP/RSTP 采用的方法是使用统一的生成树。所有的 VLAN 共享一棵生成树，故拓扑结构也是一致的，因此在一条 Trunk 链路上，所有的 VLAN 要么全部处于转发状态，要么全部处于阻塞状态。

IEEE 802.1s 定义的 MSTP 可以实现 VLAN 级负载均衡。MSTP 协议后来被合并入 802.1Q-2003 标准。通过 MSTP 协议，可以在网络中定义多个生成树实例，每个实例对应多个 VLAN 并维护自己的独立生成树。这样既避免了为每个 VLAN 维护一棵生成树的巨大资源消耗，又可以使不同的 VLAN 具有完全不同的生成树拓扑，不同 VLAN 在同一端口上可以具有不同的状态，从而实现 VLAN 一级的负载分担。

另外，RSTP、MSTP 与 STP 的端口状态有所不同，从 STP 的 5 种变成 3 种，其对应关系如表 4-1-2 所示。

表 4-1-2　STP、RSTP、MSTP 端口状态

| STP 端口状态 | RSTP、MSTP 端口状态 |
|---|---|
| Disabled | Discarding |
| Blocking | Discarding |
| Listening | Discarding |
| Learning | Learning |
| Forwarding | Forwarding |

7. 生成树协议的基本配置

（1）开启生成树功能。

交换机的生成树功能在默认情况下是处于关闭状态的，可以在系统视图下开启生成树功能。

```
[Switch] stp enable
```

（2）关闭生成树功能。

```
[Switch] stp disable
```

如果用户在系统视图下启用了生成树功能，那么所有端口都默认参与生成树计算，如果用户可以确定某些端口连接的部分不存在回路，则可以通过一条在端口视图下的命令关闭特定端口上的生成树功能。

```
[Switch Ethernet 1/0/1] stp disable
```

（3）设置交换机工作模式。

交换机默认工作在 MSTP 模式下，可以通过以下命令在系统视图下设置工作模式。

```
[Switch] stp mode {stp| rstp| mstp}
```

（4）配置网桥的优先级。

默认情况下，所有交换机的优先级是相同的，可以通过配置网桥的优先级来指定根网桥。优先级越小，该网桥就越有可能成为根，配置命令如下：

```
[Switch] stp [ instance instance-id] priority priority
```

在 MSTP 多实例情况下，用 instance *instance-id* 参数来指定交换机的每个实例中的优先级。

（5）在端口视图下配置某端口为边缘端口。

在 RSTP、MSTP 模式下，可以设置某些直接与用户终端相连的端口为边缘端口。这样当网络拓扑变化时，这些端口可以实现快速迁移到转发状态，而无须等待延迟时间。

```
[Switch Ethernet1/0/1]stp edged-port enable
```

（6）查看 STP 全局状态。

```
[Switch] display stp
```

（7）查看生成树中各端口的角色和状态。

```
[Switch] display stp brief
```

### 4.1.4 实现方法

1. 设备清单

S3610 交换机 2 台。

装有 Windows XP SP2 的 PC 2 台。

网线 4 根。

2. IP 地址规划（如表 4-1-3 所示）

表 4-1-3 IP 地址列表及 VLAN 划分

| 设备名称 | 端口 | VLAN | IP 地址 | 子网掩码 |
|---|---|---|---|---|
| SW1 | E0/4/2 | VLAN10 | | |
| SW2 | E0/4/2 | VLAN10 | | |
| PC1 | 网卡 | | 192.168.1.2 | 255.255.255.0 |
| PC2 | 网卡 | | 192.168.1.3 | 255.255.255.0 |

3. 实验步骤

（1）按照图 4-1-1 进行物理连接。

（2）按照规划配置各计算机的 IP 地址及子网掩码。

（3）交换机配置。

```
<SW1>display stp          默认情况下，交换机未开启 STP 协议
 Protocol Status       :disabled
 Protocol Std.         :IEEE 802.1s
……
```

SW1 配置：

```
[SW1]stp enable
[SW1]vlan 10
[SW1-vlan10]
[SW1-vlan10]port Ethernet 0/4/2
[SW1-vlan10]quit
[SW1]interface Ethernet 0/4/0
[SW1-Ethernet0/4/0]port link-type trunk
[SW1-Ethernet0/4/0]port trunk permit vlan 10
[SW1-Ethernet0/4/0]interface Ethernet 0/4/1
[SW1-Ethernet0/4/1]port link-type trunk
[SW1-Ethernet0/4/1]port trunk permit vlan 10
[SW1-Ethernet0/4/1] interface Ethernet 0/4/2
[SW1-Ethernet0/4/2]stp edged-port ?
  disable    Disable edge port
  enable     Enable edge port
[SW1-Ethernet0/4/2]stp edged-port enable
```

开启 STP 以后，查看 STP 全局状态，输出如下：

```
[SW1]display stp
```

```
-------[CIST Global Info][Mode MSTP]-------
CIST Bridge            :32768.000f-e200-0100
Bridge Times           :Hello 2s MaxAge 20s FwDly 15s MaxHop 20
CIST Root/ERPC         :32768.000f-e200-0100 / 0
CIST RegRoot/IRPC      :32768.000f-e200-0100 / 0
CIST RootPortId        :0.0
BPDU-Protection        :disabled
Bridge Config-
Digest-Snooping        :disabled
TC or TCN received     :4
Time since last TC     :0 days 0h:6m:1s
……
```

从以上信息可知，目前交换机运行在 MSTP 模式。MSTP 协议所生成的树称为 CIST，显示信息中的“CIST Bridge:32768.000f-e200-0100”，表示交换机的网桥 ID 是 32768.000f-e200-0100；交换机的根网桥 ID（CIST Root）也是 32768.000f-e200-0100。桥 ID 和根网桥 ID 相同，说明交换机认为自已就是根网桥。

设置交换机工作模式：

```
[SW1]stp mode ?
  mstp   Multiple spanning tree protocol mode
  pvst   Per-VLAN spanning tree protocol mode
  rstp   Rapid spanning tree protocol mode
  stp    Spanning tree protocol mode

[SW1]stp mode mstp
```

查看 SW1 生成树中各端口的角色和状态：

<SW1>display stp brief

```
 MSTID   Port               Role  STP State     Protection
   0     Ethernet0/4/0      DESI  FORWARDING      NONE
   0     Ethernet0/4/1      DESI  FORWARDING      NONE
   0     Ethernet0/4/2      DESI  FORWARDING      NONE
```

在 MSTP 协议中可配置多个实例进行负载分担。上面的 MSTID 就表示实例的 ID。默认情况下，交换机仅有一个实例，ID 值是 0，且有的 VLAN 都绑定到实例 0，所有端口角色和状态都在实例 0 中计算。上面 Ethernet0/4/0、Ethernet0/4/1、Ethernet0/4/2 端口角色都是指定端口（DESI），所以都处于转发状态（Forwarding）。

SW2 配置：

```
<SW2>display stp
 Protocol Status        :disabled
 Protocol Std.          :IEEE 802.1s
 Version                :3
 Bridge-Prio.           :32768
 MAC address            :000f-e200-0200
 Max age(s)             :20
 Forward delay(s)       :15
 Hello time(s)          :2
 Max hops               :20
<SW2>system
System View: return to User View with Ctrl+Z.
```

```
[SW2]stp enable
[SW2]vlan 10
[SW2-vlan10]port Ethernet 0/4/2
[SW2-vlan10]quit
[SW2] interface Ethernet 0/4/0
[SW2-Ethernet0/4/0]port link-type trunk
[SW2-Ethernet0/4/0]port trunk permit vlan 10
[SW2-Ethernet0/4/0] interface Ethernet 0/4/1
[SW2-Ethernet0/4/1]port link-type trunk
[SW2-Ethernet0/4/1]port trunk permit vlan 10
[SW2-Ethernet0/4/1] interface Ethernet 0/4/2
[SW2-Ethernet0/4/2]stp edged-port enable
 Warning: Edge port should only be connected to terminal. It will cause temporary loops if port Ethernet0/4/2 is connected to bridges. Please use it carefully!

[SW2-Ethernet0/4/2]display stp
-------[CIST Global Info][Mode MSTP]-------
CIST Bridge            :32768.000f-e200-0200
Bridge Times           :Hello 2s MaxAge 20s FwDly 15s MaxHop 20
CIST Root/ERPC          :32768.000f-e200-0100 / 200
CIST RegRoot/IRPC       :32768.000f-e200-0200 / 0
CIST RootPortId        :128.1
BPDU-Protection         :disabled
Bridge Config-
Digest-Snooping        :disabled
TC or TCN received    :6
Time since last TC    :0 days 0h:6m:0s
……

[SW2]display stp brief
 MSTID      Port                  Role   STP State     Protection
   0        Ethernet0/4/0         ROOT   FORWARDING    NONE
   0        Ethernet0/4/1         ALTE   DISCARDING    NONE
   0        Ethernet0/4/2         DESI   FORWARDING    NONE
```

配置SW2的优先级为0（默认值为32768），使其作为整个桥接网络的根网桥，配置SW1的优先级为4096，使其作为根网桥的备份，注意端口角色和状态的改变，命令如下：

```
[SW2]stp priority 0
[SW2]display stp brief
 MSTID      Port                  Role   STP State     Protection
   0        Ethernet0/4/0         DESI   FORWARDING    NONE
   0        Ethernet0/4/1         DESI   FORWARDING    NONE
   0        Ethernet0/4/2         DESI   FORWARDING    NONE
[SW1]stp priority 4096
[SW1]display stp brief
 MSTID      Port                  Role   STP State     Protection
   0        Ethernet0/4/0         ROOT   FORWARDING    NONE
   0        Ethernet0/4/1         ALTE   DISCARDING    NONE
   0        Ethernet0/4/2         DESI   FORWARDING    NON
```

断开交换机SW1的端口Ethernet0/4/0，查看STP各端口的角色和状态，并测试两台PC

的连通性。

```
[SW1]interface Ethernet 0/4/0
[SW1-Ethernet0/4/0]shutdown
[SW1-Ethernet0/4/0]
%Jan 21 22:16:30:419 2016 SW1 IFNET/3/LINK_UPDOWN: Ethernet0/4/0 link status is DOWN.
%Jan 21 22:16:30:419 2016 SW1 MSTP/6/MSTP_DETECTED_TC: Instance 0's port Ethernet0/4/1 detected a topology
change.
[SW1-Ethernet0/4/0]quit
[SW1]display stp brief
 MSTID      Port                  Role   STP State      Protection
   0        Ethernet0/4/1         ROOT   FORWARDING     NONE
   0        Ethernet0/4/2         DESI   FORWARDING     NONE
```

4．验证

使用 ping 命令分别测试 PC1 和 PC2 之间的连通性。结果如图 4-1-6 所示，PC1 和 PC2 可以互通。

```
VPCS[2]> 1
VPCS[1]> ip 192.168.1.2 24
Checking for duplicate address...
PC1 : 192.168.1.2 255.255.255.0

VPCS[1]> 2
VPCS[2]> ip 192.168.1.3 24
Checking for duplicate address...
PC2 : 192.168.1.3 255.255.255.0

VPCS[2]> ping 192.168.1.2
192.168.1.2 icmp_seq=1 ttl=64 time=30.000 ms
192.168.1.2 icmp_seq=2 ttl=64 time=30.000 ms
192.168.1.2 icmp_seq=3 ttl=64 time=40.000 ms
192.168.1.2 icmp_seq=4 ttl=64 time=30.000 ms
192.168.1.2 icmp_seq=5 ttl=64 time=40.000 ms
```

图 4-1-6　STP 实验测试结果

## 4.1.5　思考与练习

1．下列关于 STP 的说法正确的是______。

A．在结构复杂的网络中，STP 会消耗大量的处理资源，从而导致网络无法正常工作。

B．STP 通过阻断网络中存在的冗余链路来消除网络可能存在的路径环路

C．运行 STP 的网桥间通过传递 BPDU 来实现 STP 的信息传递

D．STP 可以在当前活动路径发生故障时激活被阻断的冗余备份链路来恢复网络的连通性

2．在如图 4-1-7 所示的交换网络中，所有交换机都启用了 STP 协议。根据图中的信息来看，哪台交换机会被选为根桥？

A．SWA　　B．SWB　　C．SWC

D．SWD　　E．信息不足，无法判断

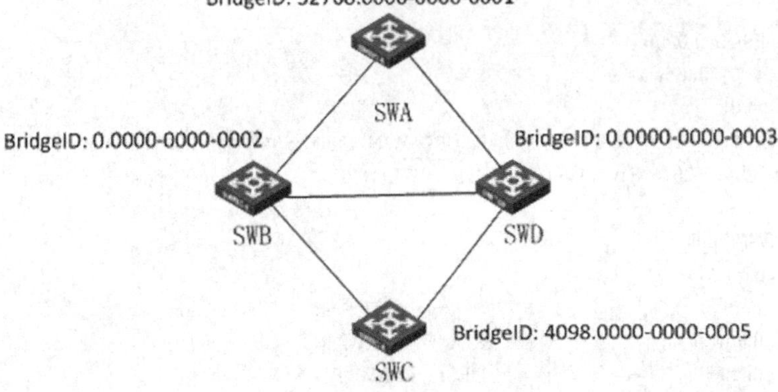


图 4-1-7　实验网络拓扑图

3．MSTP 的特点有______。

A．MSTP 兼容 STP 和 RSTP

B．MSTP 把一个交换网络划分成多个域，每个域内形成多棵生成树，生成树间彼此独立

C．MSTP 将环路网络修剪成为一个无环的树型网络，避免报文在环路网络中的增生和无限循环，同时还可以提供数据转发的冗余路径，在数据转发过程中实现 VLAN 数据的负载均衡

D．以上说法均不正确

4．根据图 4-1-8 所示的拓扑图完成如下任务：

任务 1：根据表 4-1-4 所示配置 PC 的 IP 地址和子网掩码配置。

任务 2：在交换机 SW1、SW2 和 SW3 做相应的 STP 配置避免网络环路。

任务 3：查看各交换机端口角色及状态，测试终端主机的连通性。

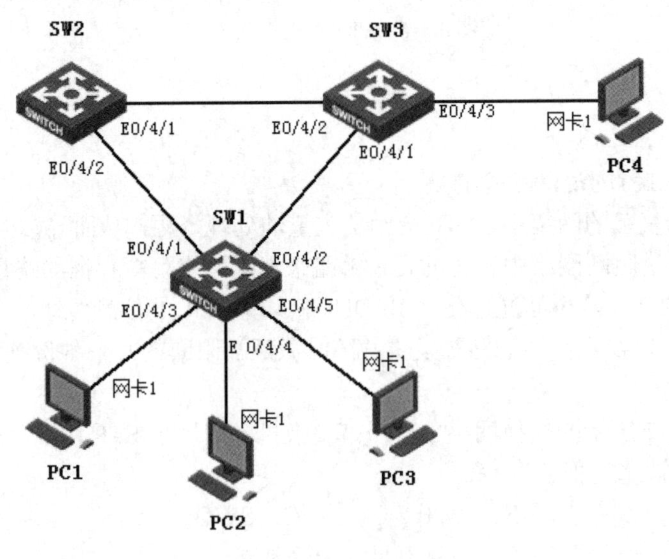


图 4-1-8　实验拓扑图

表 4-1-4　IP 地址规划

| 设备名称 | 端口 | IP 地址 | 子网掩码 |
| --- | --- | --- | --- |
| SW1 | | | |
| SW2 | | | |
| SW3 | | | |
| PC1 | 网卡 | 172.17.10.21 | 255.255.255.0 |
| PC2 | 网卡 | 172.17.10.22 | 255.255.255.0 |
| PC3 | 网卡 | 172.17.10.23 | 255.255.255.0 |
| PC4 | 网卡 | 172.17.10.24 | 255.255.255.0 |

# 任务 4.2　链路聚合

## 4.2.1　任务描述

某学校实验中心和核心交换机之间的连接采用 100Mbps，随着实验中心计算机数量的增加，在访问网络的高峰阶段，实验中心和核心交换机之间的网络流量比较大，已经超过了 100 Mbps，成为一个瓶颈。经检测发现，高峰阶段网络流量一般为 150Mbps～250Mbps。如何提高实验中心和核心交换机之间的网络带宽呢？如果升级网络系统就需要更换交换机，成本较高。为了解决这一问题，现将两台交换机之间通过两条物理链路连接，采用交换机间链路聚合的方式提高交换机间的传输带宽，并实现链路冗余备份。网络拓扑图如图 4-2-1 所示，SW1、SW2 分别模拟实验中心交换机和核心交换机。

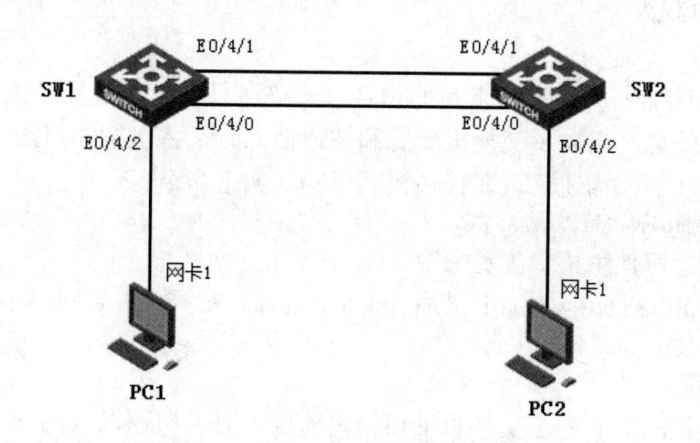


图 4-2-1　交换机链路聚合拓扑图

## 4.2.2　任务要求

在交换机 SW1 和 SW2 上做链路聚合配置，实现链路冗余备份，并测试 PC1 和 PC2 的连通性。

### 4.2.3 知识链接

1. 链路聚合简介

在实际的计算机网络应用中，为了提高网络的性能，常常用两台交换机实现负载均衡。那么，这两台交换机之间的链路带宽就成了实现网络负载均衡的瓶颈。提高它们之间的链路带宽可以在两台交换机之间使用两条以上的链路将它们级联，但在生成树协议（STP）的作用下，只有一条链路处于通信状态，其他链路都处于阻塞状态，这样只提供了链路的容错，而不能提高两台交换机之间通信的带宽。

链路聚合技术是应用于交换机之间的链路捆绑技术。通过链路聚合，多个物理以太网链路聚合在一起形成一个逻辑上的聚合端口组。使用链路聚合服务的上层实体将同一聚合组内的多条物理链路视为一条逻辑链路，数据通过聚合端口组进行传输。它的基本原理是：将两个设备间多条快速或千兆以太物理链路捆绑组成一条逻辑链路，从而达到带宽倍增的目的。当一条或多条链路出现故障时，只要还有链路正常，流量将转移到其他的链路上，整个过程在几毫秒内完成，从而起到冗余作用。通常，对于二层数据流，系统根据 MAC 地址（源 MAC 地址及目的 MAC 地址）进行负载分担计算；对于三层数据流，则根据 IP 地址（源 IP 地址及目的 IP 地址）进行负载分担计算。

配置链路聚合有手动配置和自动配置两种方法。自动配置就是让以太通道协商协议自动协商建立以太通道。目前有两个协商协议，一种是端口聚合协议（Port Aggregation Protocol，PAgP），另一种是链路聚合控制协议（Link Aggregation Control Protocol，LACP）。前者是 Cisco 专有的协议，而 LACP 是公共的标准。如果一方设备不支持聚合协议或双方设备所支持的聚合协议不兼容，则可以使用手动配置。

使用链路聚合的交换机端口必须具有相同的特性，如双工模式、交换速率、Trunk 模式等。

2. 交换机端口模式

（1）标识端口

可在交换机端口加上文本描述来帮助识别。该描述只是一个注释字段，用于说明端口的用途或其他独特的信息。当显示交换机配置和端口信息时，将包括端口描述。

要给指定端口注释或描述，可在接口模式下输入如下命令。

```
[SW1-Ethernet0/4/1]description description-string
```

若要删除描述，可使用接口配置命令。

例如，给端口 Ethernet0/4/1 加上描述 link to center，表示连接到网络中心。

```
[SW1-Ethernet0/4/1]description link to center
```

（2）端口速度

可以使用交换机配置命令给交换机端口指定速度。对于快速以太网 10/100 端口，可将速度设置为 10、100 或 auto（默认值，表示自动协商模式）。吉比特以太网 GBIC 端口的速度总是设置为 1000，而 1000Base-T 的 10/100/1000 端口可设置为 10、100、1000 或 auto（默认设置）。如果 10/100 或 10/100/1000 端口的速度设置为 auto，将协商其速度和双工模式。10 吉比特以太网端口仅可以工作在 10Gbps 速率。

要指定以太网端口的速率，可使用如下接口配置命令。

```
[SW1-Ethernet0/4/1]speed {10|100|1000|auto}
```

例如将 Ethernet 0/4/1 端口速率设为 100，命令为

```
[SW1]interface Ethernet 0/4/1
[SW1-Ethernet0/4/1]speed ?
  10      Specify speed as 10 Mbps
  100     Specify speed as 100 Mbps
  auto    Enable port's speed negotiation automatically
[SW1-Ethernet0/4/1]speed 100
```

（3）端口的双工模式

给基于以太网的交换机端口指定链路模式，使其以半双工、全双工或自动协商模式运行。只有快速以太网和吉比特以太网 UTP 端口支持自动协商，在这种模式下，端口将参与协商，首先尝试全双工操作，如果不成功，则再尝试半双工。每当链路状态发生变化，都将重复自动协商过程。为避免双工模式不匹配，务必将链路两端的速率和双工设置配置成相同。

对于快速以太网和 10/100/1000 端口设置为 10Mbps 或 100Mbps 时，它们可在半双工或全双工模式下工作，而当设置为 1000Mbps 时，它们只能以全双工模式工作。10 吉比特以太网端口仅可以工作在全双工模式。

交换机一般有以下 3 种设置选项：

- auto 选项：设置双工模式自动协商。启用自动协商时，两个端口通过通信来决定最佳操作模式。
- full 选项：设置全双工模式。
- half 选项：设置半双工模式。

可以使用 duplex 接口配置命令来指定交换机端口的双工操作模式。可以手动设置交换机端口的双工模式和速度，以避免厂商间的自动协商问题。要设置交换机端口的链路模式，在接口配置模式下输入如下命令。

```
[SW1-Ethernet0/4/1]duplex { auto | full | half }
```

例如将 H3C 的 Ethernet 0/4/1 端口设置为全双工通信模式，则配置命令为

```
[SW1-Ethernet0/4/1]duplex full
```

（4）启用并使用交换机端口

对于没有进行网络连接的端口，其状态始终是 shutdown。对于正在工作的端口，可以根据管理的需要，进行启用或禁用。

关闭端口命令，在接口视图下执行 shutdown 命令。开启端口命令，在接口视图下执行 undo shutdown 命令。

例如将 Ethernet 0/4/1 端口关闭，然后重启。

```
[SW1-Ethernet0/4/1]shutdown
[SW1-Ethernet0/4/1]undo shutdown
```

3．链路聚合基本配置命令

（1）在系统视图下创建聚合端口。

```
interface bridge-aggregation interface-number
```

指定一个唯一的聚合端口号，二层交换机的端口号范围是 1～6，而三层交换机的端口号范围是 1～48。

（2）在接口视图下把物理端口加入到创建的聚合组中。

```
port link-aggregation group number
```

（3）查看链路聚合的状态。

```
display link-aggregation summary
```

（4）显示系统上已有聚合端口对应聚合组的详细信息。

```
display link-aggregation verbose [ bridge-aggregation [ interface-number ] ]
```

参数：bridge-aggregation：显示二层聚合端口所对应聚合组的详细信息。interface-number：聚合端口编号，取值范围为 1～1024。

### 4.2.4 实现方法

1. 设备清单

S3610 交换机 2 台。

装有 Windows XP SP2 的 PC 2 台。

网线 4 根。

2. IP 地址规划（如表 4-2-1 所示）

表 4-2-1 IP 地址列表及端口所属 VLAN

| 设备名称 | 端口 | IP 地址 | 子网掩码 |
|---|---|---|---|
| SW1 | E0/4/2<br>VLAN10 | | |
| SW2 | E0/4/2<br>VLAN10 | | |
| PC1 | 网卡 | 192.168.1.2 | 255.255.255.0 |
| PC2 | 网卡 | 192.168.1.3 | 255.255.255.0 |

3. 实验步骤

（1）按照图 4-2-1 进行物理连接。

（2）按照规划设置各计算机的 IP 地址及子网掩码。

（3）在交换机 SW1、SW2 上配置链路聚合。

配置 SW1 过程如下：

```
[SW1]interface Bridge-Aggregation 1
[SW1-Bridge-Aggregation1] interface Ethernet 0/4/0
[SW1-Ethernet0/4/0]port link-aggregation 1
[SW1-Ethernet0/4/0]interface Ethernet 0/4/1
[SW1-Ethernet0/4/1]port link-aggregation group 1
```

配置 SW2 过程如下：

```
[SW2]interface Bridge-Aggregation 1
[SW2-Bridge-Aggregation1] interface Ethernet 0/4/0
[SW2-Ethernet0/4/0]port link-aggregation group 1
[SW2-Ethernet0/4/0] interface Ethernet 0/4/1
[SW2-Ethernet0/4/1]port link-aggregation group 1
```

（4）查看 SW1、SW2 当前所有聚合组的摘要信息。

SW1 的链路聚合状态：

```
[SW1]display link-aggregation summary
Aggregation Interface Type:
BAGG -- Bridge-Aggregation, RAGG -- Route-Aggregation
Aggregation Mode: S -- Static, D -- Dynamic
Loadsharing Type: Shar -- Loadsharing, NonS -- Non-Loadsharing
Actor System ID: 0x8000, 000f-e200-0100

AGG        AGG        Partner ID              Select Unselect   Share
Interface  Mode                               Ports  Ports      Type
------------------------------------------------------------------------
BAGG1      S          none                    2      0          Shar
```

SW2 的链路聚合状态：

```
[SW2]display link-aggregation summary
Aggregation Interface Type:
BAGG -- Bridge-Aggregation, RAGG -- Route-Aggregation
Aggregation Mode: S -- Static, D -- Dynamic
Loadsharing Type: Shar -- Loadsharing, NonS -- Non-Loadsharing
Actor System ID: 0x8000, 000f-e200-0200
AGG        AGG        Partner ID              Select Unselect   Share
Interface  Mode                               Ports  Ports      Type
------------------------------------------------------------------------
BAGG1      S          none                    2      0          Shar
```

以上输出信息表示，这个聚合端口的 ID 是 1，聚合方式为静态聚合，组中包含了 2 个 Select 端口，处于激活状态并工作在负载分担模式下。

注意：处于 Selected 状态的端口可以参与转发数据流，Unselected 状态表示端口目前被选中，不参与数据流转发。比如，端口在物理层 DOWN 的情况下就是 Unselect 端口，负载分担类型是 Shar。

4. 验证

通过 ping 命令测试 PC1 与 PC2 的连通性，结果如图 4-2-2 所示，显示 PC1 与 PC2 可以互通。

```
VPCS[1]> ip 192.16.0.1 24
Checking for duplicate address...
PC1 : 192.16.0.1 255.255.255.0

VPCS[1]> 2
VPCS[2]> ip 192.16.0.2 24
Checking for duplicate address...
PC2 : 192.16.0.2 255.255.255.0

VPCS[2]> ping 192.16.0.1
192.16.0.1 icmp_seq=1 ttl=64 time=515.608 ms
192.16.0.1 icmp_seq=2 ttl=64 time=546.857 ms
192.16.0.1 icmp_seq=3 ttl=64 time=531.233 ms
192.16.0.1 icmp_seq=4 ttl=64 time=546.858 ms
192.16.0.1 icmp_seq=5 ttl=64 time=546.858 ms

VPCS[2]>
```

图 4-2-2　交换链路聚合后 PC 间连通性测试

【注意事项】

链路聚合交换机两端相连的物理接口数量、速率、双工方式、流控方式必须一致。本实验中交换机默认配置相同，所以未做此配置。如果交换机间有物理环路产生广播风暴，除了断开交换机间链路外，可以用命令 stp enable 在交换机上启用生成树协议，用生成树协议来阻断物理环路。

### 4.2.5 思考与练习

1．某公司采购了 A、B 两个厂商的交换机进行网络工程实施。需要在两个厂商的交换机之间使用链路聚合技术。经查阅相关文档，得知 A 厂商交换机不支持 LACP 协议。在这种情况下，下列哪些配置方法是合理的？______（选择一项或多项）

A．一方配置静态聚合，一方配置动态聚合

B．一方配置静态聚合，一方配置动态聚合

C．双方都配置动态聚合

D．双方都配置静态聚合

E．无法使用链路聚合

2．链路聚合的作用是______。

A．增加链路带宽

B．可以实现数据的负载均衡

C．增加了交换机间的链路可靠性

D．可以避免交换网环路

3．在交换机 SWA 上执行 display 命令后，交换机输出如下：

```
<Switch>display link-aggregation summary
Aggregation Interface Type:
BAGG --Bridge-Aggregation, RAGG --Route-Aggregation
Aggregation Mode: S --Static, D --Dynamic
Loadsharing Type: Shar --Loadsharing, NonS --Non-Loadsharing
Actor System ID: 0x8000, 000f-e267-6c6a
AGG AGG Partner ID Select Unselect Share
Interface Mode Ports Ports Type
BAGG1 S none 3 0 Shar
```

从以上输出可以判断______。（选择一项或多项）

A．聚合组的类型是静态聚合

B．聚合组的类型是动态聚合

C．聚合组中包含了 3 个处于激活状态的端口

D．聚合组中没有处于激活状态的端口

4．搭建如图 4-2-3 所示的实验环境，要求在两台交换机 SWA 和 SWB 之间做链路聚合，PCA 和 PCC 同属于 VLAN2 且能相互通信，PCB 和 PCD 同属于 VLAN3 且能相互通信。两台交换机用两根 100M 网线通过 Trunk 链路互连，并使用端口聚合功能增加链路带宽。

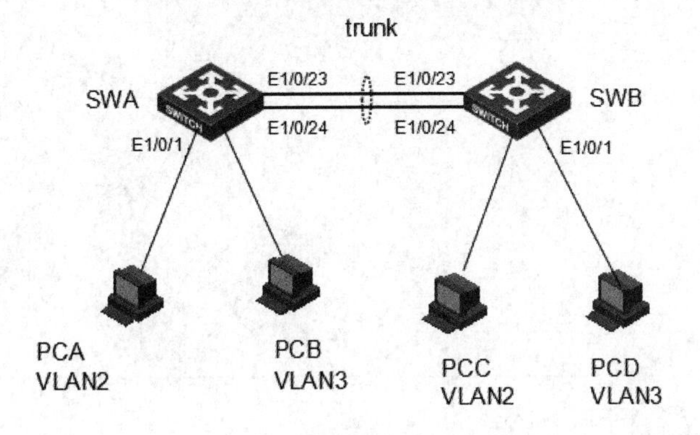


图 4-2-3　链路聚合拓扑图

# 5

# 网络互连

H3C 的 Comware 提供了友好的操作界面和灵活丰富的配置命令，为了更好地使用路由器这种网络设备进行网络互连，用户需要了解路由器的软硬件结构，熟悉路由器的各种视图，以及如何登录到路由器，并对其进行基本配置操作。

- 掌握路由器的结构、功能和接口。
- 掌握路由器的各种视图及基本配置命令。
- 掌握路由器的 Telnet 登录。

## 任务 5.1　利用路由器实现不同局域网间 IP 互通

### 5.1.1　任务描述

路由器最基本的功能就是在若干局域网间直接提供路由功能。现某单位的两个部门分别位于相距不远的两栋办公大楼内，且分属于不同的局域网络，利用路由器将这两个局域网互连并实现互通。

### 5.1.2　任务要求

路由器 RT1 的 G0/0/1 接口和 G0/0/0 接口分别连接单位的两个部门，试在路由器上做相关的配置，使得两个局域网络之间可以互通。即 PC1～PC4 可以互通，如图 5-1-1 所示。

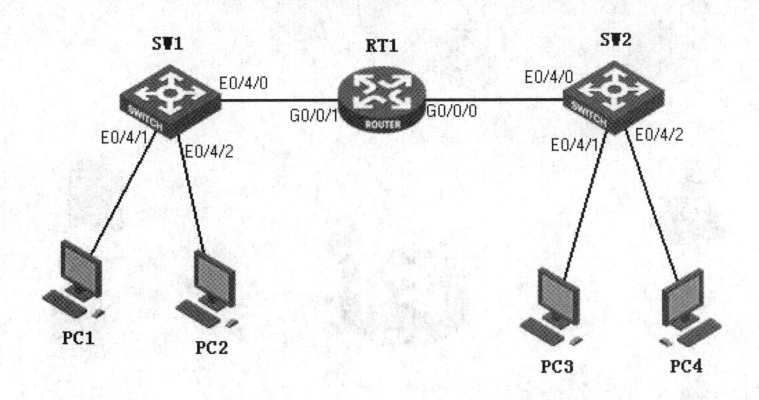


图 5-1-1　路由器连接的两个局域网

### 5.1.3　知识链接

1. 路由器的概念及基本结构

路由器是一种用于网络互连的设备，它工作在 OSI 参考模型的第三层（网络层）。它实际上就是一种特殊用途的计算机，由硬件和软件两部分组成。

- 硬件结构
  - CPU（处理器）
  - RAM（存储正在运行的配置文件）
  - Flash（闪存，用来存放路由器当前使用的软件版本）
  - NVRAM（存储路由器的启动配置文件）
  - ROM（加载 OS）
  - 接口（完成路由器与其他设备的数据交换）
- 软件结构
  - BOOT ROM：主要功能是路由器加电后完成有关初始化工作，并向内存中加入操作系统代码
  - Comware：H3C 路由器上使用的操作系统

2. 路由器的功能

（1）网络互连。路由器的核心功能就是实现异种网络之间的互连，如图 5-1-2 所示。所谓异种，一是指所连接的网络 ID 不同，二是指网络所使用的协议不同。路由器支持各种局域网和广域网接口，主要用于互连局域网和广域网，将两个或多个网络连接在一起，组建成规模更大的网络，实现将数据包从一个网络发送到另一个网络。

（2）路由选择。路由选择是指选择一条路径发送 IP 数据报的过程，路由器能够按照预先指定的策略，根据收到的数据报头的目的地址选择一个合适的路径，将数据包传送到下一个路由器，路径上最后的路由器负责将数据包送交目的主机。每个路由器只负责将数据包在本站通过最优的路径转发，数据包通过路由器一站一站地接力、逐跳被转发到目的地，如图 5-1-3 所示。

（3）过滤与隔离。路由器能对网络间信息进行过滤，并隔离广播风暴，为网络提供一定的安全性。

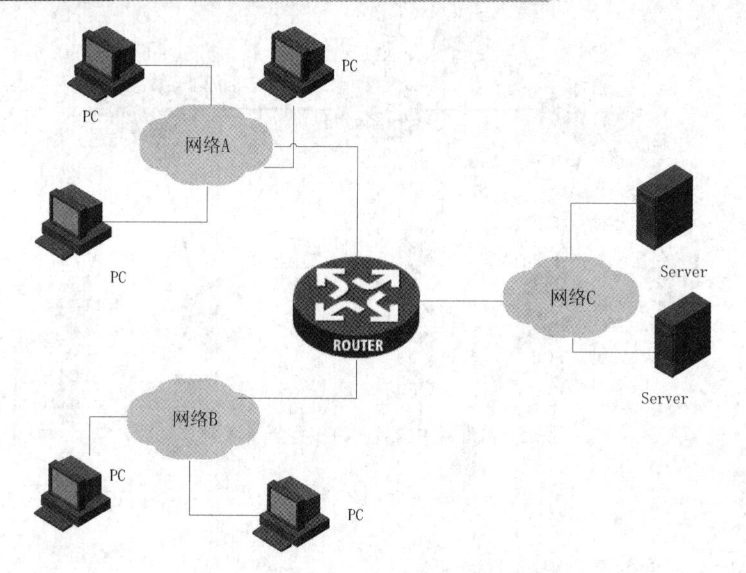


图 5-1-2　路由器连接不同的局域网

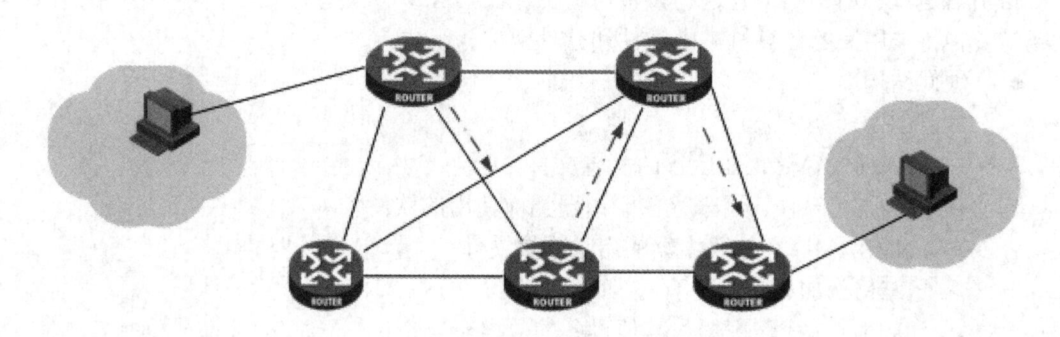


图 5-1-3　路由器转发报文的过程

（4）分段和重组。当多个网络通过路由器互连时，各网络传输的数据分组的大小可能不同，路由器必须具备能对分组进行分段或重组功能。否则，整个网络就只能按照所允许的某个最短分组进行传输，这就会大大降低网络的其他性能。

（5）网络管理功能。路由器连接多种网络，网络间信息都要通过路由器，在该设备上对网络中的信息流、设备进行监控和管理是比较方便的。因此，许多高档路由器都配备了网络管理功能，以便提高网络的运行效率、可靠性和可维护性。

（6）网络安全。路由器作为整个局域网与外界网络连接的唯一出口，还担当着保护内部用户和数据安全的重要角色。路由器的安全功能主要是通过地址转换和访问控制列表来实现的。

3. 路由器接口的基础知识

路由器的接口类型比较丰富，可以用来连接不同介质的异种网络。具体接口包括：

局域网接口：包括以太网口、令牌环网口、光纤分布式数据接口 FDDI 等，用于连接局域网。常用的以太网口的数据传输速率通常为 10/100/1000Mbps。

广域网接口：包括同/异步串口，串口使用不同的接口标准，即在不同的工作方式下，具有不同的数据传输速率。例如，如果使用 V.24 接口标准，则在同步方式下的最大传输速率为

64000bps，异步方式下的最大传输速率为 115200bps；如果使用 V.35 接口标准，则只能工作在同步方式，最高速率为 2Mbps。

配置口：H3C 路由器的配置口标识为 Console。通过该接口使用 Console 线缆对路由器进行本地配置。

逻辑接口：逻辑接口也叫做虚拟接口，是在实际的网络接口基础上，通过操作系统软件创建的一种接口，用以提供路由器与特定类型的网络介质之间的连接。常见的逻辑接口包括：子接口、Loopback 接口、Null 接口等。

接口的标识：模块化路由器的各种接口通常由接口类型加上模块号、插槽号和单元号进行标识。例如：Serial0/0/0 表示第一个网络模块上的第一个插槽里的第一个同/异步串口。模块、插槽、单元号之间用右斜杠“/”隔开。以太网端口类型用 Ethernet 表示，例如：Ethernet0/0。

如图 5-1-4 所示是 H3C 某一类型的路由器面板。

图 5-1-4 路由器面板

4. 路由器的各种视图和基本配置命令

视图是 Comware 命令接口界面，不同的命令需要在不同的视图下才能执行。表 5-1-1 列出了路由器上常见的视图及功能。

表 5-1-1 路由器命令视图列表

| 视图名称 | 提示符 | 进入命令 | 功能 |
| --- | --- | --- | --- |
| 用户视图 | <H3C> | 与路由器建立连接即进入 | 查看路由器运行状态 |
| 系统视图 | [H3C] | 用户模式下键入 system-view 命令 | 配置系统参数 |
| RIP 视图 | [H3C-rip] | 系统视图下键入 rip 命令 | 配置 RIP 协议参数 |
| OSPF 视图 | [H3C-ospf-1] | 系统视图下键入 ospf 命令 | 配置 OSPF 协议参数 |
| BGP 视图 | [H3C-bgp] | 系统视图下键入 bgp 命令 | 配置 BGP 协议参数 |
| 同步串口视图 | [H3C-Serial0/0] | 系统视图下键入 interface serial 0/0 | 配置同步串口参数 |
| 以太网接口视图 | [H3C-Ethernet0/0] | 系统视图下键入 interface Ethernet 0/0 | 配置同步串口参数 |
| Loopback 接口视图 | [H3C-loopback1] | 任意视图下键入 interface loopback 1 | 配置 Loopback 接口参数 |
| VTY（Virtual Type Terminal），虚拟类型终端）用户界面视图 | [H3C-ui-vty0] | 系统视图下键入 user-interface vty 0 | 用于对设备进行 Telnet 或 SSH 访问 |

如果要从当前视图返回上一层视图，所用的命令是 quit。如果要从任意的非用户视图快速返回到用户视图，所用命令为 return 或按 Ctrl+Z 组合键。

要对路由器进行配置，必须能够登录到路由器。利用 Console 线缆通过 Console 接口配置路由器是一种最常用的配置方法，相关登录方法同交换机，如图 5-1-5 所示。

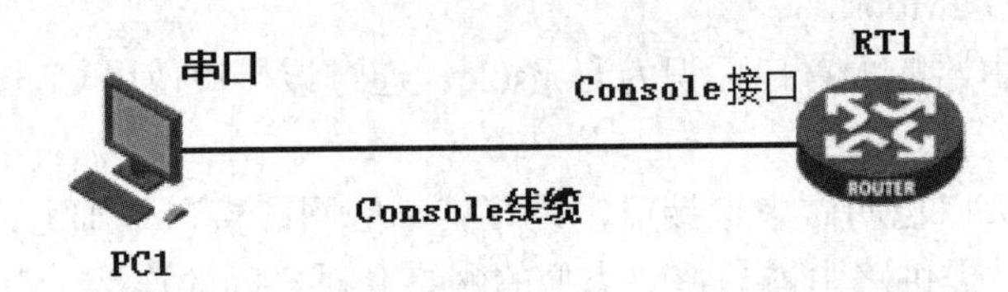


图 5-1-5　通过 Console 接口登录路由器

路由器上的命令如 system-view、sysname、clock datetime、display sysname、display version、display current-configuration、display interface、display history-command、reboot 等的含义和配置，以及路由器命令行接口的帮助信息、命令行错误信息提示、历史命令的访问、利用 Tab 键补全命令等的操作类同于交换机上的相应命令，不再赘述。

5. 路由器接口的 IP 配置常用命令

（1）接口模式下，为路由器接口配置一个 IP 地址

```
ip address  ip-address  {mask | masklen}
```

ip-address 为接口的 IP 地址；

花括号内的内容表示选择其中的一个，mask 表示子网掩码，masklen 表示子网掩码的长度，二者和 IP 地址连用，标识网络地址。

例如：

```
[H3C-serial0/0]ip address  186.12.225.6  255.255.255.252
```

（2）给一个接口指定多个 IP 地址

一般情况下，一个接口配置一个 IP 地址即可，为了使路由器的一个接口可以与多个子网相连，在一个接口下可以配置多个 IP 地址。

首先，创建子接口

例如：

```
[RT1] interface G0/0/0.1
```

其次，给子接口配置 IP 地址

```
[RT1-GigabitEthernet0/0/0.1] ip address 192.168.1.1 255.255.255.0
```

（3）查看路由器接口状态

系统视图下：

```
display interface S0/1/0(或 E0/0)
```

（4）路由器 IP 地址配置的基本原则

- 路由器的每一个物理接口一般都有一个 IP 地址。
- 相邻路由器的相邻接口地址必须在同一子网上。
- 同一路由器不同接口的 IP 地址必须在不同的子网上。

6. 网关的概念

PC 上网关的含义是相当于一个中转器，所有发往与自己不同网段的 IP 数据包都会被发送给网关，由网关来完成数据包的下一步转发。

例如有网络 A 和网络 B，假设网络 A 的 IP 地址范围为 192.168.1.1～192.168.1.254，子网掩码为 255.255.255.0，网络 B 的 IP 地址范围为 192.168.2.1～192.168.2.254，子网掩码为 255.255.255.0。在没有路由器的情况下，两个网络之间是不能进行 TCP/IP 通信的，即使是两

个网络连接在同一台交换机（或集线器）上，TCP/IP 协议也会根据子网掩码（255.255.255.0）判定两个网络中的主机处在不同的网络里。而要实现这两个网络之间的通信，则必须通过网关。如果网络 A 中的主机发现数据包的目的主机不在本地网络中，就把数据包转发给自己的网关，再由网关转发给网络 B 的网关，网络 B 的网关再转发给网络 B 中的某个主机。网络 B 向网络 A 转发数据包的过程也是如此。

这里所指的网关就是具有路由功能的设备，包括路由器和其他相当于路由器的设备（启用路由协议的服务器、代理服务器等）。

只有设置好网关的 IP 地址，TCP/IP 协议才能实现不同网络之间的相互通信。网关的 IP 地址就是具有路由功能的设备的 IP 地址。

### 5.1.4 实现方法

1. 设备清单

MSR20-40 路由器 1 台。

二层交换机 2 台。

装有 Windows XP SP2 的 PC 四台。

网线若干。

2. IP 地址规划（如表 5-1-2 所示）

表 5-1-2　IP 地址列表

| 设备名称 | 接口 | IP 地址/掩码 | 网关 |
|---|---|---|---|
| RT1 | G0/0/0 | 2.2.2.1/24 | |
| | G0/0/1 | 192.168.1.1/24 | |
| PC1 | | 192.168.1.11/24 | 192.168.1.1 |
| PC2 | | 192.168.1.2/24 | 192.168.1.1 |
| PC3 | | 2.2.2.3/24 | 2.2.2.1 |
| PC4 | | 2.2.2.4/24 | 2.2.2.1 |

3. 实验步骤

（1）按照图 5-1-1 所示进行物理连接，并启动路由器、交换机。

（2）进入路由器的接口视图下，配置 IP 地址。

```
<RT1>system-view
System View: return to User View with Ctrl+Z.
[RT1]interface GigabitEthernet 0/0/0
[RT1-GigabitEthernet0/0/0]ip address 2.2.2.1 255.255.255.0
[RT1-GigabitEthernet0/0/0]quit
[RT1]interface GigabitEthernet 0/0/1
[RT1-GigabitEthernet0/0/1]ip address 192.168.1.1 255.255.255.0
[RT1-GigabitEthernet0/0/1]quit
[RT1]
```

（3）验证 IP 地址配置是否正确。

通过查看路由器接口状态来判别 IP 地址配置是否正确，如果接口处于 UP 状态，表明配置正确，否则错误。

```
[RT1]display interface G0/0/0
GigabitEthernet0/0/0 current state: UP
Line protocol current state: UP
Description: GigabitEthernet0/0/0 Interface
The Maximum Transmit Unit is 1500
Internet Address is 2.2.2.1/24 Primary
IP Packet Frame Type: PKTFMT_ETHNT_2,    Hardware Address: 000f-ea00-1100
IPv6 Packet Frame Type: PKTFMT_ETHNT_2,    Hardware Address: 000f-ea00-1100
Physical is GigabitEthernet0/0/0, baudrate: 1000000000
Output queue : (Urgent queuing : Size/Length/Discards)    0/100/0
Output queue : (Protocol queuing : Size/Length/Discards)    0/500/0
Output queue : (FIFO queuing : Size/Length/Discards)    0/75/0
    Last 5 seconds input:    0 bytes/sec 0 packets/sec
    Last 5 seconds output:    0 bytes/sec 0 packets/sec
    5 packets input, 810 bytes, 0 drops
    4 packets output, 168 bytes, 0 drops
```

（4）给每台主机配置 IP 地址。

这里以 LITO 模拟器中各 PC 的 IP 地址配置为例，如图 5-1-6 所示。

```
VPCS[1]> ip 192.168.1.11 /24
Checking for duplicate address...
PC1 : 192.168.1.11 255.255.255.0

VPCS[1]> 2
VPCS[2]> ip 192.168.1.2 /24
Checking for duplicate address...
PC2 : 192.168.1.2 255.255.255.0

VPCS[2]> 3
VPCS[3]> ip 2.2.2.3 /24
Checking for duplicate address...
PC3 : 2.2.2.3 255.255.255.0

VPCS[3]> 4
VPCS[4]> ip 2.2.2.4 /24
Checking for duplicate address...
PC4 : 2.2.2.4 255.255.255.0
```

图 5-1-6　各主机 IP 地址配置

（5）测试 PC 和路由器接口之间的连通性。

可以看到，每台 PC 和它连接的路由器接口之间是相通的，如图 5-1-7 所示。例如 PC4 和路由器接口 G0/0/0 之间。

```
VPCS[4]> ping 2.2.2.1
2.2.2.1 icmp_seq=1 ttl=255 time=15.625 ms
2.2.2.1 icmp_seq=2 ttl=255 time=15.625 ms
2.2.2.1 icmp_seq=3 ttl=255 time=15.625 ms
2.2.2.1 icmp_seq=4 ttl=255 time=15.625 ms
2.2.2.1 icmp_seq=5 ttl=255 time=31.250 ms
```

图 5-1-7　PC4 和路由器接口之间连通性测试

但是，PC4 和路由器的另一个接口 G0/0/1 之间不通。即 PC4 所在的网段和另一网段不通，如图 5-1-8 所示。

```
VPCS[4]> ping 192.168.1.1
No gateway found
```

图 5-1-8　PC4 和路由器的另一个接口之间连通性测试

（6）配置网关：将路由器两个接口的 IP 地址分别作为它所连接的两个局域网内主机的网关，如图 5-1-9 所示。

```
VPCS[1]>
VPCS[1]> ip 192.168.1.11 /24 192.168.1.1
Checking for duplicate address...
PC1 : 192.168.1.11 255.255.255.0 gateway 192.168.1.1

VPCS[1]> 2
VPCS[2]> ip 192.168.1.2 /24 192.168.1.1
Checking for duplicate address...
PC2 : 192.168.1.2 255.255.255.0 gateway 192.168.1.1

VPCS[2]> 3
VPCS[3]> ip 2.2.2.3 /24 2.2.2.1
Checking for duplicate address...
PC3 : 2.2.2.3 255.255.255.0 gateway 2.2.2.1

VPCS[3]> 4
VPCS[4]> ip 2.2.2.4 /24 2.2.2.1
Checking for duplicate address...
PC4 : 2.2.2.4 255.255.255.0 gateway 2.2.2.1
```

图 5-1-9　给各主机配置网关

（7）验证不同网段 IP 可以互通。

以 PC1 ping 路由器接口 G0/0/0 和 PC3 为例如图 5-1-10 所示。

```
VPCS[1]> ping 2.2.2.1
2.2.2.1 icmp_seq=1 ttl=255 time=15.625 ms
2.2.2.1 icmp_seq=2 ttl=255 time=31.250 ms
2.2.2.1 icmp_seq=3 ttl=255 time=15.625 ms
2.2.2.1 icmp_seq=4 ttl=255 time=15.625 ms
2.2.2.1 icmp_seq=5 ttl=255 time=31.250 ms

VPCS[1]> ping 2.2.2.3
2.2.2.3 icmp_seq=1 ttl=63 time=15.625 ms
2.2.2.3 icmp_seq=2 ttl=63 time=31.250 ms
2.2.2.3 icmp_seq=3 ttl=63 time=46.875 ms
2.2.2.3 icmp_seq=4 ttl=63 time=46.875 ms
2.2.2.3 icmp_seq=5 ttl=63 time=31.250 ms
```

图 5-1-10　不同网段 IP 可以互通

### 5.1.5　思考与练习

1. 了解路由器的结构和功能。
2. 掌握路由器接口 IP 地址的配置命令。
3. 理解网关的概念，并掌握相关配置。
4. 会使用路由器进行网络互连。



## 任务 5.2　路由器的 Telnet 登录配置

### 5.2.1　任务描述

利用 Console 线缆通过 Console 接口配置路由器是一种最常用的配置方法，也是第一次对路由器进行配置时，必须采用的配置方法。除了这种配置方法外，Telnet 登录配置也是一种常用方法。Telnet 是进行远程登录的标准协议和主要方式，它为用户提供了在本地计算机上完成远程主机工作的能力，如图 5-2-1 所示。

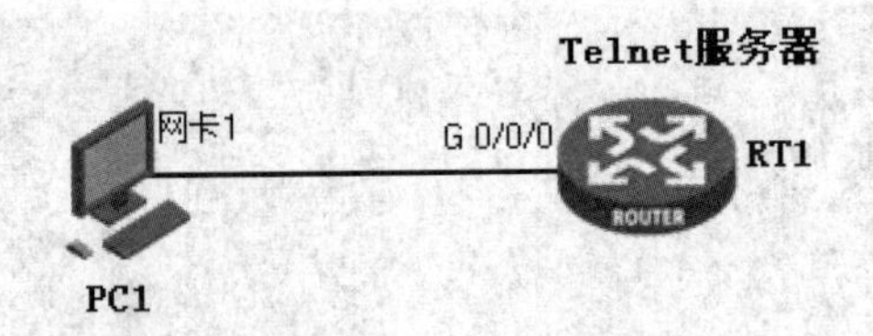


图 5-2-1　通过 Telnet 配置本地路由器

### 5.2.2　任务要求

在 PC 机上通过 Telnet 命令登录到路由器上对路由器进行配置。

### 5.2.3　知识链接

1. 路由器常用配置

H3C 的路由器通过基于命令行的用户接口（Command Line Interface，CLI）进行管理和操作。常见的配置路由器的方法有：

（1）通过 Console 接口本地配置

（2）通过 AUX 口（备份口）远程配置

（3）通过 Telnet 进行本地或远程配置

（4）通过 SSH 进行本地或远程配置

（5）通过 FTP 下载配置文件

其他几种配置在这里不再详述，本任务主要介绍路由器的 Telnet 配置方法。

2. 远程登录的基本概念

远程登录服务又称为 Telnet 服务，这种服务在 Telnet 协议支持下，将用户计算机与远程主机（充当服务器角色）连接起来，并作为该远程主机的终端来使用。当用户使用 Telnet 登录远程主机时，该用户在这个远程主机上或者拥有合法的账号和相应的密码，或者该远程主机提供公开的用户账户，否则远程主机会拒绝登录。

Telnet 协议是 TCP/IP 应用层的一个重要协议，它精确定义了本地客户机与远程服务器间的交互过程，采用客户机/服务器工作模式。

Telnet 的主要用途有：

- 实现本地用户和远程主机（服务器）上运行的程序相互交互；
- 可以共享远程主机上的软件和数据资源；
- 可以利用本地低档主机完成远程大型机才能完成的任务。

### 5.2.4　实现方法

1. 设备清单

MSR20-40 路由器 1 台。

装有 Windows XP SP2 的 PC 1 台。

Console 串口线缆 1 根。

双绞线 1 根。

2. IP 地址规划（如表 5-2-1 所示）

表 5-2-1 IP 地址列表

| 设备名称 | 接口 | IP 地址/掩码 | 网关 |
|---|---|---|---|
| Router | G0/0/0 | 192.168.0.1/24 | |
| PC | | 192.168.0.5/24 | 192.168.0.1 |

3. 实验步骤

要建立远程配置环境，首先 PC 必须和路由器建立 Telnet 连接；其次，为了安全，网络设备必须配置一定的 Telnet 验证信息，包括用户名和密码。

网络设备相关的验证信息配置：

（1）按照图 5-2-2 所示，使用 Console 线缆通过 PC1 的 COM 接口连接路由器 RT1 的 Console 接口。通过 Console 接口进入路由器的配置界面<RT1>（同前面交换机的 Console 接口登录配置）。

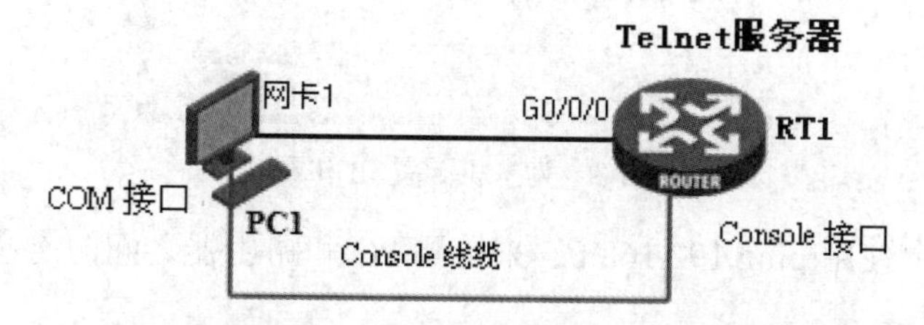


图 5-2-2 利用 Console 线缆连接 PC 和路由器

（2）在路由器上打开 Telnet 服务。

```
[RT1]telnet server enable
```

（3）配置路由器接口 G0/0/0 的 IP 地址，以便提供和 PC 之间的连通性。

```
[RT1-G0/0/0]ip address 192.168.0.1 255.255.255.0
```

（4）配置 Telnet 用户，

创建一个名为 test 的用户，并为该用户创建登录时的认证密码，密码为 smile，要求密码明文显示，设置该用户使用 Telnet 服务类型，供远程登录验证使用。提升该用户的级别为 level 3。

```
[RT1]local-user test        //创建名为 test 的用户
[RT1-luser-test]password simple smile
[RT1-luser-test]service-type telnet
[RT1-luser-test]level 3
[RT1-luser-test]quit
```

（5）进入 VTY 用户界面，配置验证方式。

```
[RT1]user-interface vty 0 4
//vty 口属于逻辑终端，用于对设备进行 Telnet 访问，它的编号为 0～4，可以根据需要选择要配置的 VTY 编号
[RT1-ui-vty0 4]authentication-mode   scheme
//验证方式有三种选择：none | password | scheme，none 表示不验证；password 表示单纯使用密码验证；scheme 表示使用用户名/密码验证方法，即登录时需要输入用户名和密码
```

（6）配置本用户登录后的级别。

```
[RT1-ui-vty0 4]user privilege level 3
```

（7）按照图 5-2-1，将 PC 和路由器相连，同时为 PC 配置 IP 地址 192.168.0.5，网关 192.168.0.1，如图 5-2-3 所示。

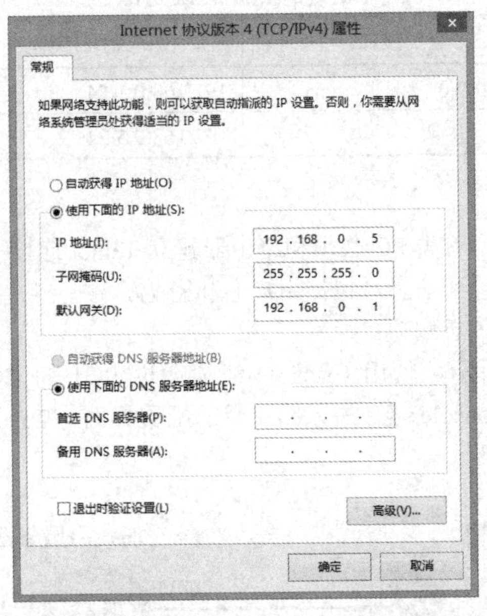


图 5-2-3　为主机配置 IP 和网关

（8）在路由器上使用 ping 192.168.0.5 来检测 PC 和路由器之间的连通性，确保互通。

```
[RT1]ping 192.168.0.5
  PING 192.168.0.5: 56  data bytes, press CTRL_C to break
    Reply from 192.168.0.5: bytes=56 Sequence=1 ttl=64 time=4 ms
    Reply from 192.168.0.5: bytes=56 Sequence=2 ttl=64 time=16 ms
    Reply from 192.168.0.5: bytes=56 Sequence=3 ttl=64 time=4 ms
    Reply from 192.168.0.5: bytes=56 Sequence=4 ttl=64 time=25 ms
    Request time out

  --- 192.168.0.5 ping statistics ---
    5 packet(s) transmitted
    4 packet(s) received
    20.00% packet loss
    round-trip min/avg/max = 4/12/25 ms
```

（9）从 PC telnet 登录到路由器上。

在 PC 机上，点击“开始”——“运行”，打开运行对话框，输入“cmd”如图 5-2-4 所示。

图 5-2-4　“运行”对话框

进入 PC 的命令行界面，如图 5-2-5 所示。

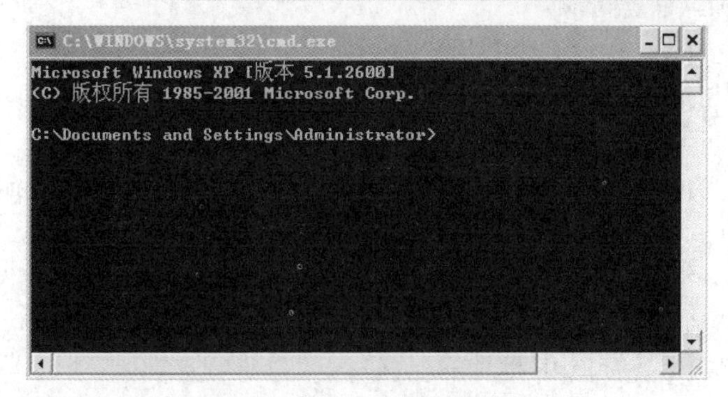


图 5-2-5　PC 的命令行界面

在命令提示符下输入：telnet 192.168.0.1，如图 5-2-6 所示。

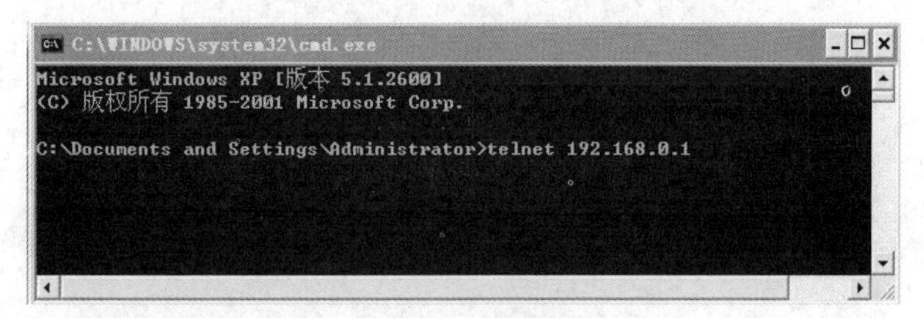


图 5-2-6　telnet 登录路由器

根据提示输入用户名和密码，登录到 Telnet 服务器上，如图 5-2-7 所示。

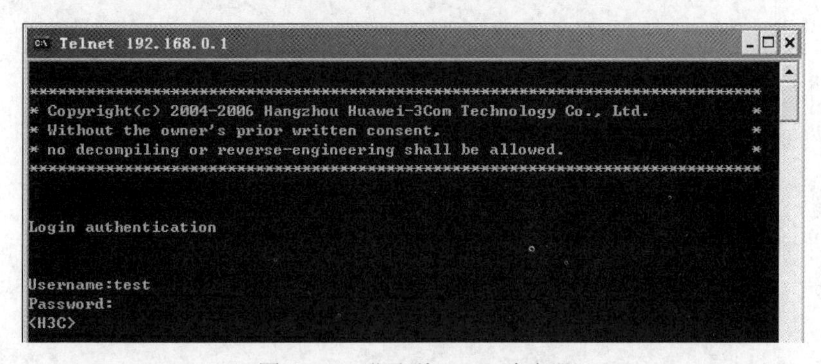


图 5-2-7　登录到 Telnet 路由器

### 5.2.5　思考与练习

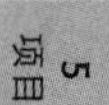


1．下面关于 H3C 设备中 VTY 特点的描述，正确的是______。

A．只用于对设备进行 Telnet

B．每台设备可以支持多个 VTY 用户同时访问

C．每个 VTY 用户对应一个物理接口

D．不支持无密码验证

2．如果需要在 MSR 路由器上配置以太口的 IP 地址，应该在______下配置。

A．系统视图　　　　B．用户视图

C．接口视图　　　　D．路由协议视图

3．用户可以使用______命令查看历史命令。

A．display history-cli　　B．display history-area

C．display history-command　　D．display history-cache

4．在查看配置的时候，如果配置命令较多，一屏显示不完，则在显示完一屏后，可以按下______显示下一页。

A．<Ctrl+C>组合键　　B．<Enter>键

C．<Ctrl+P>组合键　　D．<Space>键

5．熟练掌握路由器各接口 IP 地址的配置。

6．掌握路由器的 Telnet 登录方法，熟练掌握路由器的各种视图和常用命令。

# 6

# 静态路由配置

在网络中，路由器的主要功能就是互连不同的网络，在网络之间转发 IP 数据包，以便数据包能够到达正确的目的主机。为完成这一功能，路由器要依据路由信息进行数据包转发。而路由信息就是在路由器上进行某种路由配置，使其能够完成在网络中选择路径的工作。目前，常用的路由配置有两种方式：静态路由配置和动态路由配置。本项目主要介绍静态路由配置。

- 理解路由、路由表的基本概念。
- 掌握路由的来源有哪些。
- 掌握静态路由的应用场合。
- 掌握静态路由的相关配置。

## 任务 6.1　静态路由配置

### 6.1.1　任务描述

某大型企业现有新旧两个厂区，分布在市区的北部和南部。这两个厂区都建有独立的局域网，要求这两个厂区的局域网通过路由器互连，实现两个厂区内所有的主机能够互通。如图 6-1-1 所示，其中 PC1、PC2 代表南部厂区主机，PC3、PC4 代表北部厂区主机，两个厂区通过路由器 RT1 和 RT2 互连。

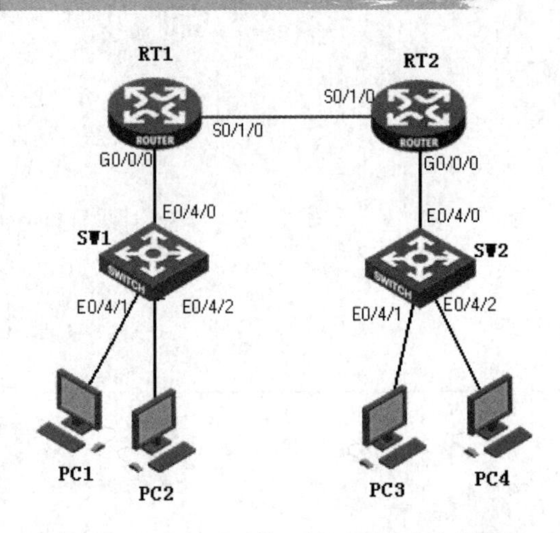


图 6-1-1　两个厂区的局域网通过路由器互连

### 6.1.2　任务要求

通过在路由器上做静态路由配置，使得两个厂区内的所有主机能互相通信，即 PC1、PC2 能和 PC3、PC4 互通。

### 6.1.3　知识链接

1. 路由表

路由是路由器选择一条或多条从源地址到目标地址的最佳路径的方式或过程。路由器转发数据包的依据是路由表。在网络的每台路由器中都保存着一张 IP 路由表（也叫 IP 选路表），该表存储着有关可能的目的地址及怎样到达目的地址的信息。在需要传送 IP 数据报时，就查询 IP 路由表，以决定把数据报发往何处。路由表中，每一条路由主要包含以下两个信息：目的网络地址和下一跳地址。路由表的构成如表 6-1-1 所示。

表 6-1-1　路由表的构成

| 子网掩码 | 目的网络地址 | 下一跳地址 | 路由器接口 |
|---|---|---|---|
| /26 | 140.5.12.64 | 180.15.2.5 | M2 |
| /24 | 130.5.8.0 | 190.16.6.2 | M1 |
| /16 | 110.71.0.0 | --- | M2 |
| 默认 | 默认 | 110.71.4.5 | M0 |



路由表中各个组成要素的作用：

（1）目的网络地址/子网掩码：用来标识 IP 数据报的目的地址或目的网络。

目的地址之所以用目的网络地址来表示，是因为互联网中包含成千上万台主机，如果路由表列出到达所有主机的路径信息，不但需要巨大的内存资源，而且需要很长的路由表查询时间。这显然是不大可能的。根据 IP 地址的编址方法，可以帮助我们隐藏互联网上大量的主机信息。由于 IP 地址可以分为网络号（netID）和主机号（hostID）两部分，连接到同一网络的所有主机共享同一个网络号，因此，IP 路由表仅保存相关的网络信息，数据报最终一定可以找到目的主机所在目的网络上的路由器（中间可能要经过多次转发），只有这最后一个路由器才试图向目的主机进行直接交付。

（2）下一跳地址：更接近目的网络的下一个路由器地址。

（3）路由器接口：指明 IP 包将从该路由器哪个接口转发。

实际的路由表还会有其他的一些信息。例如：使用情况、度量值等。

2. 路由表中的特殊路由

路由表中可以包含两种特殊的路由表表项，一种是默认路由，另一种是特定主机路由。

（1）默认路由

路由器采用默认路由（default route）可以减少路由表所占用的空间和搜索路由表所用的时间。当在路由表中找不到与 IP 包的目的地址精确匹配的路由时，路由器会选择默认路由来转发包。

（2）特定主机路由

虽然路由表的主要表项（包括默认路由）都是基于网络地址的，但是 IP 协议允许为某一特定的主机（而不是网络）建立路由表表项。对特定的目的主机指明一个路由，这种路由就叫做特定主机路由。

采用特定主机路由可方便网络管理员对网络进行控制和测试，可用于网络安全检查、网络的连通性调试及路由表的正确性判断等方面。

3. 路由表的查找原则

（1）最长匹配原则。当路由表中存在多个路由项可以同时匹配目的 IP 地址时，路由查找进程会选择其中掩码最长的路由项用于转发。例如：路由表里有两条路由，目的网段分别是 172.16.0.0/16 和 172.16.1.0/24，那么当路由器收到一个目的地址为 172.16.1.10 的数据包时，它会优先选择 172.16.1.0/24 这条路由所匹配的端口转发数据，因为这条路由的掩码较长，包含的主机范围小，匹配更精确。

（2）如果路由表中没有路由项能够匹配数据包，则丢弃该数据包。但如果路由表中有默认路由存在，则路由器按照默认路由来转发数据包。

4. 路由器的工作过程

路由器是通过匹配路由表里的路由项来实现数据包的转发的。当路由器收到一个数据包时，将数据包的目的 IP 地址提取出来，然后与路由表中的“子网掩码”进行逐位“与”运算，运算的结果再与路由表中路由项包含的目的地址进行比较。如果与某路由项中的目的地址相同，则认为与此路由项匹配，路由选择成功；如果没有路由项能够匹配，则丢弃该数据包。

例如：某路由器建立了如表 6-1-2 所示的路由表。

表 6-1-2 路由表

| 目的网络 | 子网掩码 | 下一跳 |
|---|---|---|
| 128.96.39.0 | 255.255.255.128 | 接口 m0 |
| 128.96.39.128 | 255.255.255.128 | 接口 m1 |
| 128.96.40.0 | 255.255.255.128 | R2 |
| 192.4.153.0 | 255.255.255.192 | R3 |
| *（默认） | --- | R4 |

现在共收到三个分组，其目的地址分别为：①128.96.39.10；②128.96.40.12；③192.4.153.90，分别计算下一跳。

对第一个分组，我们首先用分组携带的目的地址 128.96.39.10 和路由表中的第一条路由的子网掩码 255.255.255.128 进行“与”运算，结果为 128.96.39.0，同第一条路由的目的网络地址相同，我们称为匹配第一条路由，因此该分组的下一跳是接口 m0。

第二个分组，采用同样的方法，让 128.96.40.12 和路由表中第一条路由的子网掩码进行“与”运算，得到结果为 128.96.40.0，该结果和第一条路由的目的网络地址不匹配，接下来用同样的方法计算可知，和第二条路由也不匹配，依次进行下一条路由的验证，发现和表中第三条路由匹配，因此该分组所对应的下一跳是 R2。

第三个分组，根据其携带的目的地址，依次和路由表中的每一条路由进行匹配验算，发现前四条路由都不匹配，最后有一个默认路由，则该分组被传送给路由表中指明的默认路由器，所以第三个分组的下一跳是 R4。

5. 路由的来源

路由的来源主要有三种：直连路由、静态路由、动态路由。

（1）直连路由

直连路由是指与路由器接口直接相连的网段的路由。它的配置简单，只需要在路由器的接口上配置 IP 地址即可，当接口的物理层和链路层状态均为 UP 时，该接口所属网段的路由即可生效并以直连路由出现在路由表中，反之，不能以直连路由出现在路由表中。它的特点是开销小、配置简单、无需人工维护，但只能发现本接口所属网段的路由。

直连路由中常用的命令：

①查看接口状态

```
[RTA]display interface serial 0/1/0
    Serial0/0 is down, line protocol is down
physical layer is synchronous, baudrate is 64000 bps, no cable
        Link-protocol is PPP
        LCP initial, IPCP initial, IPXCP initial, CCP initial
```

接口状态解读：Serial0/0 is down：表示物理层组件的状态；line protocol is down：数据链路层的状态。

②在路由器上查看路由表

```
display ip routing-table
```

直连路由示例：按照图 6-1-2 所示，连接并启动路由器。

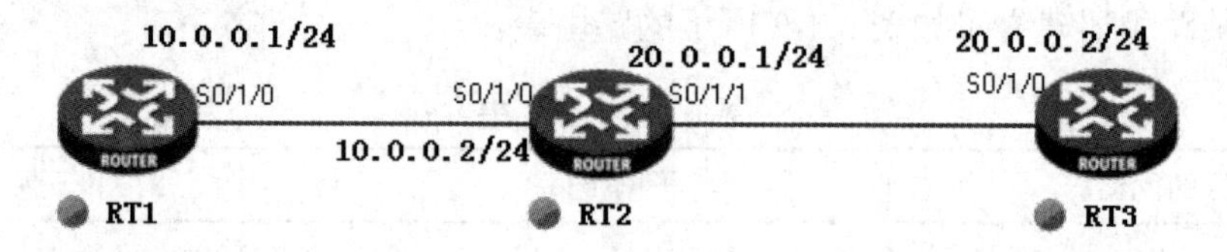


图 6-1-2　直连路由示意图

只给路由器的各接口配置相应的 IP 地址，然后查看路由器 RT2 的路由表信息如下：

```
[RT2]display ip routing-table
Routing Tables: Public
        Destinations : 8        Routes : 8
```

```
Destination/Mask    Proto   Pre  Cost        NextHop      Interface

10.0.0.0/24         Direct  0    0           10.0.0.2     S0/1/0
10.0.0.1/32         Direct  0    0           10.0.0.1     S0/1/0
10.0.0.2/32         Direct  0    0           127.0.0.1    InLoop0
20.0.0.0/24         Direct  0    0           20.0.0.1     S0/1/1
20.0.0.1/32         Direct  0    0           127.0.0.1    InLoop0
20.0.0.2/32         Direct  0    0           20.0.0.2     S0/1/1
127.0.0.0/8         Direct  0    0           127.0.0.1    InLoop0
127.0.0.1/32        Direct  0    0           127.0.0.1    InLoop0
```

可以看到，路由表中的协议类型都是 Direct，表示是直连路由，这时路由器 RT2 发现的是它的各接口 IP 地址和与它直接相连的网络地址。

如果将路由器 RT2 的 s0/1/0 接口关闭，再次查看路由表。

```
[RT2-Serial0/1/0]shutdown
[RT2]display ip routing-table
Routing Tables: Public
        Destinations : 5        Routes : 5

Destination/Mask    Proto   Pre  Cost        NextHop      Interface

20.0.0.0/24         Direct  0    0           20.0.0.1     S0/1/1
20.0.0.1/32         Direct  0    0           127.0.0.1    InLoop0
20.0.0.2/32         Direct  0    0           20.0.0.2     S0/1/1
127.0.0.0/8         Direct  0    0           127.0.0.1    InLoop0
127.0.0.1/32        Direct  0    0           127.0.0.1    InLoop0
```

可以发现，路由条数由 8 条减少为 5 条，与该接口网段相关的路由消失。若再次开启该接口，则与该网段相关的路由存在。可见，直连路由是由链路层协议发现的路由，链路层协议状态为 UP 时，路由器会将其加入路由表，链路层协议关闭，则相关直连路由消失。

从以上输出我们也可以看到，直连路由的优先级 Pre 为 0，这是最高的优先级，直连路由的开销 Cost 为 0，该优先级和开销不能更改。

（2）静态路由

静态路由（Static Routing）是由网络管理员在路由器上手动配置的路由信息。适用于网络规模较小，路由器的数量少，路由表相对较小的情况，一旦配置，除非人为更改，路由器的路由表是不会自动适应网络拓扑结构的变化的。

但随着网络规模的增长，路由器的数量越来越多，网络拓扑也越来越复杂，如果网络拓扑结构改变或网络链路发生故障，再用手工的方法配置和修改路由，对管理员会造成很大的压力，因此，静态路由仅适用于小规模网络。

（3）动态路由协议

动态路由相对于静态路由来说，路由表的维护不再由管理员手动进行，而是由路由协议自动管理，大大减小了管理员的工作量，适合中大规模网络。

6. 静态路由配置常用命令

（1）配置静态路由

系统视图下：ip router-static <目的子网地址> <子网掩码/掩码长度> <下一跳路由器相邻接

口地址或者本地物理接口号> < preference value>

preference value：可选项，指定静态路由的优先级，取值范围 1～255，默认值为 60。

例如：[H3C]ip router-static 192.168.1.0 255.255.255.0 192.168.0.6，表示给路由器配置了一条去往目的地 192.168.1.0/24，下一跳路由器接口地址为 192.168.0.6 的路由。

（2）关闭、打开接口命令

接口视图下：shutdown

接口视图下：undo shutdown

（3）使用 undo 命令可以删除静态路由

系统视图下：undo ip router-static <目的子网地址> <子网掩码/掩码长度> <下一跳路由器相邻接口地址或者本地物理接口号> < preference value>

### 6.1.4 实现方法

1. 设备清单

MSR20-40 路由器 2 台。

二层交换机 2 台。

v.35 线缆 1 对。

装有 Windows XP SP2 的 PC 2 台。

网线 6 根。

2. IP 地址规划（如表 6-1-3 所示）

表 6-1-3 IP 地址列表

| 设备名称 | 接口 | IP 地址 | 网关 |
|---|---|---|---|
| RT1 | S0/1/0 | 20.0.0.1/24 | |
| | G0/0/0 | 10.0.0.1/24 | |
| RT2 | S0/1/0 | 20.0.0.2/24 | |
| | G0/0/0 | 30.0.0.1/24 | |
| PC1 | | 10.0.0.2/24 | 10.0.0.1 |
| PC2 | | 10.0.0.3/24 | 10.0.0.1 |
| PC3 | | 30.0.0.2/24 | 30.0.0.1 |
| PC4 | | 30.0.0.3/24 | 30.0.0.1 |

3. 实验步骤

（1）按照图 6-1-1 所示，将各设备进行物理连接，并启动路由器和交换机。

（2）按照规划，为两台路由器各接口配置 IP 地址。

RT1：

```
<RT1>system-view
[RT1]interface GigabitEthernet 0/0/0
[RT1-GigabitEthernet0/0/0]ip address 10.0.0.1 24
[RT1-GigabitEthernet0/0/0]interface s0/1/0
[RT1-Serial0/1/0]ip address 20.0.0.1 24
```

```
[RT1-Serial0/1/0]shutdown
[RT1-Serial0/1/0]undo shutdown
```

RT2：

```
<RT2>system-view
[RT2]interface S0/1/0
[RT2-Serial0/1/0]ip address 20.0.0.0 24
[RT2-Serial0/1/0]shutdown
[RT2-Serial0/1/0]undo shut
[RT2-Serial0/1/0]interface g0/0/0
[RT2-GigabitEthernet0/0/0]ip address 30.0.0.1 24
```

（3）为 4 台 PC 配置 IP 地址和网关如图 6-1-3 所示，并验证 PC1 和 PC3 是否能互通如图 6-1-4 所示。显然，两台主机无法互通。

```
VPCS[4]> 1
VPCS[1]> ip 10.0.0.2 10.0.0.1
Checking for duplicate address...
PC1 : 10.0.0.2 255.255.255.0 gateway 10.0.0.1

VPCS[1]> 2
VPCS[2]> ip 10.0.0.3 10.0.0.1
Checking for duplicate address...
PC2 : 10.0.0.3 255.255.255.0 gateway 10.0.0.1

VPCS[2]> 3
VPCS[3]> ip 30.0.0.2 30.0.0.1
Checking for duplicate address...
PC3 : 30.0.0.2 255.255.255.0 gateway 30.0.0.1

VPCS[3]> 4
VPCS[4]> ip 30.0.0.3 30.0.0.1
Checking for duplicate address...
PC4 : 30.0.0.3 255.255.255.0 gateway 30.0.0.1
```

图 6-1-3　给主机配置 IP 地址和网关

```
VPCS[1]> ping 30.0.0.2
30.0.0.2 icmp_seq=1 timeout
30.0.0.2 icmp_seq=2 timeout
30.0.0.2 icmp_seq=3 timeout
30.0.0.2 icmp_seq=4 timeout
30.0.0.2 icmp_seq=5 timeout
```

图 6-1-4　测试 PC1 和 PC3 的连通性

（4）查看路由器的路由表。

```
<RT1>display ip routing-table
Routing Tables: Public
        Destinations : 7          Routes : 7

Destination/Mask    Proto   Pre  Cost      NextHop         Interface

10.0.0.0/24         Direct  0    0         10.0.0.1        GE0/0/0
10.0.0.1/32         Direct  0    0         127.0.0.1       InLoop0
20.0.0.0/24         Direct  0    0         20.0.0.1        S0/1/0
20.0.0.1/32         Direct  0    0         127.0.0.1       InLoop0
20.0.0.2/32         Direct  0    0         20.0.0.2        S0/1/0
127.0.0.0/8         Direct  0    0         127.0.0.1       InLoop0
```

```
127.0.0.1/32          Direct 0    0          127.0.0.1         InLoop0
```

从 RT1 的路由表可见，此时只有直连路由，缺乏到 30.0.0.0/24 网段去的路由；同理查看 RT2 的路由表，也只有直连路由，RT2 上缺乏到 10.0.0.0/24 网段的路由。所以 PC1 和 PC3 是不能互相通信的。

**注意**：因为路由器是逐跳转发的，因此所有路由器上都必须配置到所有网段的路由，才不会造成某些路由器因缺少路由而丢弃报文。

（5）分别在两台路由器上配置静态路由。

```
[RT1]ip route-static 30.0.0.0   255.255.255.0   20.0.0.2
[RT2]ip route-static 10.0.0.0   255.255.255.0   20.0.0.1
```

（6）查看路由表。

```
[RT1]display ip routing-table
Routing Tables: Public
         Destinations : 8            Routes : 8

Destination/Mask      Proto   Pre   Cost         NextHop          Interface

10.0.0.0/24           Direct 0      0            10.0.0.1         GE0/0/0
10.0.0.1/32           Direct 0      0            127.0.0.1        InLoop0
20.0.0.0/24           Direct 0      0            20.0.0.1         S0/1/0
20.0.0.1/32           Direct 0      0            127.0.0.1        InLoop0
20.0.0.2/32           Direct 0      0            20.0.0.2         S0/1/0
30.0.0.0/24           Static 60     0            20.0.0.2         S0/1/0
127.0.0.0/8           Direct 0      0            127.0.0.1        InLoop0
127.0.0.1/32          Direct 0      0            127.0.0.1        InLoop0
```

这时路由器 RT1 的路由表当中除了直连路由外，包含了一条去往 30.0.0.0 网段的静态路由，其优先级 Pre 为 60。同样可查看到 RT2 的路由表中也包含了一条静态路由，去往 10.0.0.0/24 网段。

（7）测试网络连通性。

在 PC1 和 PC3 上使用 ping 命令测试两台计算机之间的连通性，如图 6-1-5 所示，发现可以互通。

```
VPCS[1]> ping 30.0.0.2
30.0.0.2 icmp_seq=1 ttl=62 time=78.125 ms
30.0.0.2 icmp_seq=2 ttl=62 time=15.625 ms
30.0.0.2 icmp_seq=3 ttl=62 time=31.250 ms
30.0.0.2 icmp_seq=4 ttl=62 time=31.250 ms
30.0.0.2 icmp_seq=5 ttl=62 time=15.625 ms

VPCS[1]> 3
VPCS[3]> ping 10.0.0.2
10.0.0.2 icmp_seq=1 ttl=62 time=31.250 ms
10.0.0.2 icmp_seq=2 ttl=62 time=31.250 ms
10.0.0.2 icmp_seq=3 ttl=62 time=31.250 ms
10.0.0.2 icmp_seq=4 ttl=62 time=15.625 ms
10.0.0.2 icmp_seq=5 ttl=62 time=31.250 ms
```

图 6-1-5　测试 PC1 和 PC3 的连通性

同理，可以测试出 4 台 PC 可以互通。

**【注意事项】**

（1）静态路由配置时，下一跳地址应该是直连链路上可达的地址。

（2）静态路由需要双向配置。

### 6.1.5　思考与练习

1．根据来源的不同，路由表中的路由通常可分为哪几类？

2．在 MSR 路由器上使用______ 命令配置静态路由。

3．什么是直连路由？直连路由的优先级和开销分别是多少？

4．网络拓扑如图 6-1-6 所示，路由器各接口 IP 地址和 PC 机 IP 地址如表 6-1-4 所示，请在各路由器上进行静态路由配置，使得所有的主机和路由器两两互通。

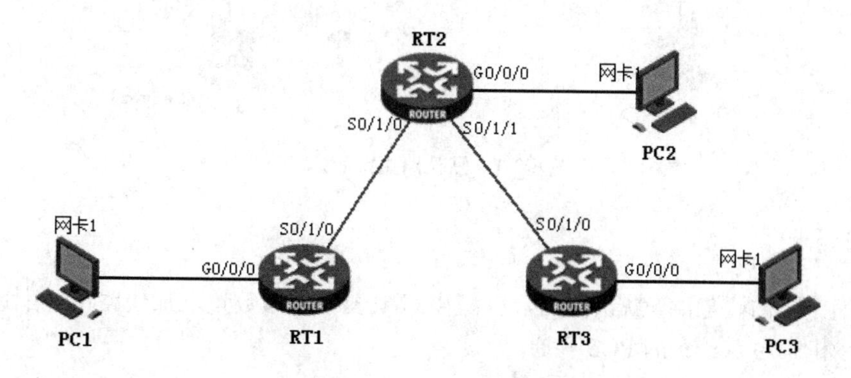


图 6-1-6　网络拓扑结构

表 6-1-4　IP 地址列表

| 设备名称 | 接口 | IP 地址/掩码 | 网关 |
| --- | --- | --- | --- |
| RT1 | G0/0/0 | 5.5.5.1/24 | |
| | S0/1/0 | 1.1.1.2/24 | |
| RT2 | S0/1/1 | 3.3.3.1/24 | |
| | S0/1/0 | 1.1.1.1/24 | |
| | G0/0/0 | 2.2.2.1/24 | |
| RT3 | S0/1/0 | 3.3.3.2/24 | |
| | G0/0/0 | 4.4.4.1/24 | |
| PC1 | | 5.5.5.2/24 | 5.5.5.1 |
| PC2 | | 2.2.2.2/24 | 2.2.2.1 |
| PC3 | | 4.4.4.2/24 | 4.4.4.1 |



# 任务 6.2　静态默认路由配置

### 6.2.1　任务描述

默认路由的引入可以减少路由表所占用的空间和搜索路由表所用的时间。静态默认路由可以使用在与外界只有一个输出连接的网络上。如图 6-2-1 所示，PC1 只能通过路由器 RT1 的

S0/1/0 接口访问服务器（PC2），PC2 只能通过路由器 RT3 的 S0/1/0 接口访问 PC1。

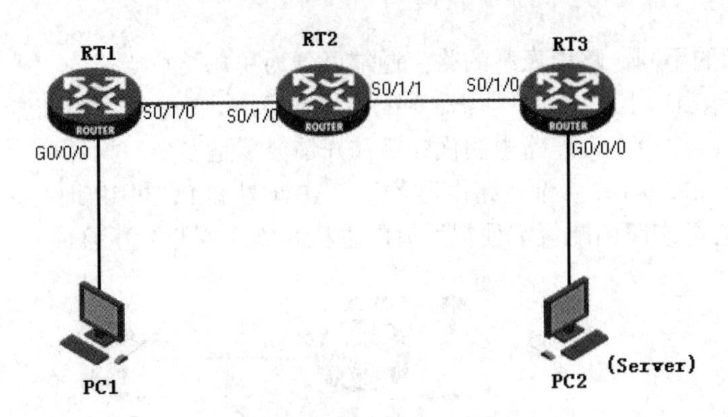


图 6-2-1　默认路由配置示例

### 6.2.2　任务要求

试在路由器上配置静态默认路由，以减少路由表中表项数量，加快路由匹配速度。并且使 PC1 能够和作为 Server 的 PC2 互通。

### 6.2.3　知识链接

默认路由也称为默认路由，即在没有找到匹配的路由表项时才使用的路由。默认路由可以手工配置，也可以由某些动态路由协议生成。本任务主要采用手工配置。

静态默认路由配置命令：

系统视图下：ip route-static 0.0.0.0 0.0.0.0 下一跳地址

默认路由其目的地址和掩码均为 0.0.0.0，即每个 IP 地址与子网掩码 0.0.0.0 进行二进制“与”运算的结果都是 0，与目的网络 0.0.0.0 相等，也就是说用 0.0.0.0/0 作为目的网络的路由记录符合所有的网络。按照路由表查询时的深度优先原则，默认路由所包含的主机数量是最多的，通常会被最后考虑，路由器会将在路由表中查询不到的数据包用默认路由转发。

默认路由通常用在仅有一个出口连接外部的网络上。

在路由器上合理配置默认路由能够减少路由表的表项数量，节省路由表空间，加快路由匹配速度。目前在 Internet 上，大约 99.99%的路由器上都配置有一条默认路由。

### 6.2.4　实现方法



1. 设备清单

MSR20-40 路由器 3 台。

v.35 线缆两对。

装有 Windows XP SP2 的 PC 1 台，用作服务器的 PC 1 台。

网线 2 根。

2. IP 地址规划

IP 地址规划如表 6-2-1 所示。

表 6-2-1　IP 地址列表

| 设备名称 | 接口 | IP 地址 | 网关 |
| --- | --- | --- | --- |
| RT1 | S0/1/0 | 20.2.0.5/24 | |
| | G0/0/0 | 20.1.0.6/24 | |
| RT2 | S0/1/0 | 20.2.0.6/24 | |
| | S0/1/1 | 20.3.0.5/24 | |
| RT3 | S0/1/0 | 20.3.0.6/24 | |
| | G0/0/0 | 20.4.0.6/24 | |
| PC1 | | 20.1.0.1/24 | 20.1.0.6 |
| PC2（Server） | | 20.4.0.8/24 | 20.4.0.6 |

3．实验步骤

（1）按照图 6-2-1 所示，进行物理连接，启动路由器，并给路由器的各接口配置相应的 IP 地址。

（2）因为 RT1 和 RT3 都只有一个出口连接外部网络，所以在 RT1 和 RT3 上可以配置静态默认路由。各路由器路由配置如下：

```
[RT1]ip route-static 0.0.0.0 0.0.0.0 20.2.0.6

[RT2]ip route-static 20.1.0.0 255.255.255.0 20.2.0.5
[RT2]ip route-static 20.4.0.0 255.255.255.0 20.3.0.6

[RT3]ip route-static 0.0.0.0 0.0.0.0 20.3.0.5
```

（3）查看路由器的路由表。

```
[RT1]display ip routing-table
Routing Tables: Public
        Destinations : 8          Routes : 8

Destination/Mask    Proto   Pre  Cost       NextHop        Interface

0.0.0.0/0           Static 60    0          20.2.0.6       S0/1/0
20.1.0.0/24         Direct 0     0          20.1.0.6       GE0/0/0
20.1.0.6/32         Direct 0     0          127.0.0.1      InLoop0
20.2.0.0/24         Direct 0     0          20.2.0.5       S0/1/0
20.2.0.5/32         Direct 0     0          127.0.0.1      InLoop0
20.2.0.6/32         Direct 0     0          20.2.0.6       S0/1/0
127.0.0.0/8         Direct 0     0          127.0.0.1      InLoop0
127.0.0.1/32        Direct 0     0          127.0.0.1      InLoop0
```

所有从 PC1 出去的数据包都通过 RT1 转发，它的下一跳都是路由器 RT2 的 S0/1/0 接口。

（4）配置 PC1 和 PC2 的 IP 地址和网关，可以验证二者是互通的。

### 6.2.5 思考与练习

1．使用静态默认路由的好处是什么，静态默认路由如何配置？

2．如图 6-2-2 所示，企业局域网（LAN）通过路由器 RT1、RT2 和网络 N1、N2 通信，企业用户到这两个网络去的接口只有一个 S1/0，试在路由器 RT1 上配置去往这两个网络的默认路由。

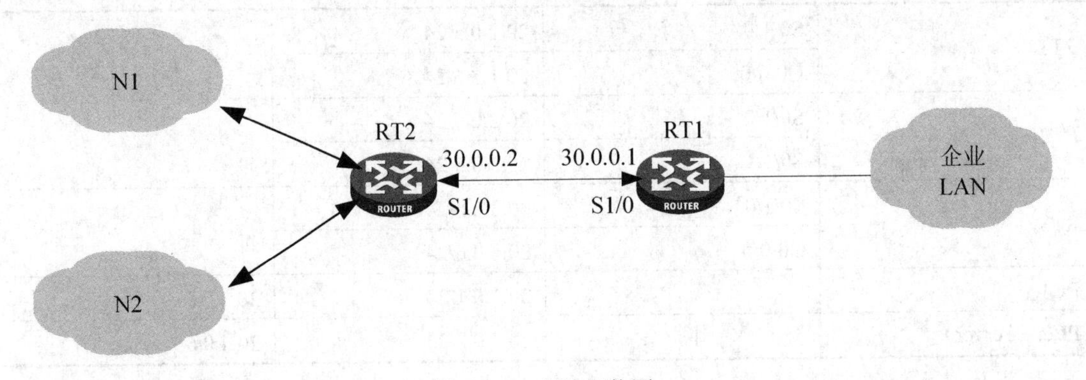


图 6-2-2　实验拓扑图

# 7

# 动态路由配置

动态路由相对于静态路由来说，路由表的维护不再由管理员手动进行，而是由路由协议自动管理，大大减少了管理员的工作量。管理员只要在每台路由器上运行动态路由协议，其他的工作由路由协议自动完成。采用路由协议后，网络对拓扑结构变化的响应速度大大提高。因此，在大规模的网络中，人们常常选择动态路由。目前，应用最广泛的动态路由协议有两种，一种叫做路由信息协议（RIP，Routing Information Protocol），另一种叫做开放式最短路径优先协议（OSPF，Open Shortest Path First）。本项目详细介绍这两种路由协议的使用。

- 掌握两种常用动态路由协议的工作原理。
- 掌握两种动态路由的应用场合。
- 掌握两种动态路由的相关配置。

## 任务 7.1　RIPv1 路由配置

### 7.1.1　任务描述

某高校经过重组，现有三个校区：北校区、南校区和校本部，每个校区都建有自己的校园网，要求三个校区的校园网络通过路由器互连，RT1、RT2、RT3 分别是三个校区的路由器，通过在路由器上做 RIPv1 动态路由配置，如图 7-1-1 所示，使得三个校区内的所有主机能互相通信。

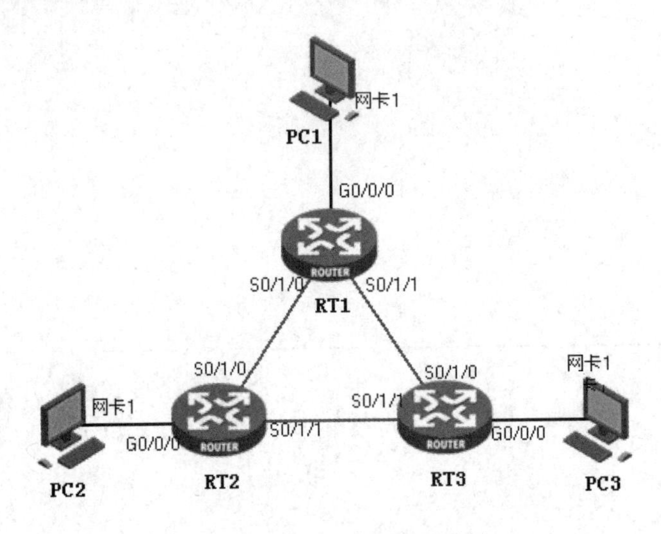


图 7-1-1 RIPv1 路由配置示例

### 7.1.2 任务要求

通过在路由器 RT1、RT2、RT3 上做 RIPv1 路由配置，使得代表三个校区内的主机 PC1、PC2、PC3 能互相通信。

### 7.1.3 知识链接

1. 动态路由协议

路由可以静态配置，也可以通过路由协议自动生成。路由协议是用来计算、维护路由信息的协议。路由协议通常采用一定的算法，以产生路由，并用一定的方法确定路由的有效性来维护路由。

动态路由可以通过自身的学习，自动修改和刷新路由表，具有更多的自主性和灵活性，特别适合于拓扑结构复杂、网络规模庞大的互联网环境。

如图 7-1-2 所示，从网络 N1 到网络 N2，可以配置静态路由从 RTA→RTD→RTC，然后到达网络 N2。如果 RTD 出现了故障，就必须由网络管理员手动修改路由表，使路由从 RTA 经过 RTB 到达。如果运行了动态路由协议，则当 RTD 出现故障时，路由器之间会通过动态路由协议来自动发现另外一条到达目标网络的路径，并修改路由表，指导数据由路由器 RTB 转发。

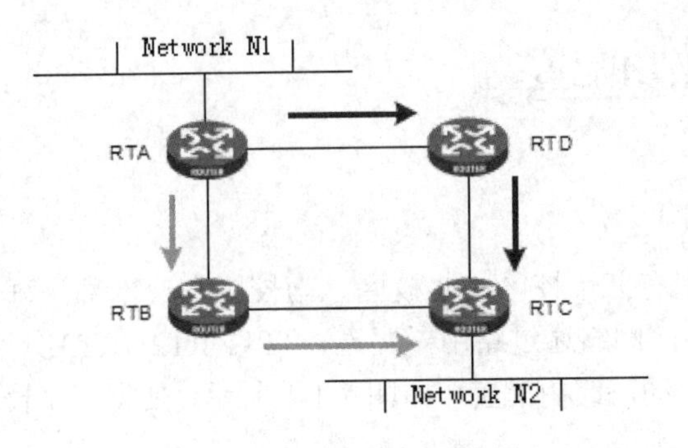


图 7-1-2 动态路由示意图

此时路由表的维护不再由管理员手动进行，而是由路由协议自动管理，一方面，大大减少了管理员的工作量。管理员只要在每台路由器上运行动态路由协议即可，其他的工作由路由协议自动完成。另一方面，采用路由协议后，网络对拓扑结构变化的响应速度大大提高。因此，在大规模的网络中，动态路由是人们选择的主要方案。

目前，应用最广泛的动态路由协议有两种，一种叫做路由信息协议（RIP，Routing Information Protocol），另一种叫做开放式最短路径优先协议（OSPF，Open Shortest Path First）。

不管采用何种路由选择协议和算法，路由信息都应以精确的、一致的观点反映新的网络拓扑结构。当一个网络中所有的路由器都运行着相同的、精确的、足以反映当前网络拓扑结构的路由信息时，我们称为路由已经收敛。快速收敛是路由选择协议最希望具有的特征。

2. RIP 协议

RIP 协议是一种基于距离矢量（D-V，Distance-Vector）算法的路由选择协议，它关心的是到目的网段的距离（有多远）和方向（从哪个接口转发数据）。其工作原理是，路由器每隔 30s 向其相邻路由器广播自己知道的全部路由信息——即自己的整个路由表，用于通知相邻路由器自己可以到达的网络以及到达该网络的距离（通常用“跳数”表示），相邻路由器可以根据收到的路由表修改和刷新自己的路由表。然后，在下一个更新周期到来时，路由器会将信息再传给相邻的路由器，这种路由学习、传递的过程就是路由更新。路由更新在每个路由器上进行，一级一级传递，最后全网所有的路由器都知道了全网所有的网络信息，我们称为路由收敛完成。

RIP 使用跳数（Hop Count）来衡量到达目的地的距离，称为路由权（Routing Metric）。在 RIP 中，路由器到与它直接相连网络的跳数为 0，通过一个路由器可达的网络的跳数为 1，其余依次类推。为限制收敛时间，RIP 规定 Metric 取值为 0～15 之间的整数，大于或等于 16 的跳数被定义为无穷大，即目的网络或主机不可达。

RIP 协议的最大缺点是当网络发生故障时，有可能会发生路由环路现象。目前在 RIP 当中设计了一些机制来避免路由环路的产生：如路由毒化、水平分割、抑制时间、定义最大值、触发更新等。

3. RIP 协议基本配置命令

RIP 协议配置简单，只需要在路由器上启动 RIP 并在指定网段启用 RIP 即可。

（1）启动 RIP

系统视图下：**rip** [ *process-id* ]

其中，*process-id* 为进程 ID，默认为 1。启动 RIP 后，将进入 RIP 视图。可以使用 undo rip 命令来关闭 RIP 协议。

（2）在指定网段启用 RIP

Rip 协议视图下：**network**　*network-address*

其中，*network-address* 为指定网段的地址。其取值可以为各个接口的 IP 网络地址。RIP 只在指定网段上的接口运行；对于不在指定网段上的接口，RIP 既不在它上面接收和发送路由，也不将它的接口路由转发出去。

### 7.1.4 实现方法

1. 设备清单

MSR20-40 路由器 3 台。

v.35 线缆 3 对。

装有 Windows XP SP2 的 PC 3 台。

网线若干。

2. IP 地址规划（如表 7-1-1 所示）

表 7-1-1　IP 地址列表

| 设备名称 | 接口 | IP 地址 | 网关 |
|---|---|---|---|
| RT1 | G0/0/0 | 192.168.0.1/24 | |
| | S0/1/0 | 10.0.0.1/24 | |
| | S0/1/1 | 30.0.0.1/24 | |
| RT2 | G0/0/0 | 192.168.1.1/24 | |
| | S0/1/0 | 10.0.0.2/24 | |
| | S0/1/1 | 20.0.0.1/24 | |
| RT3 | G0/0/0 | 192.168.1.1/24 | |
| | S0/1/0 | 30.0.0.2/24 | |
| | S0/1/1 | 20.0.0.2/24 | |
| PC1 | | 192.168.0.2/24 | 192.168.0.1 |
| PC2 | | 192.168.1.2/24 | 192.168.1.1 |
| PC3 | | 192.168.2.2/24 | 192.168.2.1 |

3. 实验步骤

（1）按照图 7-1-1 所示拓扑进行物理连接，并启动路由器。

（2）给 3 台路由器的各个接口配置相应的 IP 地址。

RT1 上的配置：

```
<RT1>system-view
[RT1]interface G0/0/0
[RT1-GigabitEthernet0/0/0]ip address 192.168.0.1 24
[RT1-GigabitEthernet0/0/0]quit
[RT1]interface s0/1/0
[RT1-Serial0/1/0]ip address 10.0.0.1 24
[RT1-Serial0/1/0]interface s0/1/1
[RT1-Serial0/1/1]ip address 30.0.0.1 24
```



RT2 上的配置：

```
<RT2>sys
System View: return to User View with Ctrl+Z.
[RT2]interface G0/0/0
[RT2-GigabitEthernet0/0/0]ip address 192.168.1.1 24
[RT2-GigabitEthernet0/0/0]quit
```

```
[RT2]interface s0/1/0
[RT2-Serial0/1/0]ip address 10.0.0.2 24
[RT2-Serial0/1/0]interface s0/1/1
[RT2-Serial0/1/1]ip address 20.0.0.1 24
```

RT3 上的配置：

```
<RT3>sys
[RT3]interface G0/0/0
[RT3-GigabitEthernet0/0/0]ip address 192.168.2.1 24
[RT3-GigabitEthernet0/0/0]quit
[RT3]interface s0/1/0
[RT3-Serial0/1/0]ip address 30.0.0.2 24
[RT3-Serial0/1/0]interface s0/1/1
[RT3-Serial0/1/1]ip address 20.0.0.2 24
```

（3）查看任何一台路由器的路由表，发现只有直连路由。

```
[RT1]display ip routing-table
Routing Tables: Public
        Destinations : 10        Routes : 10

Destination/Mask    Proto   Pre  Cost      NextHop        Interface


10.0.0.0/24         Direct  0    0         10.0.0.1       S0/1/0
10.0.0.1/32         Direct  0    0         127.0.0.1      InLoop0
10.0.0.2/32         Direct  0    0         10.0.0.2       S0/1/0
30.0.0.0/24         Direct  0    0         30.0.0.1       S0/1/1
30.0.0.1/32         Direct  0    0         127.0.0.1      InLoop0
30.0.0.2/32         Direct  0    0         30.0.0.2       S0/1/1
127.0.0.0/8         Direct  0    0         127.0.0.1      InLoop0
127.0.0.1/32        Direct  0    0         127.0.0.1      InLoop0
192.168.0.0/24      Direct  0    0         192.168.0.1    GE0/0/0
192.168.0.1/32      Direct  0    0         127.0.0.1      InLoop0
```

其他两台也是如此。

（4）在 3 台路由器上配置 RIP 协议。

```
[RT1]rip
[RT1-rip-1]network 192.168.0.0
[RT1-rip-1]network 10.0.0.0
[RT1-rip-1]network 30.0.0.0

[RT2]rip
[RT2-rip-1]network 192.168.1.0
[RT2-rip-1]network 10.0.0.0
[RT2-rip-1]network 20.0.0.0

[RT3]rip
[RT3-rip-1]network 192.168.2.0
[RT3-rip-1]network 20.0.0.0
[RT3-rip-1]network 30.0.0.0
```

（5）查看 3 台路由器的路由表。

```
[RT1]display ip routing-table
Routing Tables: Public
```

```
        Destinations : 13        Routes : 14

Destination/Mask    Proto   Pre  Cost        NextHop        Interface

10.0.0.0/24         Direct 0     0           10.0.0.1       S0/1/0
10.0.0.1/32         Direct 0     0           127.0.0.1      InLoop0
10.0.0.2/32         Direct 0     0           10.0.0.2       S0/1/0
20.0.0.0/8          RIP     100  1           10.0.0.2       S0/1/0
                    RIP     100  1           30.0.0.2       S0/1/1
30.0.0.0/24         Direct 0     0           30.0.0.1       S0/1/1
30.0.0.1/32         Direct 0     0           127.0.0.1      InLoop0
30.0.0.2/32         Direct 0     0           30.0.0.2       S0/1/1
127.0.0.0/8         Direct 0     0           127.0.0.1      InLoop0
127.0.0.1/32        Direct 0     0           127.0.0.1      InLoop0
192.168.0.0/24      Direct 0     0           192.168.0.1    GE0/0/0
192.168.0.1/32      Direct 0     0           127.0.0.1      InLoop0
192.168.1.0/24      RIP     100  1           10.0.0.2       S0/1/0
192.168.2.0/24      RIP     100  1           30.0.0.2       S0/1/1
```

路由器 RT1 已经通过 RIP 协议学习到了全网的信息。

同样，路由器 RT2、RT3 的路由表中也有了全网的路由信息。

（6）配置各主机的 IP 地址和网关（略），进行验证，如图 7-1-3 所示。

```
VPCS[3]> ping 192.168.0.2
192.168.0.2 icmp_seq=1 ttl=62 time=0.000 ms
192.168.0.2 icmp_seq=2 ttl=62 time=0.000 ms
192.168.0.2 icmp_seq=3 ttl=62 time=0.000 ms
192.168.0.2 icmp_seq=4 ttl=62 time=0.000 ms
192.168.0.2 icmp_seq=5 ttl=62 time=0.000 ms

VPCS[3]> ping 192.168.1.2
192.168.1.2 icmp_seq=1 ttl=62 time=0.000 ms
192.168.1.2 icmp_seq=2 ttl=62 time=0.000 ms
192.168.1.2 icmp_seq=3 ttl=62 time=0.000 ms
192.168.1.2 icmp_seq=4 ttl=62 time=0.000 ms
192.168.1.2 icmp_seq=5 ttl=62 time=0.000 ms
```

图 7-1-3　PC3 可以 ping 通 PC1 和 PC2

同理可以验证，3 台 PC 可以互通。

### 7.1.5　思考与练习

1．简述 RIP 协议的工作原理。

2．一台 MSR 路由器要通过 RIP 来学习路由信息，在路由器上做了如下的配置：

```
rip 1
network 0.0.0.0
```

那么关于此配置的正确解释是______。

A．RIP 将发布 0.0.0.0 的默认路由

B．本路由器上所有接口启用 RIP

C．没有在本路由器上启用 RIP

D．此配置是错误配置

3．RIPv1 采用______方式发送协议报文。

　A．广播　　　　B．组播

4．熟练掌握 RIPv1 协议的配置。

# 任务 7.2　RIPv2 路由配置

## 7.2.1　任务描述

RIPv1 是有类别（Classful）路由协议，在发送协议报文时不携带掩码，因此 RIPv1 在划分子网的情况下，可能学习不到正确的路由。RIPv2 对 RIPv1 进行了改进，协议报文中携带掩码信息，能在划分子网的情况下学习到正确的路由。并且 RIPv2 支持验证，较 RIPv1 更能保证网络的安全。

## 7.2.2　任务要求

如图 7-2-1 所示，试在 RT1 和 RT2 上配置 RIPv2 协议，在两台路由器的串口上配置验证信息，使得彼此能学习到对端设备发来的路由，保证 PC1 和 PC2 能够互通。

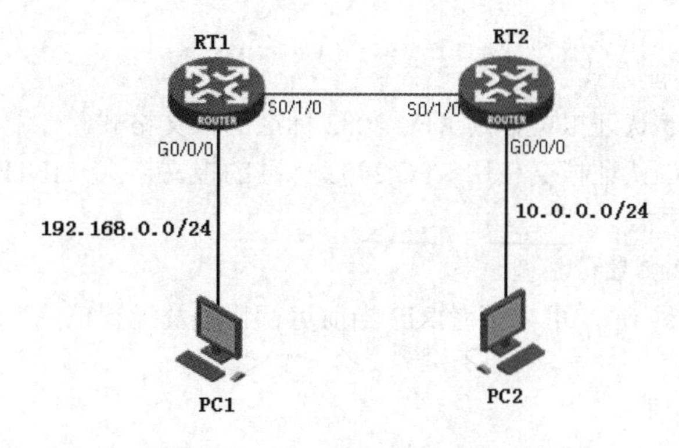


图 7-2-1　RIPv2 路由协议配置示例

## 7.2.3　知识链接

RIP 包括两个版本：RIPv1 和 RIPv2。启用 RIP 协议后，默认情况下，运行的是 RIPv1。

1．RIPv1 和 RIPv2 的比较

RIPv1 是有类别（Classful）路由协议，在发送协议报文时不携带掩码，路由交换过程中有时会造成错误。RIPv2 对 RIPv1 进行了改进，是一种无类别（Classless）路由协议，协议报文中携带掩码信息。

RIPv1 支持以广播方式发布协议报文，RIPv2 支持以组播方式发送路由更新报文，减少了系统和网络的开销。

此外，相对于 RIPv1 不支持验证，RIPv2 支持协议报文验证，并提供明文验证和 MD5 验证两种方式，增强了网络的安全性。

2. RIPv2 基本配置命令

（1）RIP 视图下指定 RIP 的全局版本。

```
version { 1 | 2 }
```

使用上述命令指定 RIP 版本为 1 后，路由器的所有接口都以广播形式发送 RIP 协议报文。

（2）接口视图下配置 RIP 的版本。

```
rip version 2 [broadcast | multicast]
```

指定接口的 RIP 版本为 RIPv2，RIPv2 有两种报文传送方式：广播方式和组播方式，默认采用组播方式发送报文。组播发送报文的好处是在同一网络中那些没有运行 RIP 的主机可以避免接收 RIP 的广播报文。

**注意：**（1）和（2）两种配置可以任选其一。

（3）RIP 视图下关闭 RIPv2 的自动路由聚合功能。

```
undo summary
```

自动路由聚合功能默认是打开的，当需要将所有子网路由广播出去时，需要关闭 RIPv2 的自动路由聚合功能。

（4）配置 RIPv2 报文的认证。

接口视图下：**rip authentication-mode { md5 { rfc2082** *key-string key-id* **| rfc2453** *key-string* **} | simple** *password* **}**

关键字含义：

md5：MD5 密文认证方式。

rfc2082：指定 MD5 认证报文使用 RFC 2082 标准的报文格式。

rfc2453：指定 MD5 认证报文使用 RFC 2453 标准的报文格式（IETF 标准）。

simple：明文认证方式。

3. RIP 运行状态及配置信息查看

任意视图下：display rip，可以查看 RIP 当前运行状态及配置信息。

### 7.2.4 实现方法

1. 设备清单

MSR20-40 路由器两台。

v.35 线缆一对。

装有 Windows XP SP2 的 PC 两台。

网线若干。

2. IP 地址规划（如表 7-2-1 所示）

表 7-2-1 IP 地址列表

| 设备名称 | 接口 | IP 地址 | 网关 |
|---|---|---|---|
| RT1 | S0/1/0 | 192.168.1.1/24 | |
| | G0/0/0 | 192.168.0.1/24 | |
| RT2 | S0/1/0 | 192.168.1.2/24 | |
| | G0/0/0 | 10.0.0.1/24 | |

续表

| 设备名称 | 接口 | IP 地址 | 网关 |
| --- | --- | --- | --- |
| PC1 | | 192.168.0.2/24 | 192.168.0.1 |
| PC2 | | 10.0.0.2/24 | 10.0.0.1 |

3. 实验步骤

（1）按照图 7-2-1 所示进行物理连接，并启动路由器。

（2）按照 IP 地址规划在路由器接口上配置 IP 地址。

（3）在两台路由器上创建 RIPv1 进程，并在路由器的两个接口上启用 RIP。

```
[RT1]rip
[RT1-rip-1]network 192.168.0.0
[RT1-rip-1]network 192.168.1.0
[RT1-rip-1]quit

[RT2]rip
[RT2-rip-1]network 192.168.1.0
[RT2-rip-1]network 10.0.0.0
[RT2-rip-1]quit
```

（4）配置完成后，查看 RT1 的路由表。

```
[RT1]display ip routing-table
Routing Tables: Public
        Destinations : 8        Routes : 8

Destination/Mask    Proto   Pre  Cost      NextHop        Interface

10.0.0.0/8          RIP     100  1         192.168.1.2    S0/1/0
127.0.0.0/8         Direct  0    0         127.0.0.1      InLoop0
127.0.0.1/32        Direct  0    0         127.0.0.1      InLoop0
192.168.0.0/24      Direct  0    0         192.168.0.1    GE0/0/0
192.168.0.1/32      Direct  0    0         127.0.0.1      InLoop0
192.168.1.0/24      Direct  0    0         192.168.1.1    S0/1/0
192.168.1.1/32      Direct  0    0         127.0.0.1      InLoop0
192.168.1.2/32      Direct  0    0         192.168.1.2    S0/1/0
```

结果发现，RT1 通过 RIP 协议学习到的路由目的网段是 10.0.0.0/8，该目的网段与实际 RT2 的网络不一致，这是因为 RIPv1 协议报文中不携带掩码信息所致。解决办法，改用 RIPv2。

（5）将 RT1 和 RT2 的 RIP 版本改为 version 2。

```
[RT1]rip
[RT1-rip-1]version 2

[RT2]rip
[RT2-rip-1]version 2
```

（6）关闭 RIPv2 的自动聚合功能。

```
[RT1-rip-1]undo summary
[RT2-rip-1]undo summary
```

（7）配置完成后，查看 RT1 的路由表。

```
[RT1]display ip routing-table
Routing Tables: Public
        Destinations : 8          Routes : 8

Destination/Mask     Proto   Pre   Cost        NextHop         Interface

10.0.0.0/24          RIP     100   1           192.168.1.2     S0/1/0
127.0.0.0/8          Direct  0     0           127.0.0.1       InLoop0
127.0.0.1/32         Direct  0     0           127.0.0.1       InLoop0
192.168.0.0/24       Direct  0     0           192.168.0.1     GE0/0/0
192.168.0.1/32       Direct  0     0           127.0.0.1       InLoop0
192.168.1.0/24       Direct  0     0           192.168.1.1     S0/1/0
192.168.1.1/32       Direct  0     0           127.0.0.1       InLoop0
192.168.1.2/32       Direct  0     0           192.168.1.2     S0/1/0
```

从路由表中可以看到，此时学习到的是正确的子网路由。

（8）通过 display rip 命令查看 rip 运行状态。

```
[RT1]display rip
  Public VPN-instance name :

    RIP process : 1
       RIP version : 2
       Preference : 100
       Checkzero : Enabled
       Default-cost : 0
       Summary : Disabled
       Hostroutes : Enabled
       Maximum number of balanced paths : 6
       Update time    :    30 sec(s)   Timeout time         :   180 sec(s)
       Suppress time :   120 sec(s)   Garbage-collect time :   120 sec(s)
       update output delay :    20(ms)    output count :     3
       TRIP retransmit time :       5 sec(s)
       TRIP response packets retransmit count :      36
       Silent interfaces : None
       Default routes : Disabled
       Verify-source : Enabled
Networks :
           192.168.0.0                192.168.1.0
       Configured peers : None
       Triggered updates sent : 2
       Number of routes changes : 1
```

从以上命令可以看出，当前运行的 RIP 版本是 RIPv2。

（9）配置 RIPv2 认证信息，增强网络的安全性。

```
[RT1-Serial0/1/0]rip authentication-mode md5 rfc2453 jzszhn
[RT2-Serial0/1/0]rip authentication-mode md5 rfc2453 smile
```

为了加快路由学习的过程，可以关闭 RT1 的接口 S0/1/0，然后再启用。

```
[RT1-serial0/1/0]shutdown
[RT1-serial0/1/0]undo shutdown
```

（10）配置完成后，查看路由器的路由表。

```
[RT1]display ip routing-table
Routing Tables: Public
        Destinations : 7          Routes : 7

Destination/Mask    Proto   Pre  Cost       NextHop         Interface

127.0.0.0/8         Direct 0     0          127.0.0.1       InLoop0
127.0.0.1/32        Direct 0     0          127.0.0.1       InLoop0
192.168.0.0/24      Direct 0     0          192.168.0.1     GE0/0/0
192.168.0.1/32      Direct 0     0          127.0.0.1       InLoop0
192.168.1.0/24      Direct 0     0          192.168.1.1     S0/1/0
192.168.1.1/32      Direct 0     0          127.0.0.1       InLoop0
192.168.1.2/32      Direct 0     0          192.168.1.2     S0/1/0
```

同时查看 RT2 的路由表，发现 RT1 和 RT2 的路由表中没有了 RIP 路由，这是因为两边的认证密码不一致，彼此学习不到对端设备发来的路由。修改其中一个的认证密钥，使双方认证密钥一致。例如：

```
[RT2-Serial0/1/0]rip authentication-mode md5 rfc2453 jzszhn
```

配置完成后等待一段时间（等待 RIP 更新周期），再查看路由表，发现路由表中已经学习到了正确的路由。

```
[RT1]display ip routing-table
Routing Tables: Public
        Destinations : 8          Routes : 8

Destination/Mask    Proto   Pre  Cost       NextHop         Interface

10.0.0.0/24         RIP     100  1          192.168.1.2     S0/1/0
127.0.0.0/8         Direct 0     0          127.0.0.1       InLoop0
127.0.0.1/32        Direct 0     0          127.0.0.1       InLoop0
192.168.0.0/24      Direct 0     0          192.168.0.1     GE0/0/0
192.168.0.1/32      Direct 0     0          127.0.0.1       InLoop0
192.168.1.0/24      Direct 0     0          192.168.1.1     S0/1/0
192.168.1.1/32      Direct 0     0          127.0.0.1       InLoop0
192.168.1.2/32      Direct 0     0          192.168.1.2     S0/1/0
```

（11）配置 PC1 和 PC2 的 IP 地址和网关，验证两台主机能够互通，如图 7-2-2 所示。

```
VPCS[2]> 1
VPCS[1]> ip 192.168.0.2 192.168.0.1
Checking for duplicate address...
PC1 : 192.168.0.2 255.255.255.0 gateway 192.168.0.1

VPCS[1]> 2
VPCS[2]> ip 10.0.0.2 10.0.0.1
Checking for duplicate address...
PC2 : 10.0.0.2 255.255.255.0 gateway 10.0.0.1

VPCS[2]> ping 192.168.0.2
192.168.0.2 icmp_seq=1 ttl=62 time=0.000 ms
192.168.0.2 icmp_seq=2 ttl=62 time=0.000 ms
192.168.0.2 icmp_seq=3 ttl=62 time=0.000 ms
192.168.0.2 icmp_seq=4 ttl=62 time=0.000 ms
192.168.0.2 icmp_seq=5 ttl=62 time=0.000 ms
```

图 7-2-2　两台主机的相关配置和验证互通

### 7.2.5 思考与练习

1．RIPv2 协议同 RIPv1 相比，它的特点是什么？

2．对于 RIPv1 和 RIPv2 在 MSR 路由器上运行，以下哪些说法是正确的？______

A．RIPv1 路由器上学习到的路由目的网段一定是自然分类网段

B．RIPv2 路由器上学习到的路由目的网段一定是变长掩码的子网地址

C．RIPv1 和 RIPv2 都可以学习到自然分类网段的路由

D．RIPv1 和 RIPv2 都可以学习到非自然分类网段的路由，比如目的网段为 10.10.200.0/22 的路由

3．对于 RIPv1 和 RIPv2 在 MSR 路由器上运行，以下哪些说法是正确的？______

A．RIPv1 路由器发送的路由目的网段一定是自然分类网段

B．RIPv2 路由器发送的路由目的网段一定是变长掩码的子网地址

C．RIPv1 和 RIPv2 都可以学习到自然分类网段的路由

D．RIPv1 和 RIPv2 都可以学习到非自然分类网段的路由，比如目的网段为 10.10.200.0/22 的路由

4．两台 MSR 路由器之间通过各自的广域网接口 S1/0 互连，同时在两台路由器上运行 RIPv2 来动态完成彼此远端的路由，如今出于安全考虑，要在 RIP 上加入验证，那么以下哪些是正确的 RIP 配置？______

A．[MSR-serial1/0]rip authentication-mode simple 123

B．[MSR]rip authentication-mode simple 123

C．[MSR-rip-1] rip authentication-mode simple 123

D．[MSR-rip-2]rip authentication-mode simple 123

5．按图 7-2-3 所示规划 IP 地址，并在 3 台路由器上启用适当的 RIP 协议，使得 PC1 和 PC2 能互通。

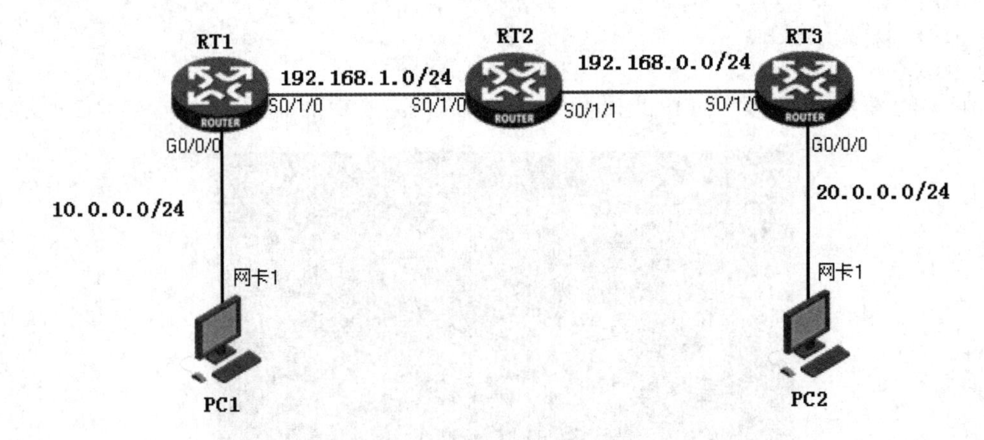


图 7-2-3　网络拓扑结构

# 任务 7.3　单区域 OSPF 路由配置

## 7.3.1　任务描述

某高校经过重组，新合并了两所学校，现将两所学校的校园网接入主校区的校园网，要求三个校区的校园网络通过路由器互连。如图 7-3-1 所示，RT1、RT2、RT3 分别是三个校区的路由器，且属于同一个区域，三台 PC 连接到交换机 SW 上再连接到路由器。通过在路由器做 OSPF 动态路由配置，使得三个校区内的所有主机能互相通信。

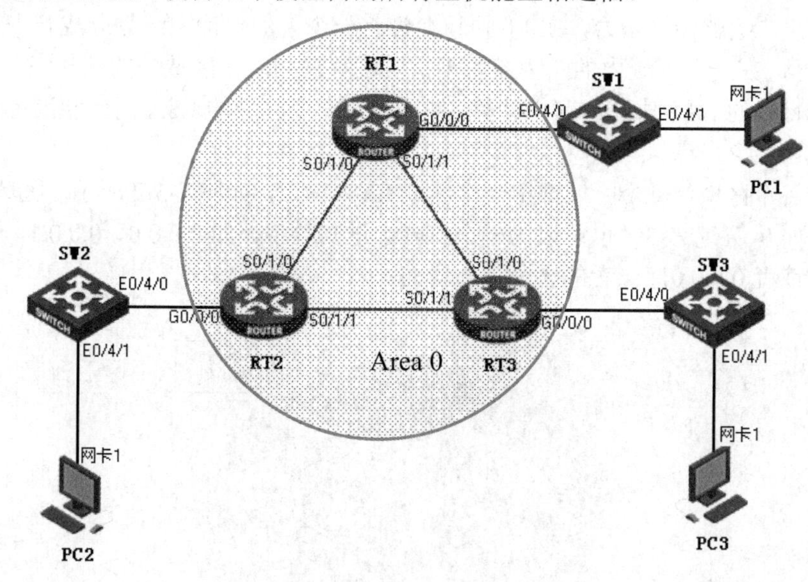


图 7-3-1　单区域 OSPF 路由配置示例

## 7.3.2　任务要求

通过在路由器 RT1、RT2、RT3 上做 OSPF 单区域路由配置，使得代表三个校区的主机 PC1、PC2、PC3 能互相通信。

## 7.3.3　知识链接

RIP 路由协议由于其自身算法的限制以及规定了最大跳数为 16，决定了它只能用于构建结构简单的中小型网络，无法用于构建规模更大的网络。这时就要寻求适应大规模网络的路由协议，OSPF（Open Shortest Path First，开放最短路径优先）协议就是其中的一种，它支持各种规模的网络，最多可支持几百台路由器。

1．OSPF 协议原理

OSPF 协议是基于链路状态的路由协议，链路状态路由协议使用 Dijkstra 的最短路径优先算法（Shortest Path First，SPF）计算和选择路由。这类协议关心网络中链路或接口的状态（UP、DOWN、IP 地址、掩码、带宽、利用率和时延等），每个路由器将自己已知的链路状态向该区域的其他路由器通告，通过这种方式，网络上的每台路由器对网络结构都会有相同的认识。随后，路由器以其为依据，使用 SPF 算法计算和选择路由。

OSPF 协议的优点：收敛速度快，没有路由环路存在，安全可靠，网络流量小，支持区域划分等。缺点：比较复杂，实施前需要进行规划，且配置和维护都比较复杂。

2. OSPF 的区域划分

OSPF 路由协议一般用于同一个路由域内。路由域是指一个自治系统（Autonomous System，AS），它是指一组通过统一的路由政策或路由协议互相交换路由信息的网络。

因为 OSPF 路由器之间会将所有的链路状态（LSA）相互交换，当网络规模达到一定程度时，LSA 将形成一个庞大的数据库，势必会给 OSPF 计算带来巨大的压力；为了能够降低 OSPF 计算的复杂程度，缓解计算压力，OSPF 协议允许将一个大的自治系统划分成若干个小的区域（Area）来管理，在一个区域内的路由器将不需要了解它们所在区域外的拓扑细节。每个区域负责各自区域精确的 LSA 传递与路由计算，然后再将一个区域的 LSA 简化和汇总之后转发到另外一个区域。

为了区分各个区域，每个区域都用一个区域 ID 来标识，如图 7-3-2 所示。区域 ID 可以采用整数数字，如 0、1、2、3，也可以为一个点分十进制数字，如 0.0.0.0、0.0.0.1。例如，标识一个区域为 0 或者 0.0.0.0，二者的含义是一样的。

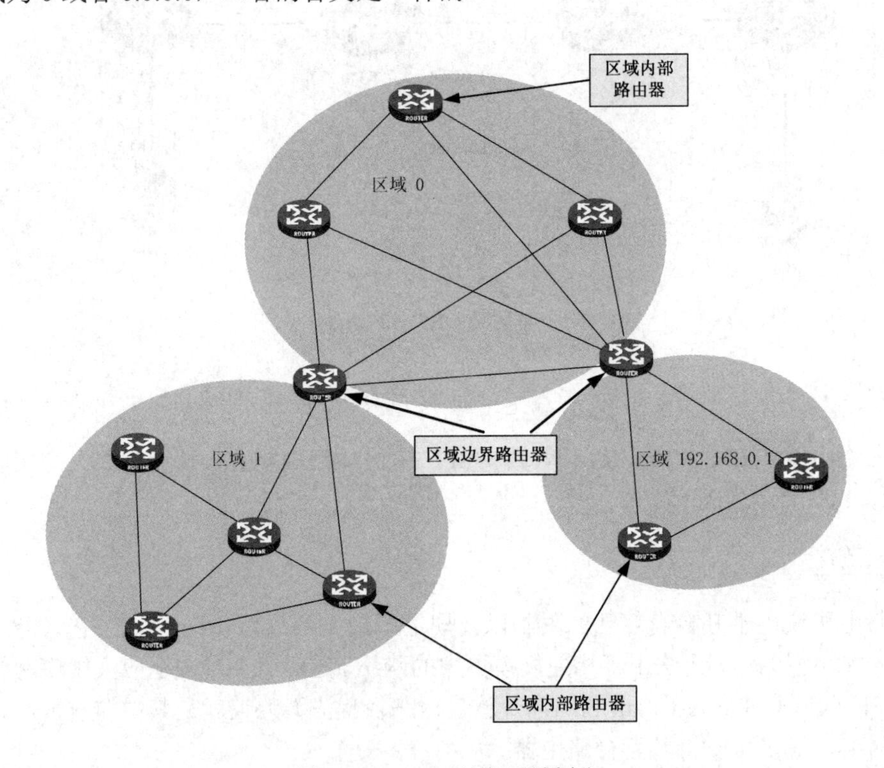


图 7-3-2　OSPF 协议区域划分

区域当中的每一台 OSPF 路由器也必须有一个标识，即 Router ID，Router ID 使用 IP 地址的形式来表示，确定 Router ID 的方法有：

（1）路由器上如果有 Loopback 接口，则优先使用 Loopback 接口。

（2）如果没有活动的 Loopback 接口，则选择活动物理接口 IP 地址最大的。

（3）用 Router ID 命令直接配置，其权限最高。

**注意**：Loopback 接口，指的是逻辑接口，能实现数据交换功能，但物理上不存在，需通过配置建立，一旦被创建，其物理状态和链路层协议状态永远是 UP。

3．OSPF 路由协议配置常用命令

（1）启动 OSPF 协议

系统视图下：**ospf** [ *process-id* ]

参数 *process-id* 为进程号，一台路由器上可以启动多个 OSPF 进程，系统用进程号来区分。默认为进程 1。

（2）配置路由器的 Router ID

系统视图下：**router id** *A.B.C.D*

（3）配置 OSPF 区域

OSPF 进程下：**area** *area-id*

*area-id* 可以采用整数或 IP 地址形式输入，但显示时使用 IP 地址形式。例如：配置 area 1 时，路由器显示用户配置的区域为 0.0.0.1。

（4）在指定接口上启用 OSPF

区域视图下：**network** *ip-address wildcard-mask*

*wildcard-mask* 为反掩码。

（5）创建虚接口

系统视图下：**interface Loopback 0**

4．OSPF 信息显示

（1）查看路由器的 OSPF 邻居状态。

任何视图下：**display ospf peer**

例如：

```
[RT2]display   ospf   peer

                         OSPF Process 1 with Router ID 2.2.2.2
                                 Neighbor Brief Information

 Area: 0.0.0.0
 Router ID          Address            Pri Dead-Time Interface          State
 1.1.1.1            20.0.0.1       1     30             S0/1/0            Full/ -

 Area: 0.0.0.1
 Router ID          Address            Pri Dead-Time Interface          State
 3.3.3.3            30.0.0.2       1     38             S0/1/1            Full/ -
```

从输出信息可看出，Router ID 为 2.2.2.2 的路由器（RT2）的邻居 ID 包括 1.1.1.1 和 3.3.3.3，该路由器的两个接口分别属于区域 0 和区域 1，以及邻居接口的 IP 地址，路由器的优先级，与邻居相连的接口，Full 状态说明该网络的 OSPF 路由器的链路状态已经同步。

（2）查看路由器的 OSPF 路由情况。

任何视图下：**display ospf routing**

### 7.3.4 实现方法

1. 设备清单

MSR20-40 路由器 3 台。

v.35 线缆三对。

二层交换机 3 台。

装有 Windows XP SP2 的 PC 3 台。

网线若干。

2. IP 地址规划（见表 7-3-1）

表 7-3-1 IP 地址列表

| 设备名称 | Router ID | 接口 | 所属区域 | IP 地址/掩码 | 网关 |
|---|---|---|---|---|---|
| RT1 | 1.1.1.1 | G0/0/0 | 区域 0 | 192.168.0.1/24 | |
| | | S0/1/0 | 区域 0 | 10.0.0.1/24 | |
| | | S0/1/1 | 区域 0 | 30.0.0.1/24 | |
| RT2 | 2.2.2.2 | G0/0/0 | 区域 0 | 192.168.1.1/24 | |
| | | S0/1/0 | 区域 0 | 10.0.0.2/24 | |
| | | S0/1/1 | 区域 0 | 20.0.0.1/24 | |
| RT3 | 3.3.3.3 | G0/0/0 | 区域 0 | 192.168.1.1/24 | |
| | | S0/1/0 | 区域 0 | 30.0.0.2/24 | |
| | | S0/1/1 | 区域 0 | 20.0.0.2/24 | |
| PC1 | | | | 192.168.0.2/24 | 192.168.0.1 |
| PC2 | | | | 192.168.1.2/24 | 192.168.1.1 |
| PC3 | | | | 192.168.2.2/24 | 192.168.2.1 |

3. 实验步骤

（1）根据表 7-3-1 给出的 IP 地址，给路由器的各接口配置 IP 地址。

（2）在 3 台路由器上分别配置 OSPF 协议。

```
[RT1]interface LoopBack 0
[RT1-LoopBack0]ip address 1.1.1.1 255.255.255.255
[RT1-LoopBack0]quit
[RT1]router id 1.1.1.1
[RT1]ospf
[RT1-ospf-1]area 0
[RT1-ospf-1-area-0.0.0.0]network 1.1.1.1 0.0.0.0
[RT1-ospf-1-area-0.0.0.0]network 10.0.0.0 0.0.0.255
[RT1-ospf-1-area-0.0.0.0]network 30.0.0.0 0.0.0.255
[RT1-ospf-1-area-0.0.0.0]network 192.168.0.0 0.0.0.255
[RT1-ospf-1-area-0.0.0.0]quit
[RT1-ospf-1]quit

[RT2]interface LoopBack 0
```

```
[RT2-LoopBack0]ip address 2.2.2.2 32
[RT2-LoopBack0]quit
[RT2]route id 2.2.2.2
[RT2]ospf
[RT2-ospf-1]area 0.0.0.0
[RT2-ospf-1-area-0.0.0.0]network 2.2.2.2 0.0.0.0
[RT2-ospf-1-area-0.0.0.0]network 10.0.0.0 0.0.0.255
[RT2-ospf-1-area-0.0.0.0]network 20.0.0.0 0.0.0.255
[RT2-ospf-1-area-0.0.0.0]network 192.168.1.0 0.0.0.255

[RT3]interface LoopBack 0
[RT3-LoopBack0]ip address 3.3.3.3 255.255.255.255
[RT3-LoopBack0]quit
[RT3]route id 3.3.3.3
[RT3]ospf
[RT3-ospf-1]area 0
[RT3-ospf-1-area-0.0.0.0]network 3.3.3.3 0.0.0.0
[RT3-ospf-1-area-0.0.0.0]network 20.0.0.0 0.0.0.255
[RT3-ospf-1-area-0.0.0.0]network 30.0.0.0 0.0.0.255
[RT3-ospf-1-area-0.0.0.0]network 192.168.2.0 0.0.0.255
```

（3）检查路由器的 OSPF 邻居状态。

```
[RT1]display ospf  peer

                  OSPF Process 1 with Router ID 1.1.1.1
                          Neighbor Brief Information

 Area: 0.0.0.0
 Router ID        Address          Pri Dead-Time Interface        State
 2.2.2.2          10.0.0.2         1    31          S0/1/0          Full/ -
 3.3.3.3          30.0.0.2         1    35          S0/1/1          Full/ -
```

可以看到，RT1 与 Router ID 为 2.2.2.2、3.3.3.3 的路由器互为邻居，此时邻居状态达到 Full，说明 RT1 和 RT2、RT3 之间的链路状态数已经同步，RT1 具备到达 RT2、RT3 的路由信息。

同理，可查看 RT2 和 RT3 的邻居状态。

（4）查看路由器的 OSPF 路由表。

```
[RT1] display ospf routing

           OSPF Process 1 with Router ID 1.1.1.1
                   Routing Tables

 Routing for Network
 Destination        Cost     Type    NextHop         AdvRouter       Area
 20.0.0.0/24        3124     Stub    10.0.0.2        2.2.2.2         0.0.0.0
 20.0.0.0/24        3124     Stub    30.0.0.2        3.3.3.3         0.0.0.0
 10.0.0.0/24        1562     Stub    10.0.0.1        1.1.1.1         0.0.0.0
 3.3.3.3/32         1562     Stub    30.0.0.2        3.3.3.3         0.0.0.0
 2.2.2.2/32         1562     Stub    10.0.0.2        2.2.2.2         0.0.0.0
 30.0.0.0/24        1562     Stub    30.0.0.1        1.1.1.1         0.0.0.0
 192.168.0.0/24     1        Stub    192.168.0.1     1.1.1.1         0.0.0.0
 1.1.1.1/32         0        Stub    1.1.1.1         1.1.1.1         0.0.0.0
```

```
192.168.1.0/24      1563     Stub     10.0.0.2       2.2.2.2        0.0.0.0
192.168.2.0/24      1563     Stub     30.0.0.2       3.3.3.3        0.0.0.0

Total Nets: 10
Intra Area: 10   Inter Area: 0   ASE: 0   NSSA: 0
```

（5）检查路由器的路由表。

```
[RT1]display ip routing-table
Routing Tables: Public
        Destinations : 16        Routes : 17

Destination/Mask    Proto   Pre  Cost        NextHop         Interface

1.1.1.1/32          Direct  0    0           127.0.0.1       InLoop0
2.2.2.2/32          OSPF    10   1562        10.0.0.2        S0/1/0
3.3.3.3/32          OSPF    10   1562        30.0.0.2        S0/1/1
10.0.0.0/24         Direct  0    0           10.0.0.1        S0/1/0
10.0.0.1/32         Direct  0    0           127.0.0.1       InLoop0
10.0.0.2/32         Direct  0    0           10.0.0.2        S0/1/0
20.0.0.0/24         OSPF    10   3124        10.0.0.2        S0/1/0
                    OSPF    10   3124        30.0.0.2        S0/1/1
30.0.0.0/24         Direct  0    0           30.0.0.1        S0/1/1
30.0.0.1/32         Direct  0    0           127.0.0.1       InLoop0
30.0.0.2/32         Direct  0    0           30.0.0.2        S0/1/1
127.0.0.0/8         Direct  0    0           127.0.0.1       InLoop0
127.0.0.1/32        Direct  0    0           127.0.0.1       InLoop0
192.168.0.0/24      Direct  0    0           192.168.0.1     GE0/0/0
192.168.0.1/32      Direct  0    0           127.0.0.1       InLoop0
192.168.1.0/24      OSPF    10   1563        10.0.0.2        S0/1/0
192.168.2.0/24      OSPF    10   1563        30.0.0.2        S0/1/1
```

此时，RT1 路由器已经通过 OSPF 路由协议学习到了全网的路由信息，路由收敛。查看 RT2 和 RT3 的路由表，也都学习到了全网的路由信息。

（6）配置各主机的 IP 地址和网关，测试计算机之间的连通性如图 7-3-3 所示。

```
VPCS[1]> ping 192.168.1.2
192.168.1.2 icmp_seq=1 ttl=62 time=46.875 ms
192.168.1.2 icmp_seq=2 ttl=62 time=46.875 ms
192.168.1.2 icmp_seq=3 ttl=62 time=31.250 ms
192.168.1.2 icmp_seq=4 ttl=62 time=46.875 ms
192.168.1.2 icmp_seq=5 ttl=62 time=31.250 ms

VPCS[1]> ping 192.168.2.2
192.168.2.2 icmp_seq=1 ttl=62 time=78.125 ms
192.168.2.2 icmp_seq=2 ttl=62 time=31.250 ms
192.168.2.2 icmp_seq=3 ttl=62 time=46.875 ms
192.168.2.2 icmp_seq=4 ttl=62 time=15.625 ms
192.168.2.2 icmp_seq=5 ttl=62 time=31.250 ms
```

图 7-3-3　PC1 可以 ping 通 PC2 和 PC3

同理，可以验证三个校区之间的计算机可以互通。

### 7.3.5　思考与练习

1．简述 OSPF 协议的基本原理和优缺点。

2．如图 7-3-4 所示，路由器的各接口属于同一个区域 area 0，试在路由器上配置 OSPF 路由协议，使得客户端 PC1 和 PC2 能互通。

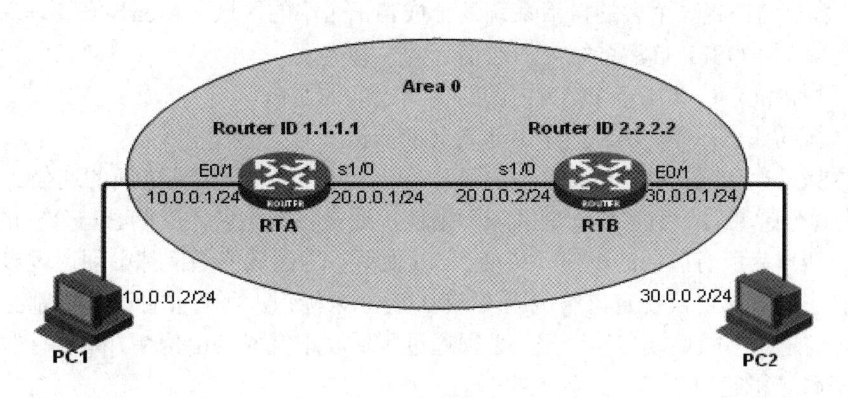


图 7-3-4　网络拓扑

# 任务 7.4　多区域 OSPF 路由配置

## 7.4.1　任务描述

某管理员为了网络管理的需要，将一个包含有三台路由器的 AS 划分成了两个小的区域 Area 0 和 Area 1，其中路由器 RT1 的各接口属于区域 0，RT3 的各接口属于区域 1，RT2 的 S0/1/0 接口属于区域 0，另一个接口属于区域 1，如图 7-4-1 所示。

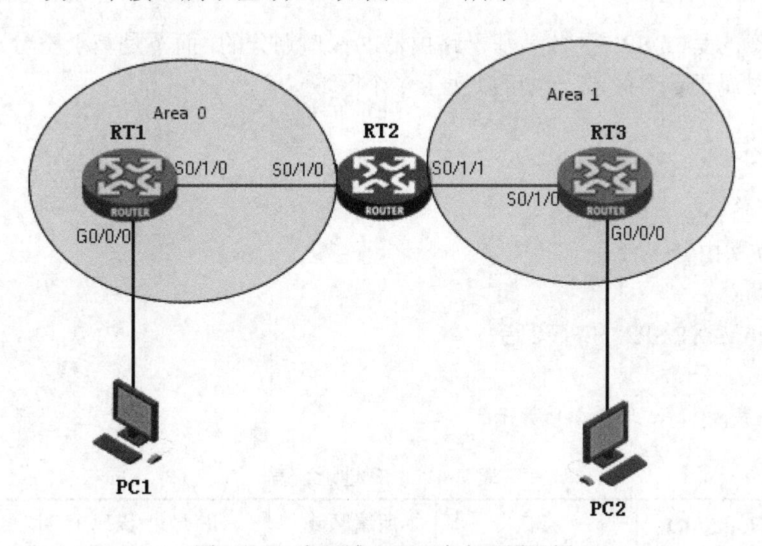


图 7-4-1　多区域 OSPF 路由配置示例

## 7.4.2　任务要求

试在路由器上进行 OSPF 协议配置，使得代表不同区域内的主机 PC1 和 PC2 可以互通。

### 7.4.3 知识链接

OSPF 协议允许将一个大的自治系统划分成若干个小的区域（Area）来管理。

划分区域后，OSPF 自治系统内的通信分为 3 种类型。

- 区域内通信：在同一个 AS 内的路由器之间的通信。
- 区域间通信：不同 AS 间路由器之间的通信。
- 区域外部通信：OSPF 域内路由器与另一个 AS 内的路由器之间的通信。

OSPF 划分区域后，为有效管理区域间通信，通常将网络设计成核心与分支的拓扑结构。即有一个区域作为所有区域的枢纽（核心），其他所有的区域间通信都必须通过该区域，这个区域称为骨干区域，协议规定该区域用 0 或 0.0.0.0 来标识。所有非骨干区域都必须与骨干区域相连，它们之间不能直接交换数据，必须通过区域 0 来完成路由传递。即所有非骨干区域都必须与骨干区域相连如图 7-4-2 所示。

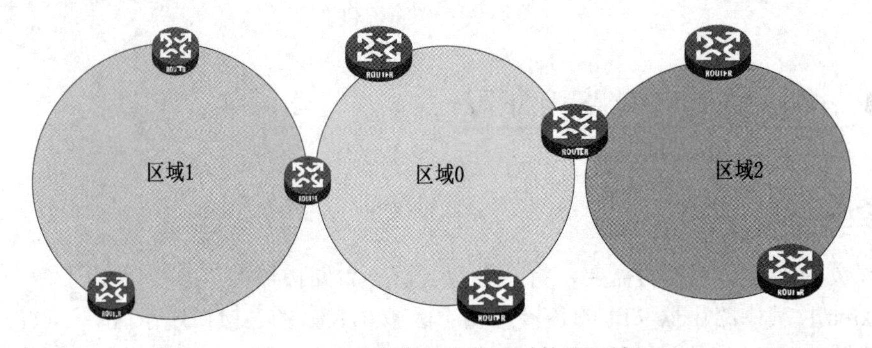


图 7-4-2　各区域间通信通过核心区域

特别要注意的是，OSPF 区域是基于路由器的接口划分的，而不是基于整台路由器划分的，一台路由器可以属于单个区域，也可以属于多个区域。

### 7.4.4 实现方法

1. 设备清单

MSR20-40 路由器 3 台。

v.35 线缆两对。

装有 Windows XP SP2 的 PC 2 台。

网线若干。

2. IP 地址规划（如表 7-4-1 所示）

表 7-4-1　IP 地址列表

| 设备名称 | Router ID | 接口 | 所属区域 | IP 地址/掩码 | 网关 |
|---|---|---|---|---|---|
| RT1 | 1.1.1.1 | G0/0/0 | 区域 0 | 10.0.0.2/24 | |
| | | S0/1/0 | 区域 0 | 20.0.0.1/24 | |
| RT2 | 2.2.2.2 | S0/1/0 | 区域 0 | 20.0.0.2/24 | |
| | | S0/1/1 | 区域 1 | 30.0.0.1/24 | |

续表

| 设备名称 | Router ID | 接口 | 所属区域 | IP 地址/掩码 | 网关 |
|---|---|---|---|---|---|
| RT3 | 3.3.3.3 | G0/0/0 | 区域 1 | 40.0.0.1/24 | |
| | | S0/1/0 | 区域 1 | 30.0.0.2/24 | |
| PC1 | | | | 10.0.0.1/24 | 10.0.0.2 |
| PC2 | | | | 40.0.0.2/24 | 40.0.0.1 |

3. 实验步骤

（1）按照图 7-4-1 所示，进行物理连接，并启动路由器。

（2）根据实验 IP 地址规划，配置路由器各接口的 IP 地址。

（3）在 3 台路由器上配置 OSPF 协议，并在相关网段启用 OSPF 协议。

```
[RT1]interface LoopBack 0
[RT1-LoopBack0]ip address 1.1.1.1 255.255.255.255
[RT1-LoopBack0]quit
[RT1]route id 1.1.1.1
[RT1]ospf
[RT1-ospf-1]area 0
[RT1-ospf-1-area-0.0.0.0]network 1.1.1.1 0.0.0.0
[RT1-ospf-1-area-0.0.0.0]network 10.0.0.0 0.0.0.255
[RT1-ospf-1-area-0.0.0.0]network 20.0.0.0 0.0.0.255
[RT1-ospf-1-area-0.0.0.0]quit
[RT1-ospf-1]quit

[RT2]interface LoopBack 0
[RT2-LoopBack0]ip address 2.2.2.2 255.255.255.255
[RT2-LoopBack0]quit
[RT2]router id 2.2.2.2
[RT2]ospf
[RT2-ospf-1]area 0
[RT2-ospf-1-area-0.0.0.0]network 2.2.2.2 0.0.0.0
[RT2-ospf-1-area-0.0.0.0]network 20.0.0.0 0.0.0.255
[RT2-ospf-1-area-0.0.0.0]quit
[RT2-ospf-1]area 1
[RT2-ospf-1-area-0.0.0.1]network 30.0.0.0 0.0.0.255
[RT2-ospf-1-area-0.0.0.1]quit
[RT2-ospf-1]quit
[RT2]

[RT3]interface LoopBack 0
[RT3-LoopBack0]ip address 3.3.3.3 255.255.255.255
[RT3-LoopBack0]quit
[RT3]router id 3.3.3.3
[RT3]ospf
[RT3-ospf-1]area 1
```

```
[RT3-ospf-1-area-0.0.0.1]network 3.3.3.3 0.0.0.0
[RT3-ospf-1-area-0.0.0.1]network 30.0.0.0 0.0.0.255
[RT3-ospf-1-area-0.0.0.1]network 40.0.0.0 0.0.0.255
[RT3-ospf-1-area-0.0.0.1]quit
[RT3-ospf-1]quit
```

（4）检查路由器的 OSPF 邻居状态。

```
<RT2>display   ospf   peer


                OSPF Process 1 with Router ID 2.2.2.2
                        Neighbor Brief Information


 Area: 0.0.0.0
 Router ID          Address             Pri Dead-Time Interface          State
 1.1.1.1            20.0.0.1            1     34          S0/1/0            Full/ -

 Area: 0.0.0.1
 Router ID          Address             Pri Dead-Time Interface          State
 3.3.3.3            30.0.0.2            1     37          S0/1/1            Full/ -
```

根据输出可知，在区域 0 内，RT2 的 S0/1/0 接口与 RT1 配置 IP 地址为 20.0.0.1 的接口建立了邻居关系；在区域 1 内，RT2 的 S0/1/1 接口与 RT3 配置 IP 地址为 30.0.0.2 的接口建立了邻居关系。

（5）查看路由器的路由表。

```
[RT2]display ip routing-table
Routing Tables: Public
         Destinations : 13          Routes : 13

Destination/Mask     Proto   Pre   Cost          NextHop        Interface

1.1.1.1/32           OSPF    10    1562           20.0.0.1       S0/1/0
2.2.2.2/32           Direct 0      0             127.0.0.1      InLoop0
3.3.3.3/32           OSPF    10    1562           30.0.0.2       S0/1/1
10.0.0.0/24          OSPF    10    1563           20.0.0.1       S0/1/0
20.0.0.0/24          Direct 0      0             20.0.0.2       S0/1/0
20.0.0.1/32          Direct 0      0             20.0.0.1       S0/1/0
20.0.0.2/32          Direct 0      0             127.0.0.1      InLoop0
30.0.0.0/24          Direct 0      0             30.0.0.1       S0/1/1
30.0.0.1/32          Direct 0      0             127.0.0.1      InLoop0
30.0.0.2/32          Direct 0      0             30.0.0.2       S0/1/1
40.0.0.0/24          OSPF    10    1563           30.0.0.2       S0/1/1
127.0.0.0/8          Direct 0      0             127.0.0.1      InLoop0
127.0.0.1/32         Direct 0      0             127.0.0.1      InLoop0
```

（6）根据 IP 地址列表，配置两台 PC 的 IP 地址和网关，验证两台 PC 可以互通，如图 7-4-3 所示。

```
VPCS[1]> ip 10.0.0.1 10.0.0.2
Checking for duplicate address...
PC1 : 10.0.0.1 255.255.255.0 gateway 10.0.0.2

VPCS[1]> 2
VPCS[2]> ip 40.0.0.2 40.0.0.1
Checking for duplicate address...
PC2 : 40.0.0.2 255.255.255.0 gateway 40.0.0.1

VPCS[2]> ping 10.0.0.1
10.0.0.1 icmp_seq=1 ttl=61 time=31.250 ms
10.0.0.1 icmp_seq=2 ttl=61 time=0.000 ms
10.0.0.1 icmp_seq=3 ttl=61 time=0.000 ms
10.0.0.1 icmp_seq=4 ttl=61 time=0.000 ms
10.0.0.1 icmp_seq=5 ttl=61 time=0.000 ms

VPCS[2]> 1
VPCS[1]> ping 40.0.0.2
40.0.0.2 icmp_seq=1 ttl=61 time=0.000 ms
40.0.0.2 icmp_seq=2 ttl=61 time=0.000 ms
40.0.0.2 icmp_seq=3 ttl=61 time=0.000 ms
40.0.0.2 icmp_seq=4 ttl=61 time=0.000 ms
40.0.0.2 icmp_seq=5 ttl=61 time=0.000 ms
```

图 7-4-3　两台 PC 的 IP 配置及连通性测试

### 7.4.5　思考与练习

1．如果要达到全网互通，则图 7-4-4 所示的 4 种划分 OSPF 区域的方式，哪种是合理的？______

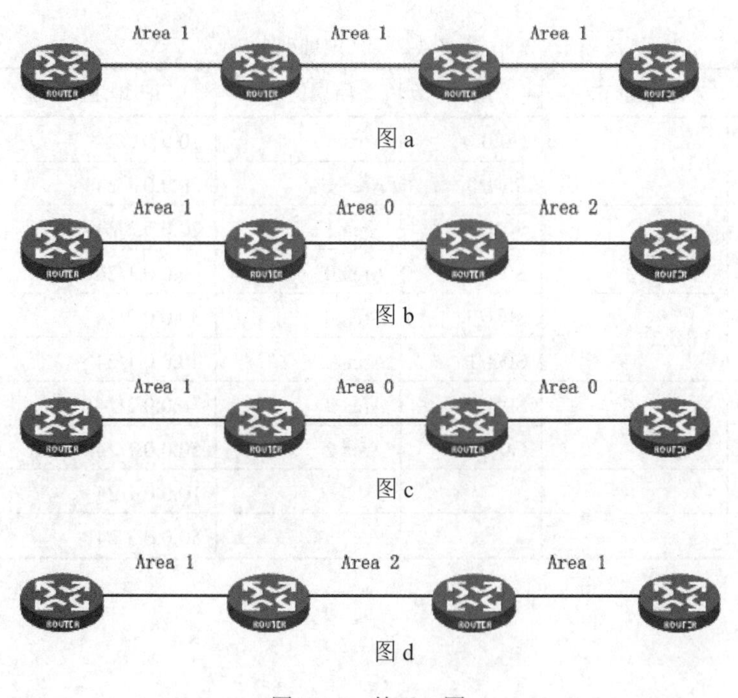


图 7-4-4　练习 1 图

A．图 a　　B．图 b　　C．图 c　　D．图 d

2．现有 4 台路由器 RT1～RT4，均运行 OSPF 路由协议。为了管理的需要，将 OSPF 协议进行多区域管理。如图 7-4-5 所示。请根据表 7-4-2 中的 IP 地址规划，对路由器进行相关的配置，使得处于不同区域内的主机可以互通：PC1 和 PC2 可以互通。

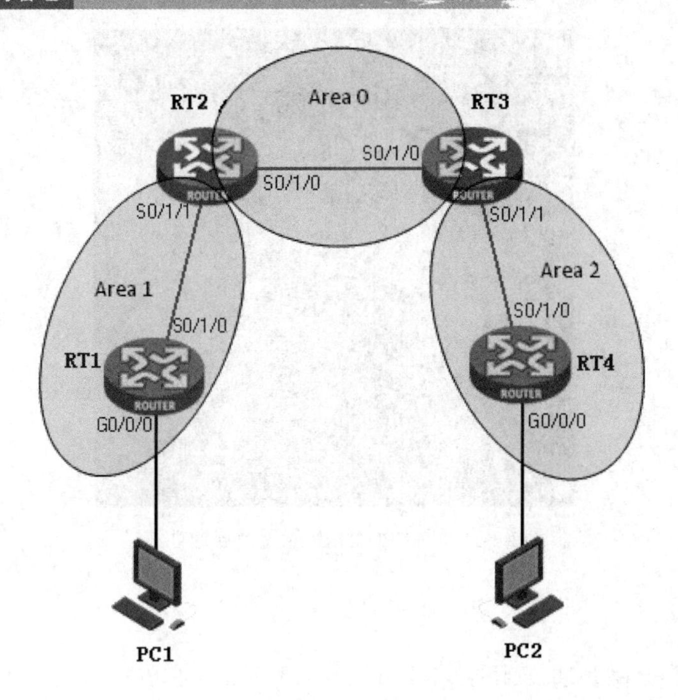


图 7-4-5　网络拓扑图

表 7-4-2　IP 地址列表

| 设备名称 | Router ID | 接口 | 所属区域 | IP 地址/掩码 | 网关 |
|---|---|---|---|---|---|
| RT1 | 1.1.1.1 | G0/0/0 | Area 1 | 10.0.0.2/24 | |
| | | S0/1/0 | Area 1 | 20.0.0.1/24 | |
| RT2 | 2.2.2.2 | S0/1/1 | Area 1 | 20.0.0.2/24 | |
| | | S0/1/0 | Area 0 | 30.0.0.1/24 | |
| RT3 | 3.3.3.3 | S0/1/0 | Area 0 | 30.0.0.2/24 | |
| | | S0/1/1 | Area 2 | 40.0.0.1/24 | |
| RT4 | 4.4.4.4 | S0/1/0 | Area 2 | 40.0.0.2/24 | |
| | | G0/0/0 | Area 2 | 50.0.0.1/24 | |
| PC1 | | | | 10.0.0.1/24 | 10.0.0.2 |
| PC2 | | | | 50.0.0.2/24 | 50.0.0.1 |

# 8

# VLAN 间通信的路由配置

在前面的学习中，我们知道，引入 VLAN 之后，每个交换机被划分成多个 VLAN，而每个 VLAN 对应一个 IP 网段。不同 VLAN 之间是二层隔离，这样不同 VLAN 内的主机发出的数据帧被交换机内部隔离了，而人们组建网络的目的是既要利用 VLAN 技术隔离广播报文，又要实现网络的互连互通，那么就需要一定的方案来实现 VLAN 间的通信，本项目介绍通过 VLAN 间的路由配置来达到这一目的。

- 理解传统 VLAN 间路由的工作原理。
- 理解独臂路由的工作原理
- 理解三层交换和二层交换的区别
- 掌握利用三层交换机实现 VLAN 间路由的配置

## 任务 8.1　利用路由器实现 VLAN 间的通信

### 8.1.1　任务描述

某生产企业现有技术部门、制造部门，企业为了提高各部门网络的信息安全，提高网络传输的效率，采用了虚拟局域网技术，将这两个部门隔离开来。但在实际使用网络的过程中，这两个部门要不时地共享资源，但它们之间相互是不通的，如何实现这两个被隔离开来的部门之间互相通信是本项目要解决的问题，网络拓扑如图 8-1-1 所示。

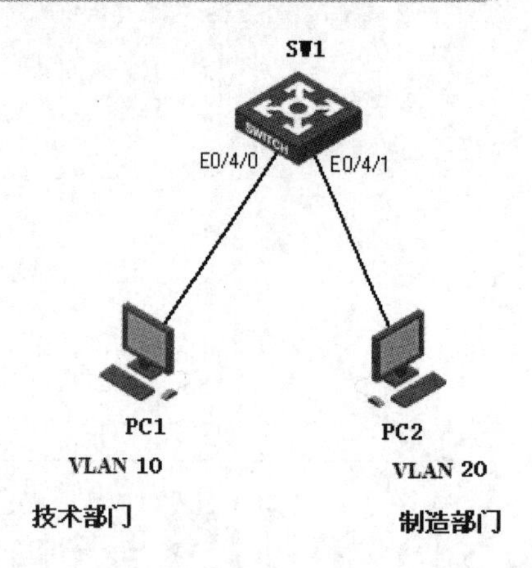


图 8-1-1 二层交换机上两个被 VLAN 隔离开来的部门

### 8.1.2 任务要求

PC1、PC2 分别代表两个部门中的两台主机，PC1 属于 VLAN 10，PC2 属于 VLAN 20，利用路由器并在路由器上做相关配置，使得被 VLAN 隔离开来的两台 PC 可以互通。

### 8.1.3 知识链接

每个 VLAN 都是一个独立的广播域，不同 VLAN 中的计算机之间无法通信，VLAN 之间是彼此孤立的，一个 VLAN 内的主机发出的数据帧不能进入另一个 VLAN 内。

VLAN 间的通信等同于不同广播域之间的通信，要在 VLAN 间传输数据必须借助第三层设备，能够提供 VLAN 间数据转发功能的设备包括路由器和第三层交换机。利用路由器来实现的方法有两种：传统 VLAN 间路由、独臂路由。

1. 传统 VLAN 间路由

传统 VLAN 间路由是将二层交换机与路由器结合起来，利用路由器的多个物理接口实现。路由器的物理接口被连接到不同的交换机物理端口，每个物理接口相当于连接到一个独立的网络。交换机端口分属于不同的 VLAN 中，以接入模式连接到路由器，如图 8-1-2 所示。

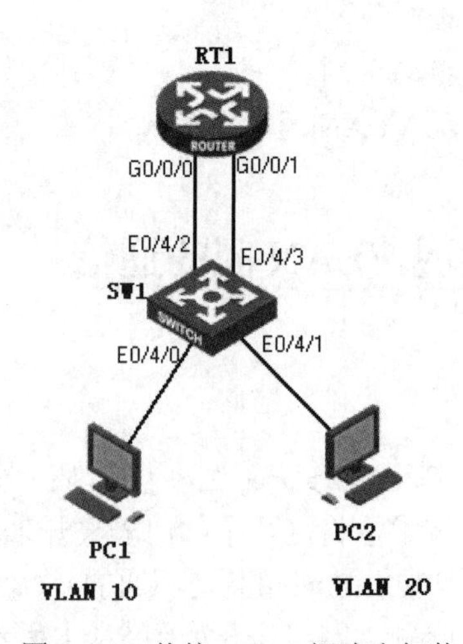


图 8-1-2 传统 VLAN 间路由拓扑

传统的 VLAN 路由实现对路由器的接口数量要求较高，有多少个 VLAN，就需要路由器上有多少个接口，接口和 VLAN 之间一一对应。

2. 独臂路由

为了避免物理端口的浪费，独臂路由通过一条物理链路实现 VLAN 间路由。这时路由器的一个物理接口被设置多个虚拟的子接口，子接口是基于软件的虚拟接口。通过为子接口配置 802.1Q 协议，分配 IP 地址来实现 VLAN 间路由。同时交换机接入路由器的端口链路类型要设置为 Trunk，允许多个 VLAN 的数据帧通过，如图 8-1-3 所示。

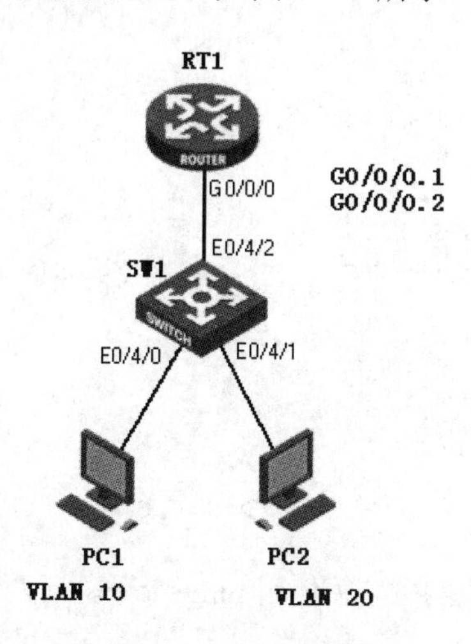


图 8-1-3　独臂路由拓扑

这种 VLAN 间路由方式下，无论交换机上有多少 VLAN，路由器只需要一个物理接口，节省了路由器的物理端口和线缆。

独臂路由配置中用到的命令：

```
vlan-type dot1q vid vlan 标签值
```

含义：子接口视图下，为该子接口配置 802.1Q 协议，并配置 VLAN 标签值。

### 8.1.4 实现方法

**实现方法一：**传统 VLAN 间路由的实现

1. 设备清单

路由器 1 台。

二层交换机 1 台。

装有 Windows XP SP2 的 PC 2 台。

网线若干。

2. IP 地址规划（如表 8-1-1 所示）

表 8-1-1　IP 地址列表

| 设备名称 | 接口 | 所属 VLAN | IP 地址 | 网关 |
|---|---|---|---|---|
| RT1 | G0/0/0 | | 10.0.0.1/24 | |
| | G0/0/1 | | 20.0.0.1/24 | |

续表

| 设备名称 | 接口 | 所属 VLAN | IP 地址 | 网关 |
|---|---|---|---|---|
| PC1 | | VLAN 10 | 10.0.0.1/24 | 10.0.0.1 |
| PC2 | | VLAN 20 | 20.0.0.2/24 | 20.0.0.1 |

3. 实验步骤

（1）按照图 8-1-2 所示，连接各物理设备，并启动路由器和交换机。

（2）配置路由器 RT1。

```
[RT1]interface G0/0/0
[RT1-GigabitEthernet0/0/0]ip address 10.0.0.1 24
[RT1-GigabitEthernet0/0/0]quit
[RT1]interface G0/0/1
[RT1-GigabitEthernet0/0/1]ip address 20.0.0.1 24
[RT1-GigabitEthernet0/0/1]quit
```

（3）配置交换机 SW1。

```
[SW1]vlan 10
[SW1-vlan10]port e0/4/0 e0/4/2
[SW1-vlan10]quit
[SW1]vlan 20
[SW1-vlan20]port e0/4/1 e0/4/3
[SW1-vlan20]quit
```

（4）配置 PC 的 IP 地址和网关，并使用 ping 命令验证两台 PC 之间的连通性，如图 8-1-4 所示。

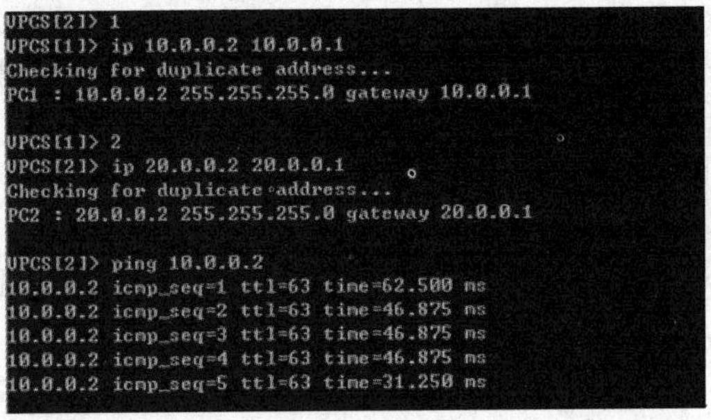

```
VPCS[2]> 1
VPCS[1]> ip 10.0.0.2 10.0.0.1
Checking for duplicate address...
PC1 : 10.0.0.2 255.255.255.0 gateway 10.0.0.1

VPCS[1]> 2
VPCS[2]> ip 20.0.0.2 20.0.0.1
Checking for duplicate address...
PC2 : 20.0.0.2 255.255.255.0 gateway 20.0.0.1

VPCS[2]> ping 10.0.0.2
10.0.0.2 icmp_seq=1 ttl=63 time=62.500 ms
10.0.0.2 icmp_seq=2 ttl=63 time=46.875 ms
10.0.0.2 icmp_seq=3 ttl=63 time=46.875 ms
10.0.0.2 icmp_seq=4 ttl=63 time=46.875 ms
10.0.0.2 icmp_seq=5 ttl=63 time=31.250 ms
```

图 8-1-4 PC 机 IP 地址配置及连通性测试

**实现方法二：**独臂路由器的配置

1. 设备清单

同实现方法一中的清单。

2. IP 地址规划（如图表 8-1-2 所示）

表 8-1-2 IP 地址列表

| 设备名称 | 接口 | 所属 VLAN | IP 地址 | 网关 |
|---|---|---|---|---|
| RT1 | G0/0/0.1 | | 192.168.1.1/24 | |
| | G0/0/0.2 | | 192.168.2.1/24 | |
| PC1 | | VLAN 10 | 192.168.1.2/24 | 192.168.1.1 |
| PC2 | | VLAN 20 | 192.168.2.2/24 | 192.168.2.1 |

3．实验步骤

（1）按照图 8-1-3 所示，连接各物理设备，并启动路由器和交换机。

（2）配置路由器 RT1。

```
[RT1]interface G0/0/0.1
[RT1-GigabitEthernet0/0/0.1]vlan-type dot1q vid 10
[RT1-GigabitEthernet0/0/0.1]ip address 192.168.1.1 24
[RT1-GigabitEthernet0/0/0.1]quit
[RT1]interface G0/0/0.2
[RT1-GigabitEthernet0/0/0.2]vlan-type dot1q vid 20
[RT1-GigabitEthernet0/0/0.2]ip address 192.168.2.1 24
[RT1-GigabitEthernet0/0/0.2]quit
```

（3）配置交换机 SW1

```
[SW1]interface E0/4/2
[SW1-Ethernet0/4/2]port link-type trunk
[SW1-Ethernet0/4/2]port trunk permit vlan 10 20
```

（4）配置 PC 的 IP 地址和网关，并使用 ping 命令验证两台 PC 可以互通。

### 8.1.5　思考与练习

1．传统 VLAN 间路由和独臂路由有什么区别？

2．掌握传统 VLAN 间路由和独臂路由的配置。

## 任务 8.2　利用三层交换机实现 VLAN 间路由

### 8.2.1　任务描述

同 8.1.1 节任务描述。网络拓扑如图 8-2-1 所示。

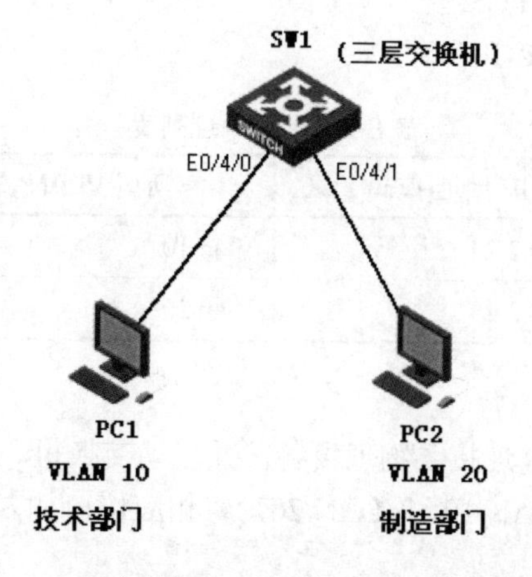


图 8-2-1　三层交换机上两个被 VLAN 隔离开来的部门

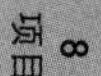


### 8.2.2　任务要求

PC1 属于 VLAN 10，PC2 属于 VLAN 20，利用三层交换机实现 VLAN 间的通信。

### 8.2.3 知识链接

传统 VLAN 中，当交换机上 VLAN 数量较多时，路由器的接口数量就不易满足要求。

独臂路由器模式下，虽然节省了路由器的物理端口和线缆。但是，由于 Trunk 链路要承载所有 VLAN 间路由数据，因此对交换机和路由器之间的链路带宽选择要求比较高。同时，在数据量较大时会消耗路由器大量的 CPU 和内存资源，造成转发速率较慢，常常不能满足主干网络快速交换的需求。

由于采用路由器来实现 VLAN 间的路由存在以上一些问题，于是三层交换技术应运而生。

三层交换机是指具备三层路由功能的交换机，它的主要用途是代替传统路由器作为网络的核心，当网络没有广域网连接的需求，同时又需要路由器的时候，可以用三层交换机来代替。在企业网和校园网中，常常将三层交换机用在网络的核心层。

二层和三层交换机交换原理不同，二层交换机使用的是 MAC 地址交换表，三层交换机使用的是基于 IP 地址的交换表。

三层交换机通过内置的三层路由转发引擎在 VLAN 间进行路由转发，这种由硬件实现的路由转发速率高，吞吐量大，避免了外部物理连接带来的延迟和不稳定性，因此，它的路由转发性能要高于路由器实现的 VLAN 间路由。

三层交换机上为 VLAN 接口配置 IP 地址所用命令为：

```
[SW1]interface vlan X        //X 为创建的 VLAN ID。
[SW1-Vlan-interfaceX]ip address IP 地址  子网掩码
```

### 8.2.4 实现方法

1. 设备清单

三层交换机 1 台。

网线 2 根。

装有 Windows XP SP2 的 PC 2 台。

2. IP 地址规划（如表 8-2-1 所示）

表 8-2-1　IP 地址列表

| 设备名称 | IP 地址/掩码 | 所属 VLAN | 网关 |
|---|---|---|---|
| PC1 | 10.0.0.2/24 | Vlan 10 | 10.0.0.1 |
| PC2 | 20.0.0.2/24 | Vlan 20 | 20.0.0.1 |

3. 实验步骤

（1）按照图 8-2-1 所示，连接各物理设备，并启动交换机。

（2）在 SW1 上创建 VLAN 10、VLAN 20，将相应接口加入到创建的 VLAN 中。

```
[SW1]vlan 10
[SW1-vlan10]port E0/4/0
[SW1-vlan10]quit
[SW1]vlan 20
[SW1-vlan20]port E0/4/1
[SW1-vlan20]quit
```

（3）为每个 VLAN 配置相应的 IP 地址，该 IP 地址即为主机的网关。

```
[SW1]interface vlan 10
[SW1-Vlan-interface10]ip address 10.0.0.1 24
[SW1]interface vlan 20
[SW1-Vlan-interface20]ip address 20.0.0.1 24
```

（4）为各个 PC 配置相应的 IP 地址和网关。

（5）验证两台主机之间的连通性，可以发现不同 VLAN 内的主机可以互通，如图 8-2-2 所示。

```
VPCS[2]> ping 10.0.0.2
10.0.0.2 icmp_seq=1 ttl=63 time=31.250 ms
10.0.0.2 icmp_seq=2 ttl=63 time=15.625 ms
10.0.0.2 icmp_seq=3 ttl=63 time=15.625 ms
10.0.0.2 icmp_seq=4 ttl=63 time=15.625 ms
10.0.0.2 icmp_seq=5 ttl=63 time=31.250 ms

VPCS[2]> 1
VPCS[1]> ping 20.0.0.2
20.0.0.2 icmp_seq=1 ttl=63 time=15.625 ms
20.0.0.2 icmp_seq=2 ttl=63 time=15.625 ms
20.0.0.2 icmp_seq=3 ttl=63 time=15.625 ms
20.0.0.2 icmp_seq=4 ttl=63 time=31.250 ms
20.0.0.2 icmp_seq=5 ttl=63 time=31.250 ms
```

图 8-2-2　不同 VLAN 内的主机连通性测试

### 8.2.5　思考与练习

1．使用三层交换机实现 VLAN 间路由和使用路由器实现 VLAN 间路由相比，有什么优点？

2．在 1 台三层交换机上划分 3 个 VLAN，并利用三层交换技术实现 VLAN 间路由。

# 9

# 广域网技术

随着互联网时代的到来，用户在 Internet 上发布信息或进行信息检索的需求急剧增加，企业内网已经不能满足工作需求。为实现更大范围的网络访问，将企业内部局域网接入广域网 Internet 成为当前网络组建常见的工作之一。

- 了解常用的广域网数据链路层协议。
- 掌握 PPP 的配置。

## 任务 9.1　接入 Internet

### 9.1.1　任务描述

作为一个公司的网络管理员，为扩大网络的使用范围和提高企业网站的宣传力度，需要将公司局域网接入 Internet。

### 9.1.2　任务要求

使用两台路由器通过串口连接模拟局域网接入广域网，广域网数据链路层运行 HDLC 协议。

### 9.1.3　知识链接

1. 常用广域网接入方式

要将企业内部局域网接入广域网，不需企业自己架设线路，可以租用 ISP（Internet 服务提供商）提供的线路。企业内网通过路由器接入广域网线路，路由器支持广域网协议和局域网协议，并实现协议自动转换。随着宽带技术的发展，常用的接入方式有 DDN 专线、宽带 ISDN、ADSL 和光纤接入等。

（1）DDN 专线

用户独占线路，费用高，速率快，有固定的 IP 地址，线路运行可靠，连接是永久的。

（2）宽带 ISDN

ISDN 采用数字传输和数字交换技术，将电话、传真、数据、图像等多种业务综合在一个统一的数字网络中进行传输和处理。宽带 ISDN（B-ISDN）是以光纤干线为传输介质，采用异步传输通信模式 ATM 技术，向用户提供端到端的连接，支持多种业务。

（3）ADSL

ADSL（非对称数字用户环路技术）利用现有固定电话网的电缆资源，可以在不影响正常电话通信的情况下，同时实现电话通信、数据业务互不干扰的传送方式。

（4）光纤接入

网络与用户之间以光纤作为传输媒体，速率高、抗干扰能力强，可以实现各类高速率的互联网应用。

2. 常用广域网协议

ISP 提供了接入广域网的线路，相当于物理层，而广域网数据链路层协议负责建立端到端的数据链路，常用协议包括 HDLC 和 PPP。

（1）HDLC（高级数据链路规程）

HDLC 是一种面向比特的数据链路控制协议，它不依赖于任何一种字符编码集。数据报文通过“0 比特插入法”可透明传输；全双工通信，有较高的数据链路传输效率；所有帧采用 CRC 校验，对信息帧进行顺序编号，可防止漏收或重发，传输可靠性高；传输控制功能与处理功能分离，具有较大灵活性。帧结构如图 9-1-1 所示。

| 标志字段 F | 地址字段 A | 控制字段 C | 信息字段 I | 校验字段 FCS |
|---|---|---|---|---|

图 9-1-1 HDLC 帧结构图

根据控制字段 C 的前 2 比特的取值不同，可将帧分为信息帧（I 帧）、监控帧（S 帧）和无编号帧（U 帧），如图 9-1-2 所示。

| 控制字段前 2 比特 | 帧的类型 |
|---|---|
| 00 | 信息帧 |
| 01 | |
| 10 | 监控帧 |
| 11 | 无编号帧 |

图 9-1-2 HDLC 帧的分类

（2）PPP

PPP 协议是一种面向字符的点到点串行通信协议，具有用户认证、支持同/异步通信的特点。PPP 是一系列协议构成的协议族，包括：

- 链路控制协议（Link Control Protocol，LCP）：主要用来建立、拆除和监控数据链路。
- 网络控制协议（Network Control Protocol，NCP）：主要用来协商在该数据链路上所传输的数据包的格式与类型。
- 认证协议：主要用于网络安全方面，包括 PAP（Password Authentication Protocol，密码认证协议）和 CHAP（Challenge Handshake Authentication Protocol，质询握手认证协议）。

路由器串口默认数据链路层协议是 PPP。

3. 常见广域网接口和线缆

（1）V.24 接口

V.24 接口又叫做 RS-232 接口或低速串口，是由 ITU-T 定义的 DTE 和 DCE 设备间的接口，线缆可以在同步和异步两种方式下工作。在异步工作方式下，最高传输速率是 115200bps，封装链路层协议 PPP，支持网络层协议 IP 和 IPX；在同步工作方式下，最高传输速率仅为 64000bps，可以封装 X.25、帧中继、PPP、HDLC、SLIP 和 LAPB 等链路层协议，支持网络层协议 IP 和 IPX。

（2）V.35 接口

V.35 接口又叫做 RS-449 接口或高速串口，是 1977 年由 EIA 发表的标准，如图 9-1-3 所示。V.35 线缆一般只用于同步方式传输数据，可以在接口封装 X.25、帧中继、PPP、SLIP 和 LAPB 等链路层协议，支持网络层协议 IP 和 IPX。V.35 公认最高速率是 2048000bps（2Mbps）。

图 9-1-3　V.35 接口

（3）E1 接口

E1 接口也叫做 G.703 同步串口，传输速率是 2.048Mbps，支持 PPP、帧中继、LAPB 和 X.25 等链路层协议。国内很多大中型的企业都采用 E1 线路作为广域网接口。

### 9.1.4　实现方法

1. 设备清单

MSR20-40 路由器 2 台。

V.35 线缆 1 对。

二层交换机 1 台。

装有 Windows XP SP2 的 PC 2 台。

网线若干。

2. IP 地址规划（如表 9-1-1 所示）

表 9-1-1　IP 地址列表

| 设备名称 | 接口 | IP 地址 | 网关 |
| --- | --- | --- | --- |
| RT1 | G0/0/1 | 192.168.1.1/24 | |
| | S0/1/0 | 211.67.88.1/30 | |
| RT2 | S0/1/0 | 211.67.88.2/30 | |
| PC1 | | 192.168.1.2/24 | 192.168.1.1/24 |
| PC2 | | 192.168.1.3/24 | 192.168.1.1/24 |

3. 实验步骤

（1）搭建模拟实验环境

将两台路由器通过串口用 DTE/DCE 线缆直接连接，模拟广域网实验环境，如图 9-1-4 所示。RT1、SW1、PC1 和 PC2 模拟局域网，RT2 模拟广域网中的一台设备。

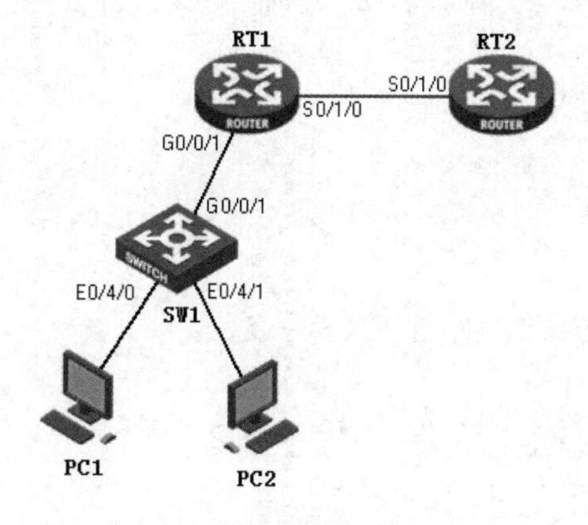


图 9-1-4　网络结构图

（2）路由器接口封装广域网数据链路层协议

```
[RT1]interface S0/1/0
[RT1-Serial0/1/0]link-protocol hdlc

[RT2]interface S0/1/0
[RT2-Serial0/1/0]link-protocol hdlc
```

（3）配置路由器接口 IP 地址

```
[RT1-Serial0/1/0]ip address 211.67.88.1 30
[RT1-GigabitEthernet0/0/1]ip address 192.168.1.1 24

[RT2-Serial0/1/0]ip address 211.67.88.2 30
```

（4）配置主机 IP 地址和网关

（5）查看路由器接口信息

```
[RT1]display interface s0/1/0
```

```
Serial0/1/0 current state: UP
Line protocol current state: UP
Description: Serial0/1/0 Interface
The Maximum Transmit Unit is 1500, Hold timer is 10(sec)
Internet Address is 211.67.88.1/30 Primary
Link layer protocol is HDLC
Output queue : (Urgent queuing : Size/Length/Discards)    0/100/0
Output queue : (Protocol queuing : Size/Length/Discards)    0/500/0
Output queue : (FIFO queuing : Size/Length/Discards)    0/75/0
Interface is V35
    104 packets input, 1780 bytes
    90 packets output, 1796 bytes
```

（6）测试

```
[RT1-Serial0/1/0]ping 211.67.88.2
  PING 211.67.88.2: 56    data bytes, press CTRL_C to break
    Reply from 211.67.88.2: bytes=56 Sequence=1 ttl=255 time=21 ms
    Reply from 211.67.88.2: bytes=56 Sequence=2 ttl=255 time=4 ms
    Reply from 211.67.88.2: bytes=56 Sequence=3 ttl=255 time=10 ms
    Reply from 211.67.88.2: bytes=56 Sequence=4 ttl=255 time=30 ms
    Reply from 211.67.88.2: bytes=56 Sequence=5 ttl=255 time=14 ms

  --- 211.67.88.2 ping statistics ---
    5 packet(s) transmitted
    5 packet(s) received
    0.00% packet loss
    round-trip min/avg/max = 4/15/30 ms
```

【注意事项】

双方路由器串口封装的数据链路层协议要一致。

## 任务 9.2 使用 PPP 安全接入 Internet

### 9.2.1 任务描述

HDLC 协议不支持验证，为保证网络能安全接入 Internet，网络管理员决定使用 PPP 作为广域网数据链路层协议，并添加安全验证。RT1 及其左侧设备模拟局域网，RT2 和 PC3 模拟广域网，如图 9-2-1 所示。

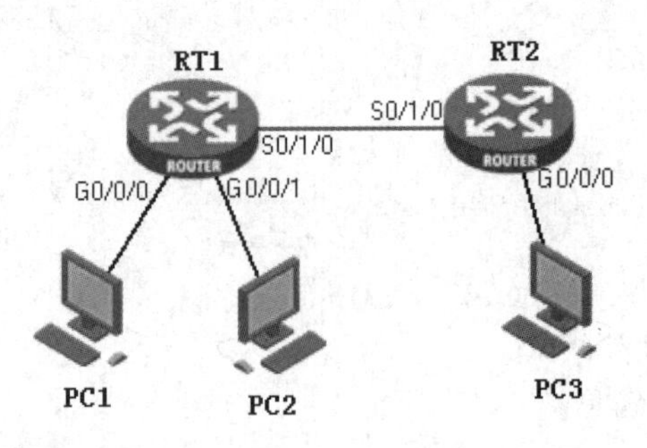


图 9-2-1 网络拓扑图

### 9.2.2 任务要求

在路由器上配置 PPP 的 PAP 或 CHAP 验证，增强网络的安全性。

### 9.2.3 知识链接

1. PPP 的验证方式

PPP 有 PAP 和 CHAP 两种验证方式。这两种验证方式既可以单独使用也可以结合使用，并且既可以进行单向验证也可以进行双向验证。

2. PAP 验证

PAP 验证采用两次握手机制。

（1）被验证方发起验证请求，将自己的用户名和密码以明文的方式发送给主验证方。

（2）主验证方收到请求后，在自己的本地用户数据库里查找是否有对应的条目，如果有就验证通过；没有就拒绝请求。

特点：PAP 以明文方式发送密码，安全性不高，但节省了链路带宽。

3. CHAP 验证

CHAP 验证采用三次握手机制。

（1）主验证方发起验证请求，向被验证方发送随机报文和自己的用户名。

（2）被验证方收到后，检查本端接口是否配置了 CHAP 密码。如果没有配置，则被验证方根据此报文中验证方的用户名在本端的用户列表查找该用户对应的密码，如果配置了则使用默认密码。用报文 ID、默认密码（或用户密码）和 MD5 算法对该随机报文进行加密，将生成的密文和自己的用户名发回验证方。

（3）主验证方用自己保存的被验证方密码和 MD5 算法对原随机报文加密，比较二者的密文，如果一致则验证通过，不一致则拒绝请求。

4. PAP 验证配置

（1）主验证方

①接口视图下，配置 PPP 验证方式为 PAP。

```
ppp authentication-mode pap
```

②系统视图下，创建本地用户，用户名和密码为对端路由器用户名、密码，服务类型为 PPP。

```
local-user user-name
password [ [ hash ] { cipher | simple } password ]
service-type ppp
```

（2）被验证方

接口视图下，配置 PAP 验证时本地发送的用户名和密码。

```
ppp pap local-user username password { cipher | simple } password
```

5. CHAP 验证配置

（1）主验证方

①接口视图下，配置 PPP 验证方式为 CHAP。

```
ppp authentication-mode chap
```

②系统视图下，创建本地用户，用户名和密码为对端路由器用户名、密码，服务类型为 PPP。

```
local-user user-name2
password [ [ hash ] { cipher | simple } password ]
service-type ppp
```

③接口视图下，配置发送到对端进行验证的用户名。

```
ppp chap user user-name1
```

（2）被验证方

①系统视图下，创建以对端路由器用户名、密码为用户名和密码的本地用户，服务类型为 PPP。

```
local-user user-name1
password [ [ hash ] { cipher | simple } password ]
service-type ppp
```

②接口视图下，配置发送到对端进行验证的用户名。

```
ppp chap user user-name2
```

### 9.2.4 实现方法

1．设备清单

MSR20-40 路由器 2 台。

V.35 线缆 1 对。

装有 Windows XP SP2 的 PC 3 台。

网线若干。

2．IP 地址规划（如表 9-2-1 所示）

表 9-2-1 IP 地址列表

| 设备名 | 接口号 | IP 地址 | 网关 |
| --- | --- | --- | --- |
| RT1 | G0/0/0 | 211.16.1.1/24 | |
| | G0/0/1 | 211.16.2.1/24 | |
| | S0/1/0 | 211.16.12.1/30 | |
| RT2 | G0/0/0 | 211.16.3.1/24 | |
| | S0/1/0 | 211.16.12.2/30 | |
| PC1 | | 211.16.1.2/24 | 211.16.1.1/24 |
| PC2 | | 211.16.2.2/24 | 211.16.2.1/24 |
| PC3 | | 211.16.3.2/24 | 211.16.3.1/24 |

3．实验步骤

**实现方法一**：单向验证（采用 PAP 验证，RT2 为主验证方，RT1 为被验证方）

（1）配置路由器接口 IP 地址

RT1 配置：

```
<RT1>system-view
System View: return to User View with Ctrl+Z.
[RT1]interface g0/0/0
[RT1-GigabitEthernet0/0/0]ip address 211.16.1.1 24
[RT1-GigabitEthernet0/0/0]interface g0/0/1
```

```
[RT1-GigabitEthernet0/0/1]ip address 211.16.2.1 24
[RT1-GigabitEthernet0/0/1]interface s0/1/0
[RT1-Serial0/1/0]ip address 211.16.12.1 30
```

RT2 配置：

```
<RT2>system-view
System View: return to User View with Ctrl+Z.
[RT2]interface g0/0/0
[RT2-GigabitEthernet0/0/0]ip address 211.16.3.1 24
[RT2-GigabitEthernet0/0/0]interface s0/1/0
[RT2-Serial0/1/0]ip address 211.16.12.2 30
```

（2）配置主机 IP 地址和网关

（3）配置 RIP 协议

```
[RT1]rip 1
[RT1-rip-1]network 211.16.1.0
[RT1-rip-1]network 211.16.2.0
[RT1-rip-1]network 211.16.12.0

[RT2]rip 1
[RT2-rip-1]network 211.16.3.0
[RT2-rip-1]network 211.16.12.0
```

（4）配置 PAP 主验证方 RT2

```
[RT2-Serial0/1/0]ppp authentication-mode pap
[RT2]local-user RT1
New local user added.
[RT2-luser-rt1]password simple 123456
[RT2-luser-rt1]service-type ppp
```

（5）配置 PAP 被验证方 RT1

```
[RT1]interface S0/1/0
[RT1-Serial0/1/0]ppp pap local-user RT1 password simple 123456
```

（6）查看配置信息

RT1 配置信息：

```
[RT1]display current-configuration
#
 version 5.20, Release LITO
#
 sysname RT1
#
interface Serial0/1/0
link-protocol ppp
ppp pap local-user RT1 password simple 123456
ip address 211.16.12.1 255.255.255.252
……
#
interface GigabitEthernet0/0/0
port link-mode route
ip address 211.16.1.1 255.255.255.0
#
interface GigabitEthernet0/0/1
```

```
port link-mode route
ip address 211.16.2.1 255.255.255.0
#
rip 1
network 211.16.1.0
network 211.16.2.0
network 211.16.12.0
#
……
return
```

RT2 配置信息：

```
[RT2]display current-configuration
#
 version 5.20, Release LITO
#
 sysname RT2
#
local-user RT1
password simple 123456
service-type ppp
#
interface Serial0/1/0
link-protocol ppp
ppp authentication-mode pap
ip address 211.16.12.2 255.255.255.252
#
interface GigabitEthernet0/0/0
 port link-mode route
 ip address 211.16.3.1 255.255.255.0
#
rip 1
 network 211.16.3.0
 network 211.16.12.0
#
return
```

（7）测试

①RT1 ping RT2 串口。

```
[RT1]ping 211.16.12.2
  PING 211.16.12.2: 56 data bytes, press CTRL_C to break
    Request time out
    Reply from 211.16.12.2: bytes=56 Sequence=2 ttl=255 time=4 ms
    Reply from 211.16.12.2: bytes=56 Sequence=3 ttl=255 time=25 ms
    Reply from 211.16.12.2: bytes=56 Sequence=4 ttl=255 time=5 ms
    Reply from 211.16.12.2: bytes=56 Sequence=5 ttl=255 time=20 ms
  --- 211.16.12.2 ping statistics ---
    5 packet(s) transmitted
    4 packet(s) received
    20.00% packet loss
    round-trip min/avg/max = 4/13/25 ms
```

②测试主机间连通性如图 9-2-2 所示。

```
VPCS[1]> ping 211.16.3.2
211.16.3.2 icmp_seq=1 ttl=62 time=0.000 ms
211.16.3.2 icmp_seq=2 ttl=62 time=0.000 ms
211.16.3.2 icmp_seq=3 ttl=62 time=0.000 ms
211.16.3.2 icmp_seq=4 ttl=62 time=0.000 ms
211.16.3.2 icmp_seq=5 ttl=62 time=0.000 ms

VPCS[1]> 2
VPCS[2]> ping 211.16.3.2
211.16.3.2 icmp_seq=1 ttl=62 time=15.625 ms
211.16.3.2 icmp_seq=2 ttl=62 time=0.000 ms
211.16.3.2 icmp_seq=3 ttl=62 time=0.000 ms
211.16.3.2 icmp_seq=4 ttl=62 time=0.000 ms
211.16.3.2 icmp_seq=5 ttl=62 time=0.000 ms
```

图 9-2-2 测试结果

**实现方法二：**双向验证（RT1 与 RT2 互为验证方和被验证方，采用 CHAP 验证方式）

（1）RT1 为主验证方，RT2 为被验证方

```
[RT1]local-user RT2
New local user added.
[RT1-luser-RT2]password simple 123456
[RT1-luser-RT2]service-type ppp
[RT1]interface s0/1/0
[RT1-Serial0/1/0]ppp authentication-mode chap
[RT1-Serial0/1/0]ppp chap user RT1

[RT2]local-user RT1
New local user added.
[RT2-luser-RT1]password simple 123456
[RT2-luser-RT1]service-type PPP
[RT2-Serial0/1/0]ppp chap user RT2
```

（2）RT2 为主验证方，RT1 为被验证方

由于本地用户和发向对端的用户信息在 RT1 为主验证方时已配置，不须重复配置。只需添加 RT2 为主验证方时，PPP 的验证模式为 CHAP。

```
[RT2-Serial0/1/0]ppp authentication-mode chap
```

（3）查看配置信息

```
[RT1]display current-configuration
#
 version 5.20, Release LITO
#
 sysname RT1
#
local-user RT2
password simple 123456
service-type ppp
#
interface Serial0/1/0
 link-protocol ppp
 ppp authentication-mode chap
 ppp chap user RT1
```

```
 ip address 211.16.12.1 255.255.255.252
#
interface GigabitEthernet0/0/0
 port link-mode route
 ip address 211.16.1.1 255.255.255.0
#
interface GigabitEthernet0/0/1
port link-mode route
ip address 211.16.2.1 255.255.255.0
#
rip 1
network 211.16.1.0
network 211.16.12.0
network 211.16.2.0
#
return

[RT2] display current-configuration
#
 version 5.20, Release LITO
#
 sysname RT2
#
local-user RT1
password simple 123456
service-type ppp
#
interface Serial0/1/0
 link-protocol ppp
 ppp authentication-mode chap
 ppp chap user RT2
 ip address 211.16.12.2 255.255.255.252
#
interface GigabitEthernet0/0/0
port link-mode route
ip address 211.16.3.1 255.255.255.0
#
rip 1
network 211.16.3.0
network 211.16.12.0
#
return
```

（4）测试

①路由器串口连通性测试。

```
[RT1]ping 211.16.12.2
  PING 211.16.12.2: 56    data bytes, press CTRL_C to break
    Reply from 211.16.12.2: bytes=56 Sequence=1 ttl=255 time=14 ms
    Reply from 211.16.12.2: bytes=56 Sequence=2 ttl=255 time=20 ms
    Reply from 211.16.12.2: bytes=56 Sequence=3 ttl=255 time=1 ms
    Reply from 211.16.12.2: bytes=56 Sequence=4 ttl=255 time=1 ms
```

```
    Reply from 211.16.12.2: bytes=56 Sequence=5 ttl=255 time=10 ms
  --- 211.16.12.2 ping statistics ---
    5 packet(s) transmitted
    5 packet(s) received
    0.00% packet loss
    round-trip min/avg/max = 1/9/20 ms
```

②主机间连通性测试，结果如图 9-2-3 所示。

```
VPCS[1]> ping 211.16.3.2
211.16.3.2 icmp_seq=1 ttl=62 time=0.000 ms
211.16.3.2 icmp_seq=2 ttl=62 time=0.000 ms
211.16.3.2 icmp_seq=3 ttl=62 time=0.000 ms
211.16.3.2 icmp_seq=4 ttl=62 time=0.000 ms
211.16.3.2 icmp_seq=5 ttl=62 time=0.000 ms

VPCS[1]> 2
VPCS[2]> ping 211.16.3.2
211.16.3.2 icmp_seq=1 ttl=62 time=15.625 ms
211.16.3.2 icmp_seq=2 ttl=62 time=0.000 ms
211.16.3.2 icmp_seq=3 ttl=62 time=0.000 ms
211.16.3.2 icmp_seq=4 ttl=62 time=0.000 ms
211.16.3.2 icmp_seq=5 ttl=62 time=0.000 ms
```

图 9-2-3　测试结果

**【注意事项】**

（1）系统视图下创建的本地用户 local-user 包含的是对端用户的信息，而接口视图下通过 PPP（PAP/CHAP）发送的是自身用户信息。

（2）PAP 主验证方本地用户的用户名和密码要和被验证方发送的用户名和密码一致。

（3）CHAP 验证的本地用户名要与对端发送的用户名一致，双方的密码要一致。

### 9.2.5　思考与练习

1．下列关于 PPP 特点的说法正确的是______。

A．PPP 支持在同/异步链路上使用

B．PPP 支持身份验证，包括 PAP 验证和 CHAP 验证

C．PPP 可以对网络地址进行协商

D．PPP 可以对 IP 地址进行动态分配

2．下面对 PPP PAP 验证的描述，正确的是______。

A．PAP 验证是一个二次握手协议

B．PAP 的用户名是明文的，但密码是机密的

C．PAP 的用户名是密文的，但密码是明文的

D．PAP 的用户名和密码都是明文的

3．两台路由器 RTA 和 RTB 使用串口背靠背互连，其中 RTA 的串口配置了 HDLC 协议，而 RTB 的串口配置了 PPP 协议。两台设备上都配置了正确的 IP 地址，那么会发生的情况是______。

A．RTB 串口物理层 UP，协议层 DOWN

B．RTB 串口物理层 DOWN，协议层 DOWN

C．RTA 串口物理层 UP，协议层保持 UP 状态，但 RTA 不能 ping 通 RTB

D．RTA 串口物理层 DOWN，协议层 DOWN

E．RTA 和 RTB 串口的物理层和协议层都为 DOWN

4．如图 9-2-4 所示，使用两台路由器背靠背连接模拟广域网，采用 PPP 协议，为安全起见，使用了双向安全验证。RT1 到 RT2 为 PAP 验证，RT2 到 RT1 为 CHAP 验证。请完成配置操作。

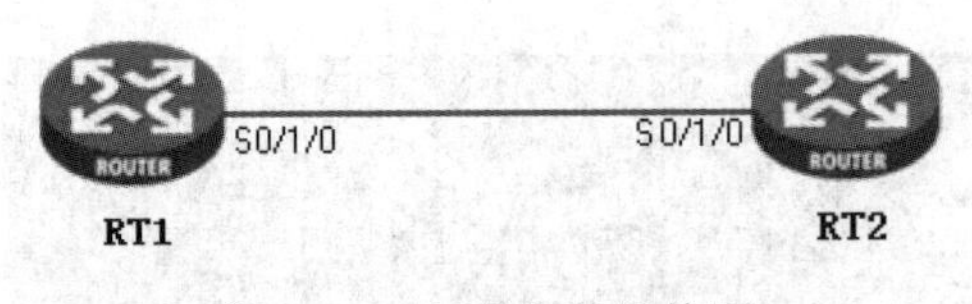


图 9-2-4　网络拓扑结构图

# 10

# ACL 访问控制列表

在配置了 IP 地址和路由协议后，网络实现了互连互通。网络应用与互联网的普及在大幅提高企业的生产经营效率的同时也带来了许多负面影响，例如，数据的安全性、员工经常利用互联网做些与工作不相干的事等等。一方面，为了业务的发展，必须允许员工合法访问网络，另一方面，又必须确保企业数据和资源尽可能安全，控制非法访问，尽可能降低网络所带来的负面影响。通过 ACL（Access Control List，访问控制列表）对数据包进行过滤，实现访问控制，是实现基本网络安全的手段之一。

- 掌握基本访问控制列表的配置。
- 掌握高级访问控制列表的配置。

## 任务 10.1　利用基本 ACL 实现网络流量的控制

### 10.1.1　任务描述

公司的经理部、财务部门和销售部门分属不同的三个网段，三部门之间用路由器进行信息传递，为了安全起见，公司要求销售部门不能对财务部门进行访问，但经理部可以对财务部门进行访问。

### 10.1.2　任务要求

网络拓扑图如图 10-1-1 所示。PC1 代表经理部的主机，PC2 代表销售部门的主机，PC3

代表财务部门的主机。在路由器上配置 ACL，实现 PC1 能访问 PC3，PC2 不能访问 PC3。

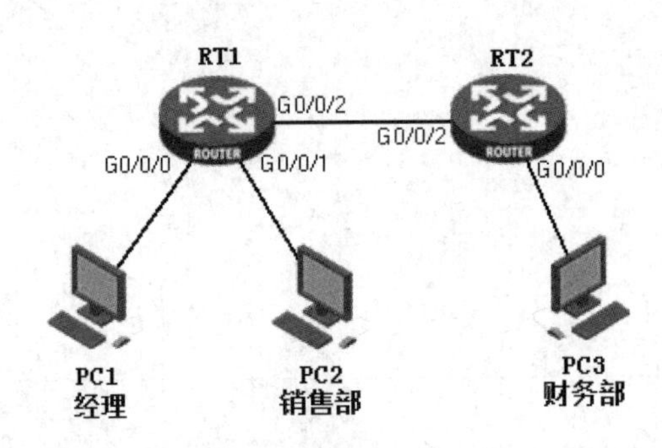


图 10-1-1　网络拓扑结构图

### 10.1.3　知识链接

1. 什么是 ACL?

ACL（Access Control List）是一种对流经路由器或交换机的数据包进行过滤的机制，通过允许或拒绝特定的数据包进出网络，实现对网络访问的控制，有效保证网络的安全运行。用户可以基于报文中的特定信息制定一组规则（rule），每条规则都描述了对匹配一定信息的数据包所采取的动作：允许通过（permit）或拒绝通过（deny）。用户可以把这些规则应用到特定交换机或路由器端口的入口或出口方向，这样特定端口上特定方向的数据流就必须依照指定的 ACL 规则访问网络。

2. ACL 的分类

常用 ACL 主要分为两类：基本 ACL 和高级 ACL。所有访问控制列表都有一个编号，基本的 ACL 使用 2000～2999 之间的数字作为编号；高级 ACL 使用 3000～3999 之间的数字作为编号。设备配置中，按照编号范围来区分基本 ACL 和高级 ACL。

基本 ACL 和高级 ACL 的区别：基本 ACL 只能根据数据包的源地址进行访问控制；而高级 ACL 却可以利用更多的信息，如目的地址、协议号等。对于 TCP/UDP 数据包，还可以根据其端口号。对于 ICMP 包，则还可以根据其 ICMP 报文类型进行访问控制。因此，高级 ACL 比基本 ACL 提供了更精确的控制规则。

3. 基本访问列表的命令格式

**acl number** *acl-number* [ **match-order** { **config** | **auto** } ]

**rule** [ *rule-id* ] { **permit** | **deny** } [ **source** *sour-addr sour-wildcard* | **any** ] [ **time-range** *time-name* ] [ **logging** ] [ **fragment** ] [ **vpn-instance** *vpn-instanc-name* ]

关键字含义：

*acl-number*：指定访问列表编号，基本 ACL 编号值为 2000～2999。

**match-order:** 匹配顺序。

**rule:** 定义规则。符合该规则的数据包将依据关键字 **permit** | **deny** 进行过滤。**permit** 允许数据包通过，**deny** 禁止数据包通过。

*sour-addr sour-wildcard*：匹配数据包的源地址范围。*sour-addr* 指定主机 IP 地址或网络地址，*sour-wildcard* 为反掩码，决定哪些位需要匹配。

**any**：表示任意 IP 地址。

例：创建基本 ACL 2000，允许 192.168.1.0/24 网段内主机的数据包通过，拒绝其他主机。

```
<H3C> system-view
System View: return to User View with Ctrl+Z.
[H3C] acl number 2000
[H3C-acl -2000] rule permit source 192.168.1.0 0.0.0.255
[H3C-acl -2000] rule deny source any
```

4. 匹配顺序（match-order）

访问控制列表可能会包含多个规则，每个规则都指定不同的报文匹配选项，匹配顺序决定了如何对这些规则进行匹配。

H3C 设备中提供了两种匹配顺序：auto 和 config。auto 为系统默认的匹配顺序，按照“深度优先”的原则进行规则匹配。config 按照用户配置的顺序进行规则匹配。

“深度优先”的具体原则：以源 IP 地址反掩码中“0”位的数量和目的 IP 地址反掩码中“0”位的数量排序，反掩码中“0”位越多的规则匹配位置越靠前。排序时，先比较源 IP 地址反掩码中“0”位的数量，若源 IP 地址反掩码中“0”位的数量相等，则比较目的 IP 地址反掩码中“0”位的数量，若目的 IP 地址反掩码中“0”位的数量也相等，则先配置的规则匹配位置靠前。例如，源 IP 地址反掩码为 0.0.0.255 的规则比源 IP 地址反掩码为 0.0.255.255 的规则匹配位置靠前。

5. 反掩码

反掩码也叫通配符掩码，它和子网掩码相似，都是 32 位，采用点分十进制表示，但它是子网掩码按位取反后的值。如子网掩码是 255.255.255.0，则反掩码为 0.0.0.255。

反掩码和 IP 地址结合使用，可以描述一个地址范围。反掩码告诉路由器为了判断出地址是否匹配，它需要检查 IP 地址中的哪些位。反掩码为 0 的位表示必须精确匹配，为 1 的位表示忽略比较。例：反掩码 0.255.255.255 表示只比较前 8 位，0.0.0.255 表示前 24 位都需要匹配。特殊反掩码 0.0.0.0 表示全部匹配，常用于指定某一主机 IP 地址；255.255.255.255 表示全部不需匹配，等价于 any。

6. 基于 ACL 的防火墙

ACL 是一个数据包过滤机制，将 ACL 中的规则应用到三层交换机或路由器接口的入/出方向，可实现防火墙的功能。入方向（inbound）是指对外部经接口进入路由器的数据包进行过滤。出方向（outbound）是指从路由器接口向外转发数据时进行数据包的过滤，如图 10-1-2 所示。

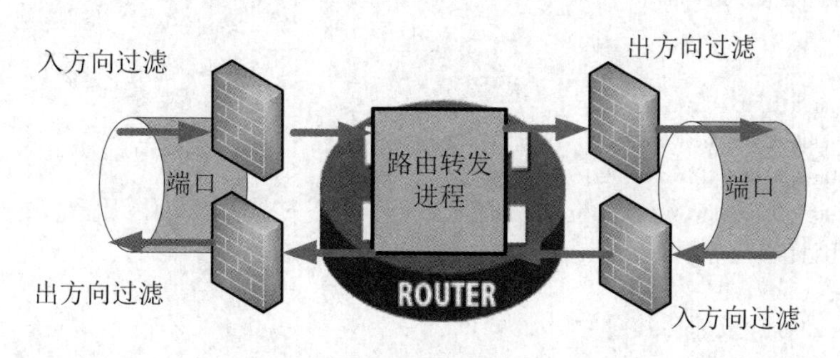


图 10-1-2　ACL 包过滤示意图

【提示】H3C 系列路由器防火墙功能默认开启，且默认过滤方式为允许，即对于不匹配ACL 中的任一条规则的数据包，路由器默认允许其通过防火墙。

### 10.1.4 实现方法

1. 设备清单

MSR20-40 路由器 2 台。

装有 Windows XP SP2 的 PC 3 台。

网线若干。

2. IP 地址规划（如表 10-1-1 所示）

表 10-1-1 IP 地址列表

| 设备名 | 接口 | IP 地址 | 网关 |
|---|---|---|---|
| RT1 | G0/0/0 | 172.16.1.1/24 | |
| | G0/0/1 | 172.16.2.1/24 | |
| | G0/0/2 | 172.16.12.1/30 | |
| RT2 | G0/0/2 | 172.16.12.2/30 | |
| | G0/0/0 | 172.16.3.1/24 | |
| PC1（经理部） | | 172.16.1.2/24 | 172.16.1.1/24 |
| PC2（销售部） | | 172.16.2.2/24 | 172.16.2.1/24 |
| PC3（财务部） | | 172.16.3.2/24 | 172.16.3.1/24 |

3. 实验步骤

（1）依据如图 10-1-1 网络拓扑图，配置主机 IP 地址。

（2）配置路由器接口 IP 地址和 OSPF 路由协议。

RT1 上的配置：

```
[RT1]interface G0/0/0
[RT1-GigabitEthernet0/0/0]ip address 172.16.1.1 24
[RT1-GigabitEthernet0/0/0]interface G0/0/1
[RT1-GigabitEthernet0/0/1]ip address 172.16.2.1 24
[RT1-GigabitEthernet0/0/1]interface G0/0/2
[RT1-GigabitEthernet0/0/2]ip address 172.16.12.1 30
[RT1-GigabitEthernet0/0/2]quit
[RT1]router id 1.1.1.1
[RT1]ospf 1
[RT1-ospf-1]area 0.0.0.0
[RT1-ospf-1-area-0.0.0.0]network 172.16.1.0 0.0.0.255
[RT1-ospf-1-area-0.0.0.0]network 172.16.2.0 0.0.0.255
[RT1-ospf-1-area-0.0.0.0]network 172.16.12.0 0.0.0.3
```

RT2 上的配置：

```
[RT2]interface G0/0/0
[RT2-GigabitEthernet0/0/0]ip address 172.16.3.1 24
[RT2-GigabitEthernet0/0/0]interface G0/0/2
[RT2-GigabitEthernet0/0/2]ip address 172.16.12.2 30
```

```
[RT2-GigabitEthernet0/0/2]quit
[RT2]router id 2.2.2.2
[RT2]ospf 1
[RT2-ospf-1]area 0.0.0.0
[RT2-ospf-1-area-0.0.0.0]network 172.16.3.0 0.0.0.255
[RT2-ospf-1-area-0.0.0.0]network 172.16.12.0 0.0.0.3
```

（3）开启防火墙，设置默认过滤方式。

```
[RT2]firewall enable
[RT2]firewall default permit
```

（4）创建基本 ACL。

依据任务描述，在 RT2 上配置基本 ACL，实现：

①允许源地址为 172.16.1.0/24（经理部）的数据包通过。

②拒绝来自 172.16.2.0/24 网段的数据包。

```
[RT2]acl number 2000
[RT2-acl-basic-2000]rule permit source 172.16.1.0 0.0.0.255
[RT2-acl-basic-2000]rule deny source 172.16.2.0 0.0.0.255
```

（5）将 ACL 应用于接口。

```
[RT2]interface G0/0/2
[RT2-GigabitEthernet0/0/2]firewall packet-filter 2000 inbound
```

（6）查看 ACL 配置。

在完成上述配置后，在任意视图下执行 **display acl** { **all** | *acl-number* }可以显示配置的 ACL 信息。

```
[RT2]display acl 2000
Basic ACL 2000, named -none-, 2 rules,
ACL's step is 5
 rule 0 permit source 172.16.1.0 0.0.0.255
 rule 5 deny source 172.16.2.0 0.0.0.255
```

（7）验证

分别在 PC1（经理部主机）和 PC2（销售部门主机）上 ping PC3（财务部门主机），验证配置的效果，测试结果如图 10-1-3 所示。

```
VPCS[1]> ping 172.16.3.2
172.16.3.2 icmp_seq=1 ttl=62 time=2.000 ms
172.16.3.2 icmp_seq=2 ttl=62 time=1.000 ms
172.16.3.2 icmp_seq=3 ttl=62 time=1.001 ms
172.16.3.2 icmp_seq=4 ttl=62 time=1.000 ms
172.16.3.2 icmp_seq=5 ttl=62 time=1.000 ms

VPCS[1]> 2
VPCS[2]> ping 172.16.3.2
172.16.3.2 icmp_seq=1 timeout
172.16.3.2 icmp_seq=2 timeout
172.16.3.2 icmp_seq=3 timeout
172.16.3.2 icmp_seq=4 timeout
172.16.3.2 icmp_seq=5 timeout
```

图 10-1-3　测试结果

**结论**：172.16.2.0 网段的主机不能 ping 通 172.16.3.0 网段的主机；172.16.1.0 网段的主机能 ping 通 172.16.3.0 网段的主机。配置成功！

【注意事项】

（1）ACL 命令只能在系统视图下执行。

（2）ACL 中网络掩码采用的是反掩码。

（3）基本 ACL 要尽量应用在靠近目的地址的接口上。

### 10.1.5 思考与练习

1. 在三层交换机上同样可以实现 ACL 配置，配置方法和路由器上一样。请在交换机上将该任务再次实现。

2. 能否实现经理部（172.16.1.0/24）的主机能访问财务部 Web 服务器（172.16.4.1），不能访问 FTP 服务器（172.16.4.2），为什么？

## 任务 10.2 利用高级 ACL 实现应用服务的访问限制

### 10.2.1 任务描述

在路由器上连着学校提供的 Web 和 FTP 服务器，另外还连接着学生宿舍楼和教工宿舍楼，学校规定学生只能在周六、周日 8:00-17:00 对服务器进行 Web 访问，不能进行 FTP 访问，教工没有此限制。

### 10.2.2 任务要求

拓扑图如图 10-2-1 所示。PC1 代表学生宿舍的主机，PC2 代表教师宿舍的主机，PC3 代表 Web 和 FTP 服务器。在路由器配置高级 ACL，实现 PC1 在指定时间能访问 PC3 的 Web 服务，不能访问 FTP 服务。PC2 可以在任意时间访问 PC3 的 Web 和 FTP 服务。



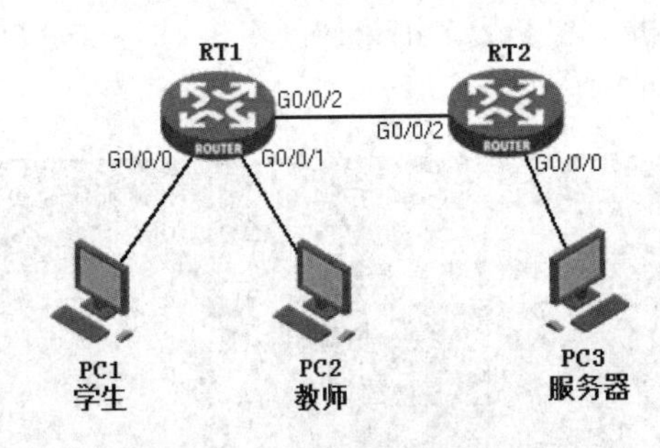


图 10-2-1 网络拓扑结构图

### 10.2.3 知识链接

1. 高级访问控制列表配置命令

**acl number** *acl-number* [ **match-order** { **config** | **auto** } ]

**rule** [ *rule-id* ] { **permit** | **deny** } *protocol* [ **source** *sour-addr sour-wildcard* | **any** ] [ **destination** *dest-addr dest-mask* | **any** ] [ **soucre-port** *operator port1* [ *port2* ] ] [ **destination-port**

*operator port1* [ *port2* ] ] [ **icmp-type** { *icmp-message* |*icmp-type icmp-code*} ] [ **precedence** *precedence* ] [ **tos** *tos* ] [ **time-range** *time-name* ] [ **logging** ] [ **fragment** ] [ **vpn-instance** *vpn-instanc-name* ]

关键字含义：

*acl-number*：高级 ACL 编号范围 3000～3999。

**match-order**、**rule**、**permit** | **deny**、*sour-addr sour-wildcard*、**any**：基本 ACL 相同。

*dest-addr dest-mask*：表示数据包目的地址范围，用法同 *sour-addr sour-wildcard*。

*protocol*：数据包 IP 所封装的上层协议，可以是 IP、TCP、UDP、ICMP 等形式助记符，也可以为数字代表的协议号。

**source-port** *operator port1* [ *port2* ]和 **destination-port** *operator port1* [ *port2* ]：当 *protocol* 为 TCP、UDP 时，支持端口比较。

**icmp-type** { *icmp-message* |*icmp-type icmp-code*} ：当 *protocol* 为 ICMP 时，指定报文类型。

**time-range** *time-name*：指定规则适用的时间段。使用前要先定义时间段。

2. 端口比较

高级 ACL 在检查数据包时，既检查源地址、目的地址，还检查协议类型和端口号等信息，用以详细区分过滤哪类数据包。端口比较是区分数据包类型的具体实现，它可以指定数据包的源端口 **source-port** 和目的端口 **destination-port** 的匹配规则。

关键字 *operator* 可以是 eq（等于）、gt（大于）、lt（小于）、neq（不等于）和 range（介于某个范围）。*port1*，*port2* 为端口号或 ftp、www 等形式的助记符。如：允许所有主机访问 Web 服务器（211.1.1.1）。

```
rule permit tcp source any destination 211.1.1.1 0 destination-port eq www
```

3. ICMP 报文过滤

对于 ICMP 报文，高级 ACL 可以精确匹配到报文的具体类型。关键字 **icmp-type** 后可以用 echo、reply 等助记符来指明报文类型。如：网络拒绝除 ping 命令以外的其他 ICMP 报文。

```
rule permit icmp source any destination any icmp-type echo        //允许 ICMP Request 报文
rule deny icmp source any destination any                         //拒绝其他 ICMP 报文
```

4. 时间段

时间段有周期时间段和绝对时间段两种。周期时间段采用每周周几的形式，这个时间是会多次重复的；绝对时间段采用指定起始和结束时间的形式，这个时间只生效一次。

在系统视图下，创建时间段。

```
time-range time-name { start-time to end-time days | from time1 date1 [ to time2 date2 ] }
time-name：时间段名字
start-time to end-time：起始、结束时间
from time1 date1：开始的日期时间
```

例：配置时间范围为每周周一至周五 9:00－17:00，名称为 normal 的时间段。

```
time-range normal 9:00 to 17:00 working-day
```

基于时间的 ACL 配置时，直接在相应位置引用时间段的名字即可。

### 10.2.4 实现方法

1. 设备清单

MSR20-40 路由器 2 台。

装有 Windows XP SP2 的 PC 3 台。

网线若干。

2. IP 地址规划（如表 10-2-1 所示）

表 10-2-1 IP 地址列表

| 设备名 | 接口 | IP 地址 | 网关 |
|---|---|---|---|
| RT1 | G0/0/0 | 172.16.1.1/24 | |
| | G0/0/1 | 172.16.2.1/24 | |
| | G0/0/2 | 172.16.12.1/30 | |
| RT2 | G0/0/2 | 172.16.12.2/30 | |
| | G0/0/0 | 172.16.3.1/24 | |
| PC1（学生宿舍主机） | | 172.16.1.2/24 | 172.16.1.1/24 |
| PC2（教师宿舍主机） | | 172.16.2.2/24 | 172.16.2.1/24 |
| PC3（服务器） | | 172.16.3.2/24 | 172.16.3.1/24 |

3. 实验步骤

（1）按照图 10-2-1 所示网络拓扑图，配置 IP 地址和路由，实现全网互通，具体步骤同任务 10.1。

（2）开启防火墙，设置默认过滤方式。

```
<RT2>system-view
[RT2]firewall enable
[RT2]firewall default permit
```

（3）创建时间段。

```
[RT2]time-range server 8:00 to 17:00 off-day
```

（4）配置高级 ACL。

```
[RT2]acl number 3000
[RT2-acl-adv-3000]rule permit tcp source 172.16.1.0 0.0.0.255 destination 172.16.3.2 0 destination-port eq www time-range server
[RT2-acl-adv-3000]rule deny tcp source 172.16.1.0 0.0.0.255 destination 172.16.3.2 0 destination-port eq ftp
[RT2-acl-adv-3000]rule permit tcp source 172.16.2.0 0.0.0.255 destination 172.16.3.2 0 destination-port eq www
[RT2-acl-adv-3000]rule permit tcp source 172.16.2.0 0.0.0.255 destination 172.16.3.2 0 destination-port eq ftp
```

（5）在靠近源地址的接口应用 ACL。

```
[RT2]interface G0/0/2
[RT2-GigabitEthernet0/0/2]firewall packet-filter 3000 inbound
```

（6）查看 ACL 配置。

```
[RT2]display acl 3000
Advanced ACL    3000, named -none-, 4 rules,
ACL's step is 5
 rule 0 permit tcp source 172.16.1.0 0.0.0.255 destination 172.16.3.2 0 destination-port eq www time-range server (Active)
 rule 5 deny tcp source 172.16.1.0 0.0.0.255 destination 172.16.3.2 0 destination-port eq ftp
 rule 10 permit tcp source 172.16.2.0 0.0.0.255 destination 172.16.3.2 0 destination-port eq www
 rule 15 permit tcp source 172.16.2.0 0.0.0.255 destination 172.16.3.2 0 destination-port eq ftp
```

**【注意事项】**

（1）高级 ACL 要尽量应用在靠近源地址的接口上。

（2）注意区分数据的流向：inbound 和 outbound。

### 10.2.5　思考与练习

1．ACL 作为数据包过滤机制，可应用于多种场合。请查阅资料，了解 ACL 可应用于哪些技术中？

2．若配置的 ACL 没有生效，可能是哪些原因导致的？

3．在路由器上配置 ACL，分析 ACL 包过滤与路由选择的先后关系？

4．每个 ACL 都应该放置在最能发挥作用的位置。比较基本 ACL 和高级 ACL 最佳接口的选择位置有何不同？为什么要这样选择？

5．某公司内网中有财务部服务器 Server1 和市场部服务器 Server2，网络拓扑图如图 10-2-2 所示。出于安全考虑，要求 Server1 能 ping 通 Server2，Server2 不能 ping 通 Server1。请给出路由器上的配置。

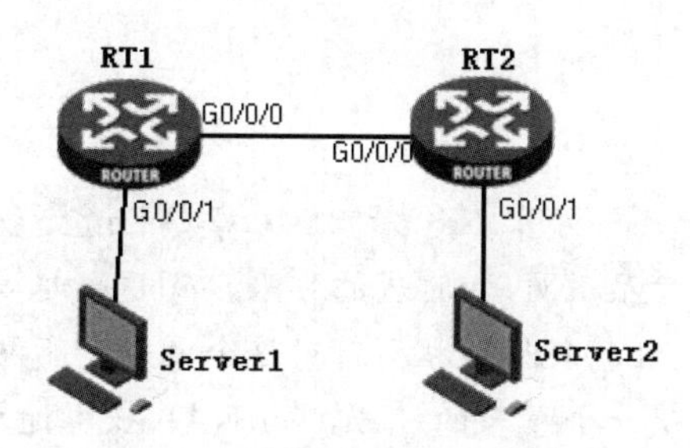


图 10-2-2　网络拓扑结构图

# 11

# NAT 网络地址转换

随着企业规模的不断扩大，内网用户逐渐增加，需要申请更多的 IP 地址，这将使企业花费大笔费用；另一方面，随着“互联网+”时代的到来，有越来越多的小微企业有接入 Internet 的需求，这也将急剧加速 IP 地址的耗尽过程。针对这个问题，有两种解决方案：使用 NAT 和 IPv6 技术。全面升级到 IPv6 是一个漫长的过程，而 NAT 技术通过地址重用的方式可以满足 IP 地址的需要。

- 理解 NAT 的原理及功能。
- 掌握 Basic NAT 的配置。
- 掌握 NAPT 的配置。
- 掌握内部服务器的配置。

## 任务 11.1 Basic NAT

### 11.1.1 任务描述

公司网络通过路由器连接到 Internet（如图 11-1-1 所示）。公司内部网址为 10.110.0.0/16，申请到 211.35.77.1 至 211.35.77.5 五个合法的 IP 地址。要求内部 IP 地址为 10.110.10.0/24 的市场部员工可以访问 Internet，其他部门的员工则不能访问 Internet。

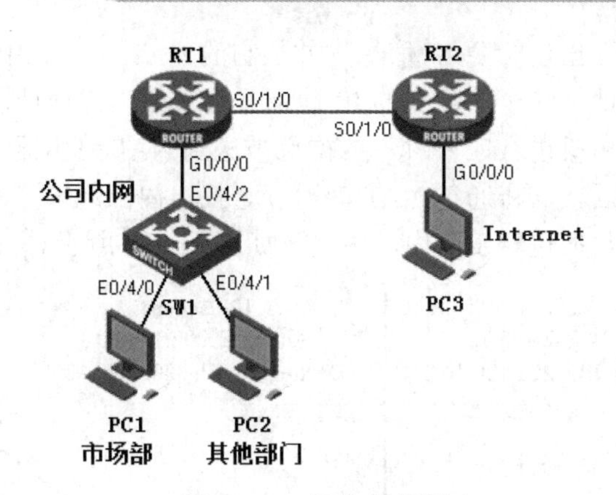


图 11-1-1　网络拓扑图

### 11.1.2　任务要求

在公司内网路由器 RT1 上配置 NAT，实现内网 10.110.10.0/24 地址转换为申请到的五个公有地址。理解基于地址池的地址转换过程，掌握 Basic NAT 的配置。

### 11.1.3　知识链接

1. NAT 概述

NAT（Network Address Translation，网络地址转换）是将 IP 数据报报头中的 IP 地址转换为另一个 IP 地址的过程。在实际应用中，NAT 主要用于实现私有网络访问外部网络的功能。

2. NAT 的功能

NAT 通过使用少量的公有 IP 地址代表较多的私有 IP 地址的方式，将有助于减缓可用 IP 地址空间耗尽的速度。

NAT 技术可以隐藏内部网络地址的结构，有效地避免来自网络外部的攻击，因此也是一种网络安全保护技术。

NAT 可以按照用户的需要，在局域网内部提供给外部 FTP、WWW、Telnet 等服务。

3. 私有地址和公有地址

私有地址是指内部网络或主机的 IP 地址，公有地址是指在因特网上全球唯一的 IP 地址。RFC 1918 规定了三个 IP 地址块用作私有地址：

A 类：10.0.0.0～10.255.255.255

B 类：172.16.0.0～172.31.255.255

C 类：192.168.0.0～192.168.255.255

上述三个范围内的地址只使用在局域网中，无法在 Internet 上使用。因此可以不必向 ISP 或注册中心申请而在公司或企业内部自由使用。

4. NAT 地址类型

（1）内部地址（Inside Address）：在内部网络中分配给主机的私有 IP 地址。

（2）全局地址（Global Address）：公有地址，它对外代表一个或多个内部节点的 IP 地址。

5. NAT 工作原理

当内网中的主机想传输数据到外网时，它先将数据包传输到 NAT 路由器上，路由器检查数据包的首部，获取该数据包的源 IP 信息，并从它的 NAT 映射表中找出与该 IP 匹配的转换条目，用所选用的全局地址（全球唯一的 IP 地址）来替换内部地址，并转发数据包。

当外部网络对内部主机进行应答时，数据包被送到 NAT 路由器上，路由器接收到目的地址为全局地址的数据包后，它将通过 NAT 映射表查找出内部地址，然后将数据包的目的地址替换成内部地址，并将数据包转发到内部主机，如图 11-1-2 所示。

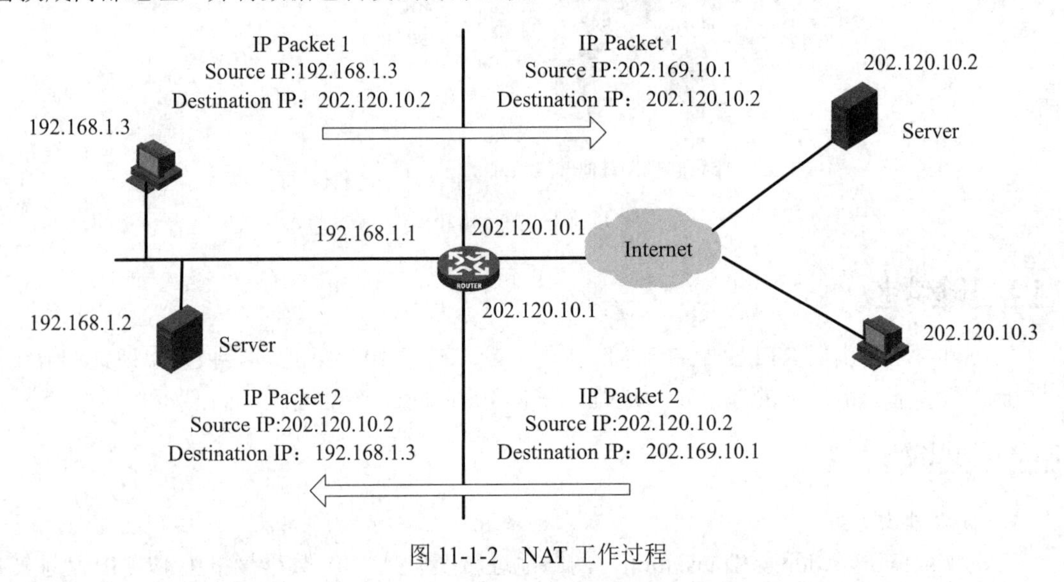


图 11-1-2　NAT 工作过程

6. NAT 实现方式

NAT 实现方式有 Basic NAT、NAPT 和内部服务器三种。

Basic NAT：NAT 路由器拥有多个公有 IP 地址。当第一个内部主机访问外网时，NAT 选择一个公有地址 IP1，在地址转换表中添加地址映射记录并发送数据报；当另一内部主机访问外网时，NAT 选择另一个公有地址 IP2，以此类推。Basic NAT 方式属于一对一的地址转换，只转换 IP 地址，且一个公网 IP 地址不能同时被多个用户使用。因为内网主机不会同时访问外网，所以 NAT 拥有的公有地址数目要远少于内部网络的主机数目。一般应根据网络高峰期可能访问外网的内部主机数目的统计值来确定。

NAPT（基于端口的地址转换）：NAPT 允许多个内部地址映射到同一个全局地址，但通过不同端口号对内部地址加以区分，也就是<私有地址+端口>与<公有地址+端口>之间的转换。NAPT 的特例是 Easy IP，直接将 NAT 路由器出接口的 IP 地址作为转换后的公有地址。NAPT 方式允许多个私网用户共用一个公网 IP 地址访问外网，这是 NAT 实现的主要形式。

内部服务器：NAT 隐藏了内部网络的结构，具有“屏蔽”内部主机的作用，但是在实际应用中，可能需要提供给外部一个访问内网的机会，如内网的 Web 或 FTP 服务器。NAT 提供了内部服务器功能供外部网络访问。外部网络的用户访问内部服务器时，NAT 将请求报文内的目的地址转换成内部服务器的私有地址。对内部服务器回应报文而言，NAT 要将回应报文的源地址（私网地址）转换成公网地址。

7. NAT 的配置任务列表

（1）指明私有地址。通过定义访问控制列表实现。

（2）指明公有地址。采用地址池方式。

（3）公有地址和私有地址在连接 Internet 接口上关联。

8. Basic NAT 的配置

（1）定义 ACL：

**acl** acl-number

**rule** [ rule-id ] { **permit** | **deny** } [ **source** sour-addr sour-wildcard | **any** ]

（2）定义地址池：

**nat address-group** pool-Index start-addr end-addr

（3）在接口上部署地址转换：

**nat outbound** *acl-number*　**address-group** *pool-Index* **no-pat**

各参数含义：

*acl-number*：ACL 编号。

*start-addr end-addr*：地址池中起始和结束地址。

*pool-Index*：地址池编号。

**no-pat**：表示只转换数据包的地址而不使用端口信息。

例：

```
[Router] nat address-group 202.38.160.100 202.38.160.105 pool1
[Router] acl 2001
[Router-acl-2001] rule permit source 192.1.1.0 0.0.0.255
[Router-acl-2001] rule deny source any
[Router-Serial1/0] nat outbound 2001 address-group pool1 no-pat
```

功能：允许 192.1.1.0/24 网段的 IP 地址进行 NAT 转换，其他网段的 IP 地址不能进行 NAT 转换。转换后使用地址池 pool1 中的公有地址。该转换允许同时有 6 台内网主机访问外网。

9. NAT 配置信息的显示

配置完成后，可以使用 **display nat** 命令显示地址转换的配置，验证地址转换是否正确。

**display nat { address-group | aging-time | all | bound | server | statistics | session [ source { global** *global-addr* **| inside** *inside-addr* **} ]**

参数说明：

**address-group**：显示地址池的信息。

**aging-time**：地址转换连接的有效时间。

**all**：显示所有的关于地址转换的信息。

**bound**：显示配置的地址转换的信息。

**server**：显示内部服务器的信息。

**statistics**：当前的地址转换记录统计数据。

**session**：显示当前激活的连接信息。

**source global** *global-addr*：只显示 NAT 转换后地址为 *global-addr* 的转换表项。

**source inside** *inside-addr*：只显示内部地址为 *inside-addr* 的 NAT 转换表项。

### 11.1.4 实现方法

1. 设备清单

MSR20-40 路由器 2 台。

二层交换机 1 台。

V.35 线缆 1 对。

装有 Windows XP SP2 的 PC 3 台。

网线若干。

2. IP 地址规划（如表 11-1-1 所示）

表 11-1-1　IP 地址列表

| 设备名 | 接口号 | IP 地址 | 网关 |
| --- | --- | --- | --- |
| RT1 | S0/1/0 | 211.35.77.1/24 | |
| | G0/0/0 | 10.110.1.1/16 | |
| RT2 | S0/1/0 | 211.35.77.10/24 | |
| | G0/0/0 | 211.35.78.1/24 | |
| PC1（市场部） | | 10.110.10.2/16 | 10.110.1.1/16 |
| PC2（其他部门） | | 10.110.1.2/16 | 10.110.1.1/16 |
| PC3（Internet 上主机） | | 211.35.78.2/24 | 211.35.78.1/24 |

3. 实验步骤

（1）配置主机 IP 地址。

（2）为路由器配置 IP 地址和路由，实现全网互通。

RT1 配置过程

```
[RT1]interface S0/1/0
[RT1-Serial0/1/0]ip address 211.35.77.1 24
[RT1-Serial0/1/0]quit
[RT1]interface G0/0/0
[RT1-GigabitEthernet0/0/0]ip address 10.110.1.1 16
[RT1]rip
[RT1-rip-1]network 211.35.77.0
[RT1-rip-1]network 10.0.0.0
```



RT2 配置过程同 RT1，查看配置信息如下：

```
[RT2] display current-configuration
#
 version 5.20, Release LITO
#
 sysname RT2
#
……
#
interface Serial0/1/0
 link-protocol ppp
 ip address 211.35.77.10 255.255.255.0
#
interface GigabitEthernet0/0/0
 port link-mode route
 ip address 211.35.78.1 255.255.255.0
```

```
#
......
#
rip 1
 network 211.35.77.0
 network 211.35.78.0
#
......
```

（3）在 RT1 上配置 ACL。

允许内部 IP 地址为 10.110.10.0/24 的主机，拒绝其他。

```
[RT1]acl number 2000
[RT1-acl-basic-2000]rule permit source 10.110.10.0 0.0.0.255
[RT1-acl-basic-2000]rule deny source any
```

（4）配置地址池。

```
[RT1]nat address-group 1 211.35.77.1 211.35.77.5
```

（5）在内网出口将 ACL 与地址池关联。

```
[RT1]interface S0/1/0
[RT1- Serial0/1/0]nat outbound 2000 address-group 1 no-pat
```

（6）验证 NAT 配置。

①在内网主机 PC1 上 ping 外网 PC3，测试连通性，如图 11-1-3 所示。

```
VPCS[1]> ping 211.35.78.2
211.35.78.2 icmp_seq=1 ttl=62 time=19.001 ms
211.35.78.2 icmp_seq=2 ttl=62 time=18.001 ms
211.35.78.2 icmp_seq=3 ttl=62 time=17.001 ms
211.35.78.2 icmp_seq=4 ttl=62 time=18.001 ms
211.35.78.2 icmp_seq=5 ttl=62 time=18.001 ms
```

图 11-1-3　测试结果

同理，PC2 可以 ping 通外网 PC3。

②通过 display nat session 显示所有的关于地址转换的信息如图 11-1-4 所示。

```
[RT1]dis nat session

There are currently 1 NAT session:

Protocol       GlobalAddr  Port       InsideAddr  Port          DestAddr  Port
    -         211.35.77.1   ---      10.110.10.2   ---             ---     ---
      status:NOPAT    TTL:00:04:00    Left:00:02:59    VPN:---
```

图 11-1-4　NAT 地址转换信息

**结论：**使用私有地址的内网主机能成功访问外网，访问时，经 NAT 将私有地址转换为地址池中有效的公有地址。

**【注意事项】**

（1）地址池长度（地址池中包含的所有地址个数）不能超过 255 个。

（2）Basic NAT 实现一对一的转换，同时访问外网的主机数受地址池中公有地址数限制。

（3）使用私有地址的主机不能直接访问 Internet，而 Internet 上主机也不能直接访问使用私有地址的主机。

（4）配置 NAT 的接口应该是和 ISP 连接的，是内部网络的出口。

### 11.1.5 思考与练习

1．内网中主机间互访采用什么地址？内网主机访问外网使用什么地址？

2．在地址转换中，怎样来规定哪些数据包需要进行地址转换？

3．下面关于地址转换，叙述正确的是______。

A．网络地址转换（NAT）是在 IP 地址日益短缺的情况下提出的

B．一个局域网内部有很多主机，可是不能保证每台主机都拥有合法的公网 IP 地址，为了达到所有的内部主机都可以连接 Internet 的目的，可以使用网络地址转换

C．NAT 技术可以有效地隐藏内部局域网中的主机，因此同时是一种有效的网络安全保护技术

D．NAT 可以按照用户需要，在局域网内部提供给外部 FTP、WWW、Telnet 等服务

4．若公司内网同时访问外网的主机数远远大于申请到的公有地址数，在不追加申请新的地址的情况下，如何确保顺利访问外网？

## 任务 11.2 NAPT

### 11.2.1 任务描述

公司办公网需要接入互联网，但只向 ISP 申请了一条专线，该专线分配了一个公网 IP 地址。要求在路由器上进行地址转换的配置，实现全公司的主机都能访问外网网络拓扑如图 11-2-1 所示。

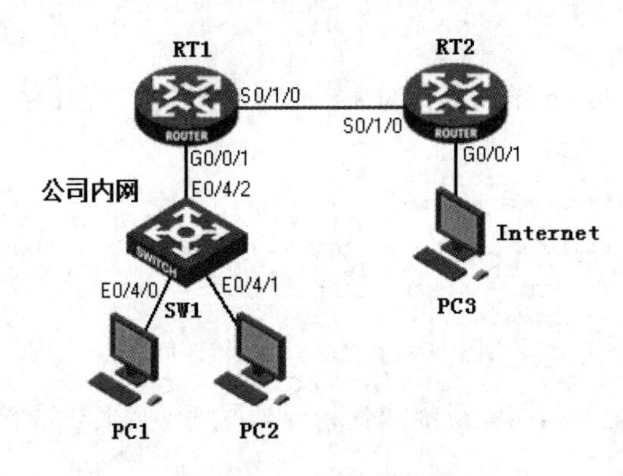


图 11-2-1 网络拓扑图

### 11.2.2 任务要求

在公司内网路由器 RT1 上配置 NAPT，实现内网多台主机使用同一公有地址访问 Internet，掌握 NAPT 和 Easy IP 的配置。

### 11.2.3 知识链接

1. NAPT 的配置过程

NAPT 的配置与 Basic NAT 基本一致，只是在公有地址与私有地址关联时，不添加 **no-pat** 参数。

（1）定义 ACL：

**acl** *acl-number*

**rule** [ *rule-id* ] { **permit** | **deny** } [ **source** *sour-addr sour-wildcard* | **any** ]

（2）定义地址池：

**nat address-group** *start-addr end-addr pool-name*

（3）在接口上进行地址转换：

**nat outbound** *acl-number*　**address-group** *pool-name*

例：

```
[Router] nat address-group 202.38.160.100 202.38.160.105 pool1
[Router] acl 2001
[Router-acl-2001] rule permit source 10.110.10.0 0.0.0.255
[Router-acl-2001] rule deny source any
[Router-Serial1/0] nat outbound 2001 address-group pool1
```

功能：允许 10.110.10.0/24 网段的 IP 地址进行 NAT 转换，其他网段的 IP 地址不能。转换后多台主机可以共用地址池 pool1 中的公有地址，通过<IP 地址+端口号>区分不同主机。

注意：NAPT 与 Basic NAT 的区别。Basic NAT 是一对一转换，此例中只能同时允许 6 台主机；NAPT 是多对 1，能允许 6*N 台主机转换。

2. Easy IP 的配置

Easy IP 是 NAPT 的特例，它使用与外网连接的接口 IP 地址作为转换后的公有地址。配置时不需定义地址池，直接在接口上部署 NAT 即可。

（1）定义 ACL：

**acl** *acl-number*

**rule** [ *rule-id* ] { **permit** | **deny** } [ **source** *sour-addr sour-wildcard* | **any** ]

（2）在接口上进行地址转换：

**nat outbound** *acl-number*

### 11.2.4 实现方法

1. 设备清单

MSR20-40 路由器 2 台。

二层交换机 1 台。

V.35 线缆 1 对。

装有 Windows XP SP2 的 PC 3 台。

网线若干。

2. IP 地址规划

IP 地址规划（如表 11-2-1 所示）。

表 11-2-1　IP 地址列表

| 设备名 | 接口号 | IP 地址 | 网关 |
|---|---|---|---|
| RT1 | S0/1/0 | 211.35.77.1/24 | |
| | G0/0/1 | 10.110.1.1/16 | |
| RT2 | S0/1/0 | 211.35.77.10/24 | |
| | G0/0/1 | 211.35.78.1/24 | |
| PC1 | | 10.110.10.2/16 | 10.110.1.1/16 |
| PC2 | | 10.110.1.2/16 | 10.110.1.1/16 |
| PC3（Internet 上主机） | | 211.35.78.2/24 | 211.35.78.1/24 |

3. 实验步骤

（1）配置主机 IP 地址和网关。

（2）为路由器配置 IP 地址和路由，实现全网互通，具体配置同任务 11.1。

（3）配置 ACL。

```
[RT1]acl number 2000
[RT1-acl-basic-2000]rule permit source 10.110.0.0 0.0.255.255
[RT1-acl-basic-2000]rule deny source any
```

（4）在接口上部署 Easy IP。

```
[RT1]interface S0/1/0
[RT1-Serial0/1/0]nat outbound 2000
```

（5）查看 NAT 配置。

```
[RT1]display nat bound
NAT bound information:
  There are currently 1 nat bound rule(s)
  Interface: Serial0/1/0
    Direction: outbound    ACL: 2000    Address-group: ---    NO-PAT: N
```

（6）验证。

①分别在内网主机 PC1 和 PC2 上 ping 外网 PC3，测试连通性结果如图 11-2-2 所示。

```
VPCS[3]> 1
VPCS[1]> ping 211.35.78.2
211.35.78.2 icmp_seq=1 ttl=62 time=10.000 ms
211.35.78.2 icmp_seq=2 ttl=62 time=10.000 ms
211.35.78.2 icmp_seq=3 ttl=62 time=10.000 ms
211.35.78.2 icmp_seq=4 ttl=62 time=10.000 ms
211.35.78.2 icmp_seq=5 ttl=62 time=10.000 ms

VPCS[1]> 2
VPCS[2]> ping 211.35.78.2
211.35.78.2 icmp_seq=1 ttl=62 time=10.000 ms
211.35.78.2 icmp_seq=2 ttl=62 time=20.000 ms
211.35.78.2 icmp_seq=3 ttl=62 time=10.000 ms
211.35.78.2 icmp_seq=4 ttl=62 time=10.000 ms
211.35.78.2 icmp_seq=5 ttl=62 time=10.000 ms
```

图 11-2-2　测试结果图

②通过 display nat session 显示所有关于地址转换的信息，如图 11-2-3 所示。

```
[RT1]dis nat session
There are currently 5 NAT sessions:

Protocol      GlobalAddr  Port       InsideAddr  Port          DestAddr  Port
    ICMP     211.35.77.1 12288      10.110.10.2 21746       211.35.78.2 21746
     status:11        TTL:00:00:10     Left:00:00:03      VPN:---

    ICMP     211.35.77.1 12292      10.110.10.2 22770       211.35.78.2 22770
     status:11        TTL:00:00:10     Left:00:00:08      VPN:---

    ICMP     211.35.77.1 12289      10.110.10.2 22002       211.35.78.2 22002
     status:11        TTL:00:00:10     Left:00:00:04      VPN:---

    ICMP     211.35.77.1 12290      10.110.10.2 22258       211.35.78.2 22258
     status:11        TTL:00:00:10     Left:00:00:05      VPN:---

    ICMP     211.35.77.1 12291      10.110.10.2 22514       211.35.78.2 22514
     status:11        TTL:00:00:10     Left:00:00:07      VPN:---
```

图 11-2-3　地址转换详情

### 11.2.5　思考与练习

1．下面属于地址转换配置的是______。

A．定义一个访问控制列表，规定什么样的主机可以访问 Internet

B．采用 Easy IP 或地址池方式提供公有地址

C．根据选择的方式，在连接 Internet 接口上启用地址转换

D．根据局域网的需要，定义合适的内部服务器

2．关于 Easy IP，下面叙述正确的是______。

A．Easy IP 表示在地址转换过程中直接使用接口的 IP 地址作为转换后的源地址

B．配置 Easy IP 的命令是在接口视图下：nat outbound acl-number

C．Easy IP 可用于拨号和接口的 IP 地址固定的情况

D．在接口视图下，默认情况访问控制列表与接口关联

## 任务 11.3　内部服务器



### 11.3.1　任务描述

某高校为加大宣传和方便教职工办公，架设了两台服务器，一台提供 WWW 服务，另一台提供 FTP 和 SMTP 服务。其中，内部 FTP、SMTP 服务器地址为 10.100.100.1/24，WWW 服务器的 IP 地址为 10.100.100.2/24。希望可以对外提供统一的服务器的 IP 地址 211.35.77.5，满足外网用户对内部服务器的需求。拓扑图如图 11-3-1 所示。

### 11.3.2　任务要求

在公司内网路由器 RT1 上配置 NAT Server，实现外网用户对内部服务器的访问。理解 NAT Server 的转换过程。

### 11.3.3 知识链接

1. 内部服务器

内部服务器如 WWW、FTP、Telnet、POP3、DNS 等，在被外网用户访问时，需提供公有地址。NAT Server 命令就是用来定义内部服务器的公有和私有地址的映射关系的。

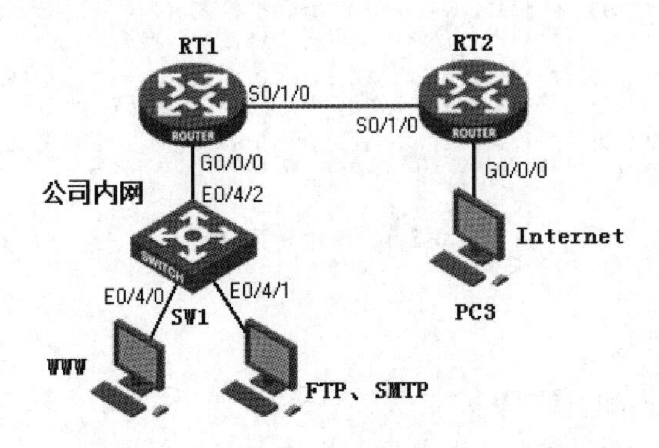


图 11-3-1 网络拓扑图

配置后，用户可以通过公有地址（Global-Addr，Global-Port）来访问内网地址为（Host-Addr，Host-Port）的内部服务器。

2. 内部服务器的配置

（1）定义 ACL：

**acl** *acl-number*

**rule** [ *rule-id* ] { **permit** | **deny** } [ **source** *sour-addr sour-wildcard* | **any** ]

（2）在接口上配置内部服务器 NAT：

**nat server** [ *acl-number* ] **protocol** *pro-type* **global** *global-addr* [ *global-port* ] **inside** *host-addr* [ *host-port* ]

各参数含义：

*acl-number*：基本访问列表或高级访问列表的编号，范围为 2000～3999。

*pro-type*：表示 IP 协议承载的协议类型，可以使用协议号或关键字。如：ICMP（协议号为 1）、TCP（协议号为 6）、UDP（协议号为 7）。

*global-addr*：提供给外部访问的 IP 地址（公有地址）。

*global-port*：提供给外部访问的服务端口号。默认和 *host-port* 的值一致。

*host-addr*：服务器在内部局域网的 IP 地址（私有地址）。

*host-port*：服务器提供的服务端口号，可以用关键字代替。如：WWW（80），FTP（21）。

### 11.3.4 实现方法

1. 设备清单

MSR20-40 路由器 2 台。

二层交换机 1 台。

V.35 线缆 1 对。

装有 Windows XP SP2 的 PC 3 台。

网线若干。

2. IP 地址规划（如表 11-3-1 所示）

表 11-3-1　IP 地址列表

| 设备名 | 接口号 | IP 地址 | 网关 |
|---|---|---|---|
| RT1 | G0/0/0 | 211.35.77.1/24 | |
| | G0/0/1 | 10.110.1.1/16 | |
| RT2 | G0/0/0 | 211.35.77.10/24 | |
| | G0/0/1 | 211.35.78.1/24 | |
| WWW 服务器 | | 10.110.10.2/16 | 10.110.1.1/16 |
| FTP 和 SMTP 服务器 | | 10.110.1.2/16 | 10.110.1.1/16 |
| PC3（Internet 上主机） | | 211.35.78.2/24 | 211.35.78.1/24 |

3. 实验步骤

（1）按图 11-3-1 所示，配置 IP 地址和路由，实现全网互通。

（2）在路由器的接口视图下配置 NAT Server。

```
[RT1]interface Serial0/1/0
[RT1- Serial0/1/0]nat server protocol tcp global 211.35.77.5 80 inside 10.110.10.2 www
[RT1- Serial0/1/0] nat server protocol tcp global 211.35.77.5 21 inside 10.110.1.2 ftp
[RT1- Serial0/1/0] nat server protocol tcp global 211.35.77.5 smtp inside 10.110.1.2 smtp
```

（3）查看配置信息。

```
[RT1]display nat server
NAT server in private network information:
  There are currently 3 internal server(s)
  Interface: Serial0/1/0, Protocol: 6(tcp)
    Global:      211.35.77.5 : 80(www)
    Local :      10.110.10.2 : 80(www)

  Interface: Serial0/1/0, Protocol: 6(tcp)
    Global:      211.35.77.5 : 21(ftp)
    Local :       10.110.1.2 : 21(ftp)

  Interface: Serial0/1/0, Protocol: 6(tcp)
    Global:      211.35.77.5 : 25(smtp)
    Local :       10.110.1.2 : 25(smtp)
```

**【注意事项】**

（1）根据服务器的类型指定端口号。

（2）不要搞混 Global 和 Inside 地址。

### 11.3.5 思考与练习

1. 简要描述外网访问内部服务器时，地址的变化过程。
2. 列出服务器常用的服务类型、端口号和承载的传输层协议。

3．如图 11-3-2 所示，一个公司通过设备 Router 的地址转换功能连接到 Internet。该公司能够通过 Router 的串口 1/0 访问 Internet，公司内部对外提供 WWW、FTP 和 SMTP 服务，而且提供两台 WWW 服务器。公司内部网址为 10.110.0.0/16。其中，内部 FTP 服务器地址为 10.110.10.1，内部 WWW 服务器 1 的 IP 地址为 10.110.10.2，内部 WWW 服务器 2 的 IP 地址为 10.110.10.3，内部 SMTP 服务器 IP 地址为 10.110.10.4，希望可以对外提供统一的服务器 IP 地址。通过配置 NAT 特性，满足如下要求：

（1）内部 IP 地址为 10.110.10.0/24 的用户可以访问 Internet，其他网段的用户则不能访问 Internet。

（2）外部的 PC 可以访问内部的服务器。

（3）公司具有 202.38.160.100 至 202.38.160.105 六个合法的 IP 地址。选用 202.38.160.100 作为公司对外的 IP 地址，WWW 服务器 2 对外采用 8080 端口。

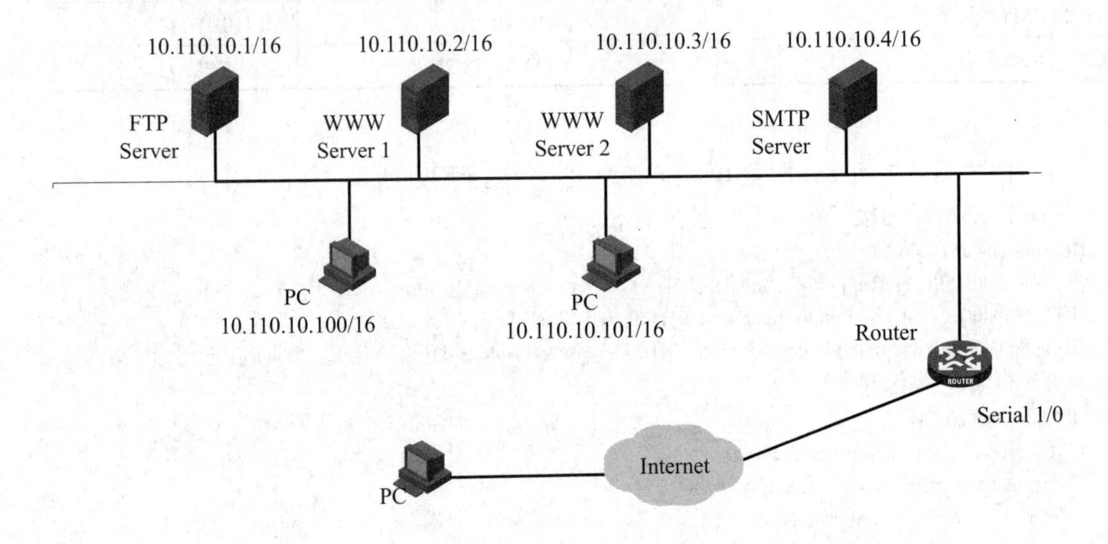


图 11-3-2　网络拓扑结构图

# 12

# 预共享密钥 IPSec VPN 配置

人们从来都希望能够保证通信双方之间传输的信息安全，但最初的 IP 协议，只提供通信服务，不提供安全。当数据在公网上传输时，很容易遭到篡改、窃听、伪装等。这就需要我们采取一定的措施来保证数据能安全地在公网上传输。IPSec 通过验证算法和加密算法能够实现这一目的，它提供了两个主机之间、两个安全网关之间或主机和安全网关之间的保护。

- 理解 VPN、IPSec VPN 的概念
- 理解 IPSec VPN 的安全特点
- 掌握路由器端到端的预共享密钥 IPSec VPN 配置

## 任务　预共享密钥 IPSec VPN 配置

### 12.1.1　任务描述

某企业在北京建立了自己的总部，随着业务的扩展，在香港设立了一个分部，为了实现公司内部资源的安全访问和信息传输，需要在北京总部和香港分部的路由器上配置预共享密钥 IPSec VPN，实现总部和分公司之间链路的安全连接。

### 12.1.2　任务要求

通过在 RT1 和 RT2 之间配置预共享密钥 IPSec VPN，建立一个安全隧道，对 PC1 代表的子网 10.1.1.0/24 与 PC2 代表的子网 20.1.1.0/24 之间的数据流进行安全保护，使得总部和分部之间可以安全互访，如图 12-1-1 所示。

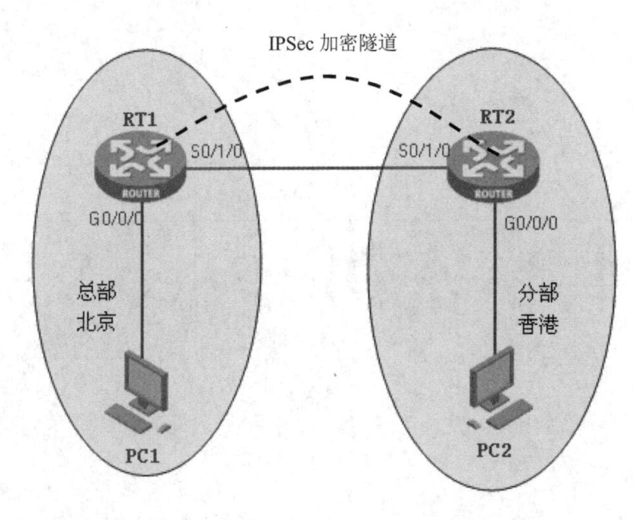


图 12-1-1　预共享密钥 IPSec VPN 配置示例

### 12.1.3　知识链接

1. VPN 和 IPSec VPN 的基本概念

虚拟私有网络（Virtual Private Network，VPN）的功能是：利用公共网络来构建私人专用网络。相对于传统的广域网通过专线连接组网方式实现，VPN 利用了服务提供商提供的公共网络来实现远程的广域网连接，可以使企业以明显更低的成本连接远地办事机构、出差人员和业务伙伴，在企业网络中有广泛应用。

由于 IP 不能保证数据的安全性，IETF 在 RFC 2401 中制定了为保证在 Internet 上传送数据的安全保密性能的框架协议 IPSec（IP Security），IPSec 协议不是一个单独的协议，它给出了网络上数据安全的一整套体系结构。包括报文验证头协议 AH（Authentication Header）、封装安全载荷协议 ESP（Encapsulating Security Payload）、因特网密钥交换协议 IKE（Internet Key Exchange）等协议。IPSec 有隧道（tunnel）和传输（transport）两种工作方式。

IPSec 的安全特点：

（1）数据机密性：IPSec 发送方在通过网络传输包前对包进行加密。常用的算法有 DES、3DES 和 AES。

（2）数据完整性：IPSec 接收方对发送方发来的包进行认证，以确保数据在传输过程中没有被篡改。常用的算法有 MD5 和 SHA。

（3）数据来源认证：IPSec 接收方对 IPSec 包的源地址进行认证（基于数据完整性服务）。

（4）防重放：IPSec 接收方可检测并拒绝接受过时或重复的报文。

IPSec VPN 的主要目的是利用加密技术在公共网络上构建通信双方之间安全的信息传输通道，以提供类似专用网络的功能。IPSec 通信双方通过密钥管理协议进行相互身份认证，并协商信息加密或完整性保护所需算法及其他有关参数，以此构建安全的加密信息传输通道，从而保证信息在不可靠的公共网络上传输的安全性。

2. IPSec 中常用的基本概念

（1）安全联盟（Security Association，简称 SA）

IPSec 对数据流提供的安全服务通过 SA 来实现，它包括协议、算法、密钥等内容，具体确定了如何对 IP 报文进行处理。一个 SA 就是两个 IPSec 系统之间的一个单向逻辑连接，输入数据流和输出数据流由输入 SA 与输出 SA 分别处理。SA 可通过手工配置和自动协商两种方式建立。手工建立 SA 的方式是指用户通过在两端手工设置一些参数，在两端参数匹配和协商通过后建立 SA。自动协商方式由 IKE 生成和维护，通信双方基于各自的安全策略库经过匹配和协商，最终建立 SA 而不需要用户的干预。

因特网密钥交换协议（Internet Key Exchange，IKE）是 IPSec 的信令协议，为 IPSec 提供了自动协商交换密钥、建立 SA 的服务，大大简化了 IPSec 的配置和维护工作。IKE 不在网络上直接传送密钥，而是通过一系列数据的交换，最终计算出真正的密钥。

（3）安全提议（Security Proposal）

包括安全协议、安全协议使用的算法、安全协议对报文的封装形式，规定了把普通的 IP 报文转换成 IPSec 报文的方式。在安全策略中，通过引用一个安全提议来规定该安全策略采用的协议、算法等。

（4）安全策略（Security Policy）

由用户手工配置，规定对什么样的数据流采用什么样的安全措施。对数据流的定义是通过在一个访问控制列表中配置多条规则来实现的，在安全策略中引用这个访问控制列表来确定需要进行保护的数据流。一条安全策略由“名字”和“顺序号”共同唯一确定。

3. IPSec 的配置任务

（1）配置访问控制列表，定义感兴趣的数据流。

（2）配置安全提议。

①创建安全提议

②选择安全协议

③选择安全算法

④选择报文封装形式

（3）创建安全策略。

①手工创建安全策略

②用 IKE 创建安全策略

（4）将安全策略应用在接口上。

4. 在路由器上配置 IPSec+IKE 预共享密钥隧道常用命令

（1）配置访问控制列表

IPSec 是根据访问控制列表中的规则来确定哪些报文需要安全保护，哪些不需要安全保护。特别需要注意的是在建立 IPSec 隧道的两个安全网关上定义的 ACL 必须是相对称的，即一端的安全 ACL 定义的源 IP 地址要与另一端安全 ACL 定义的目的 IP 地址一致。

（2）配置安全提议

①创建安全提议

```
[router] ipsec proposal proposal-name
```

②选择安全协议

```
[router-ipsec-proposal-tran1] transform {ah | ah-esp | esp}
//默认情况下采用 ESP
```

③选择安全算法

```
[router-ipsec-proposal-tran1] esp encryption-algorithm {3des | des | aes}
[router-ipsec-proposal-tran1] esp authentication-algorithm {md5 | sha1}
[router-ipsec-proposal-tran1] ah authentication-algorithm {md5 | sha1}
```

④选择报文封装形式

```
[router-ipsec-proposal-tran1] encapsulation-mode {transport | tunnel}
```

（3）采用 IKE 协商参数方法创建安全策略

安全策略由“名字”和“顺序号”共同唯一标识。

```
[router] ipsec policy policy-name seq-number isakmp  //创建一条安全策略
```

在安全策略中引用安全提议。

```
[router-ipsec-policy-isakmp-map1-10] proposal proposal-name1 [proposal-name2...proposal-name6]
```

在安全策略中引用访问控制列表。

```
[router-ipsec-policy-isakmp-map1-10] security acl acl-number
```

在安全策略中引用 IKE 对等体。

```
[router-ipsec-policy-isakmp-map1-10] ike-peer peer-name
```

（4）将安全策略应用到接口上

```
[router-Serial0/0] ipsec policy policy-name
```

（5）IKE 对等体的配置

①创建一个 IKE 对等体。

```
[router] ike peer peer-name
```

②配置采用预共享密钥验证时所用的密钥。

```
[router-ike-peer-peer1] pre-shared-key key
```

③配置对端安全网关设备的 IP 地址。

```
[router-ike-peer-peer1] remote-address ip-address
```

5. IPSec 的显示与调试命令

显示安全联盟的相关信息。

```
[router]display ipsec sa
```

显示安全策略的信息。

```
[router]display ipsec policy
```



### 12.1.4 实现方法

1. 设备清单

路由器 2 台。

v.35 线缆 1 对。

装有 Windows XP SP2 的 PC 2 台。

网线 2 根。

2. IP 地址规划（如表 12-1-1 所示）

3. 实验步骤

（1）按照图 12-1-1 所示建立物理连接，初始化路由器配置。

表 12-1-1　IP 地址列表

| 设备名称 | 接口 | IP 地址/掩码 | 网关 |
| --- | --- | --- | --- |
| RT1 | S0/1/0 | 30.0.0.1/24 | |
| | G0/0/0 | 10.1.1.1/24 | |
| RT2 | S0/1/0 | 30.0.0.2/24 | |
| | G0/0/0 | 20.1.1.1/24 | |
| PC1 | | 10.1.1.2/24 | 10.1.1.1 |
| PC2 | | 20.1.1.2/24 | 20.1.1.1 |

（2）根据表 12-1-1 的 IP 地址规划，在两台路由器上配置接口 IP 地址和基本路由。

```
[RT1]interface s0/1/0
[RT1-Serial0/1/0]ip address 30.0.0.1 255.255.255.0
[RT1-Serial0/1/0]quit
[RT1]interface g0/0/0
[RT1-GigabitEthernet0/0/0]ip address 10.1.1.1 24
[RT1]ip route-static 20.1.1.0 255.255.255.0 30.0.0.2

[RT2]interface s0/1/0
[RT2-Serial0/1/0]ip address 30.0.0.2 24
[RT2-Serial0/1/0]quit
[RT2]interface g0/0/0
[RT2-GigabitEthernet0/0/0]ip address 20.1.1.1 24
[RT2-GigabitEthernet0/0/0]quit
[RT2]ip route-static 10.1.1.0 255.255.255.0 30.0.0.1
```

（3）配置访问控制列表。

在 RT1 上配置访问控制列表，定义子网 10.1.1.0/24 到 20.1.1.0/24 去的数据流。

```
[RT1]acl number 3000
[RT1-acl-adv-3000]rule permit ip source 10.1.1.0 0.0.0.255 destination 20.1.1.0 0.0.0.255
```

在 RT2 上配置访问控制列表，定义子网 20.1.1.0/24 到 10.1.1.0/24 去的数据流。

```
[RT2]acl number 3000
[RT2-acl-adv-3000]rule permit ip source 20.1.1.0 0.0.0.255 destination 10.1.1.0 0.0.0.255
```

（4）定义安全提议。

安全提议保存 IPSec 需要使用的特定安全协议、加密/认证算法以及封装模式，为 IPSec 协商 SA 提供各种安全参数。

```
[RT1]ipsec proposal tran1　//创建名为 tran1 的安全提议
[RT1-ipsec-proposal-tran1]encapsulation-mode tunnel
[RT1-ipsec-proposal-tran1]transform esp
[RT1-ipsec-proposal-tran1]esp encryption-algorithm des
[RT1-ipsec-proposal-tran1]esp authentication-algorithm sha1
[RT1-ipsec-proposal-tran1]quit

[RT2]ipsec proposal tran2　//创建名为 tran2 的安全提议
[RT2-ipsec-proposal-tran2]encapsulation-mode tunnel
[RT2-ipsec-proposal-tran2]transform esp
[RT2-ipsec-proposal-tran2]esp encryption-algorithm des
```

```
[RT2-ipsec-proposal-tran2]esp authentication-algorithm sha1
[RT2-ipsec-proposal-tran2]quit
```

（5）配置 IKE 对等体。

```
[RT1]ike peer peer1
[RT1-ike-peer-peer1]pre-shared-key jzsz
[RT1-ike-peer-peer1]remote-address 30.0.0.2

[RT2]ike peer peer1
[RT2-ike-peer-peer1]pre-shared-key jzsz
[RT2-ike-peer-peer1]remote-address 30.0.0.1
```

（6）创建安全策略。

```
[RT1]ipsec policy map1 10 isakmp
 //isakmp 表示通过 ike 协商方式建立 SA，10 为安全策略顺序号
[RT1-ipsec-policy-isakmp-map1-10]proposal tran1
[RT1-ipsec-policy-isakmp-map1-10]security acl 3000
[RT1-ipsec-policy-isakmp-map1-10]ike-peer peer1
[RT1-ipsec-policy-isakmp-map1-10]quit

[RT2]ipsec policy map1 10 isakmp
[RT2-ipsec-policy-isakmp-map1-10]proposal tran2
[RT2-ipsec-policy-isakmp-map1-10]security acl 3000
[RT2-ipsec-policy-isakmp-map1-10]ike-peer peer1
[RT2-ipsec-policy-isakmp-map1-10]quit
```

（7）在接口上应用安全策略。

```
[RT1]interface s0/1/0
[RT1-Serial0/1/0]ipsec policy map1

[RT2]interface s0/1/0
[RT2-Serial0/1/0]ipsec policy map1
```

（8）验证查看。

①显示当前建立的安全通道。

```
 [RT2]display ike sa
     total phase-1 SAs:   1
     connection-id    peer                  flag            phase     doi
   ----------------------------------------------------------
      1              30.0.0.1             RD|ST              1        IPSEC
      2              30.0.0.1             RD|ST              2        IPSEC


   flag meaning
   RD--READY ST--STAYALIVE RL--REPLACED FD--FADING TO—TIMEOUT
```

②在 RT2 上查看安全联盟的相关信息如下：

```
 [RT2]display ipsec sa
===============================
Interface: Serial0/1/0
     path MTU: 1500
===============================


   -----------------------------
```

```
  IPsec policy name: "map1"
  sequence number: 10
  mode: isakmp
  -----------------------------
    connection id: 1
    encapsulation mode: tunnel
    perfect forward secrecy:
    tunnel:
        local    address: 30.0.0.2
        remote address: 30.0.0.1
    flow:
        sour addr: 20.1.1.0/255.255.255.0    port: 0    protocol: IP
        dest addr: 10.1.1.0/255.255.255.0    port: 0    protocol: IP
```

③查看 IPSec 隧道的信息。

```
[RT2]display ipsec tunnel
    total tunnel : 1
    ------------------------------------------------
    connection id: 1
    perfect forward secrecy:
    SA's SPI:
        inbound:    1281711236 (0x4c655c84) [ESP]
        outbound: 1026123675 (0x3d29679b) [ESP]
    tunnel:
        local    address: 30.0.0.2
        remote address: 30.0.0.1
    flow:
        sour addr: 20.1.1.0/255.255.255.0    port: 0    protocol: IP
        dest addr: 10.1.1.0/255.255.255.0    port: 0    protocol: IP
    current Encrypt-card:
```

【注意事项】

以上配置完成后，两台路由器之间如果有子网之间的报文通过，将触发 IKE 进行协商，建立安全联盟，两个子网之间的数据流将被加密传输。

### 12.1.5 思考与练习

1. 什么是 VPN？
2. 什么是 IPSec VPN？它的安全特点是什么？
3. 在路由器上完成 IPSec+IKE 预共享密钥隧道的基本配置。

# 13

# 用 VRRP 实现设备备份

网络由许许多多的组件组成，由于任何一个网络组件都可能出现故障，因此网络可靠性通常要通过一定的冗余来实现。通信网络中最主要的组件是网络设备和链路，因此其可靠性的提高主要通过设备冗余和链路冗余来保证。通过为设备或链路提供一个多个备份设备或者链路，可保证在主用设备或链路出现故障时能快速切换到备用设备或链路，减少甚至避免网络中断。VRRP 协议是实现路由备份，提高网络可靠性的方法之一。

- 掌握 VRRP 协议基本原理。
- 掌握配置 VRRP 的基本命令。

## 任务　配置 VRRP 实现路由备份

### 13.1.1　任务描述

某政府机关总部在市中心某区域，分部在另一区域，分部和总部之间用一条线路连接，在总部和分部间运行 OSPF。在使用网络过程中经常出现由于线路故障导致网络中断的情况，为了实现分部与总部之间的高可靠性，希望在分部的网络中通过配置 VRRP，实现通过两条线连接到总公司，两条线路互为备份。拓扑图如图 13-1-1 所示。

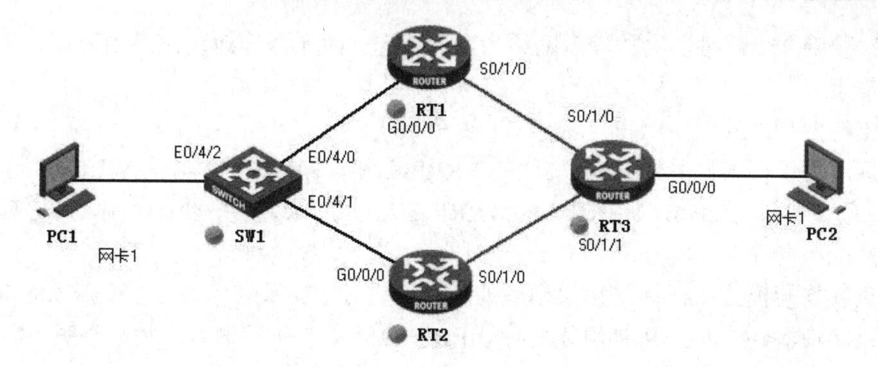


图 13-1-1　VRRP 实验组网图

## 13.1.2　任务要求

用 PC1 模拟分部主机，PC2 模拟总部主机，在 RT1 和 RT2 路由器上配置 VRRP 实现路由备份。

## 13.1.3　知识链接

1. VRRP 简介

如图 13-1-2 所示，通常，同一网段内的所有主机都设置一条以某一路由器（或三层交换机）为下一跳的默认路由，即以此路由器作为其默认网关。主机发往其他网段的报文将通过默认路由发往默认网关，再由默认网关进行转发，从而实现主机与外部网络的通信。当默认网关发生故障时，本网段内所有以网关为默认路由的主机将无法与外部网络通信。

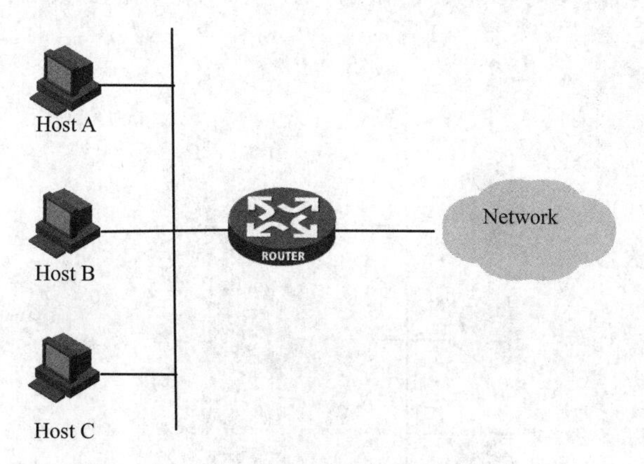


图 13-1-2　单一默认网关的局域网

默认路由为用户的配置操作提供了方便，但是对默认网关设备提出了很高的稳定性要求。增加出口网关是提高系统可靠性的常见方法，此时如何在多个出口之间进行选路就成为需要解决的问题。VRRP（Virtual Router Redundancy Protocol，虚拟路由器冗余协议）将可以承担网关功能的一组路由器加入到备份组中，形成一台虚拟路由器，由 VRRP 的选举机制决定哪台路由器承担转发任务，局域网内的主机只需将虚拟路由器配置为默认网关。

VRRP 是一种容错协议，在提高可靠性的同时，简化了主机的配置。在具有多播或广播能力的局域网（如以太网）中，借助 VRRP 能在某台路由器出现故障时仍然提供高可靠的默认链路，有效避免单一链路发生故障后网络中断的问题，而无需修改动态路由协议、路由发现协议等配置信息。

设备支持两种模式的 VRRP：

- 标准协议模式：基于 RFC 实现的 VRRPv2 和 VRRPv3。其中，VRRPv2 基于 IPv4，VRRPv3 基于 IPv6。VRRPv2 和 VRRPv3 在功能实现上并没有区别，只是应用的网络环境不同。
- 负载均衡模式：在标准协议模式的基础上进行了扩展，实现了负载均衡功能。

**注意**：路由器和三层交换机均可支持 VRRP 功能。本项目中如无特别声明。所称的路由器均代表“具有路由功能的设备”，包括路由器和三层交换机。

VRRP 将局域网内的一组路由器划分在一起，称为一个备份组。备份组由一个 Master 路由器和多个 Backup 路由器组成，功能上相当于一台虚拟路由器。

VRRP 备份组具有以下特点：

（1）虚拟路由器具有 IP 地址，称为虚拟 IP 地址。局域网内的主机仅需要知道这个虚拟路由器的 IP 地址，并将其设置为默认路由的下一跳地址。

（2）网络内的主机通过这个虚拟路由器与外部网络进行通信。

（3）备份组内的路由器根据优先级，选举出 Master 路由器，承担网关功能。

（4）其他路由器作为 Backup 路由器，当 Master 路由器发生故障时，取代 Master 继续履行网关职责，从而保证网络内的主机不间断地与外部网络进行通信。

如图 13-1-3 所示，Router A、Router B 和 Router C 组成一个虚拟路由器。此虚拟路由器有自己的 IP 地址。局域网内的主机将虚拟路由器设置为默认网关。Router A、Router B 和 Router C 中优先级最高的路由器作为 Master 路由器，承担网关的功能。其余两台路由器作为 Backup 路由器。

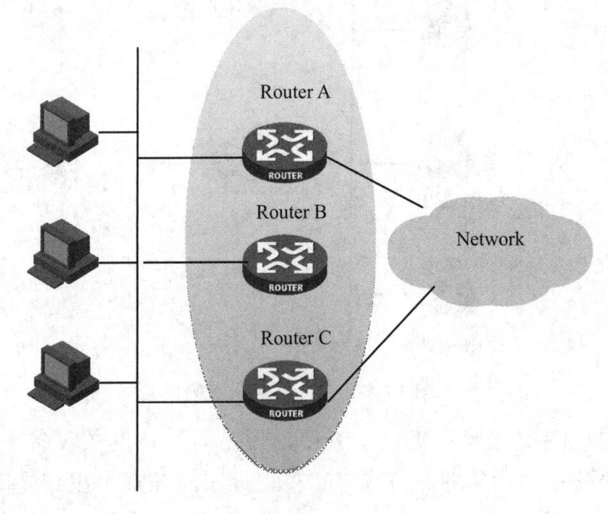


图 13-1-3　VRRP 组网示意图

2. VRRP 原理

路由器在备份组中的状态可以为初始状态（Initialize）、活动状态（Master）和备份状态（Backup）。其中只有处于活动状态的路由器可以为到虚拟 IP 地址的转发请求提供服务。

路由器会根据优先级确定自己在备份组中的角色。优先级高的路由器成为 Master 路由器，优先级低的成为 Backup 路由器。Master 路由器定期发送 VRRP 通告报文，通知备份组内的其他设备自己工作正常；Backup 路由器则启动定时器等待通告报文的到来。

在抢占方式下，当 Backup 路由器收到 VRRP 通告报文后，会将自己的优先级与通告报文中的优先级进行比较。如果大于通告报文中的优先级，则成为 Master 路由器；否则将保持 Backup 状态。

在非抢占方式下，只要 Master 路由器没有出现故障，备份组中的路由器始终保持 Master 或 Backup 状态，Backup 路由器即使随后被配置了更高的优先级也不会成为 Master 路由器。

如果 Backup 路由器的定时器超时后仍未收到 Master 路由器发送来的 VRRP 通告报文，则认为 Master 路由器已经无法正常工作，此时 Backup 路由器会认为自己是 Master 路由器，并对外发送 VRRP 通告报文。备份组内的路由器根据优先级选举出 Master 路由器，承担报文的转发功能。

3. VRRP 配置

在 S3610 交换机上配置 VRRP 的主要内容包括：创建备份组并配置虚拟 IP 地址、设备备份组中的优先级、设备备份组中的抢占方式和延迟时间，设置验证方式和验证字，设置备份组的定时器。

（1）创建备份组并配置虚拟 IP 地址

将一个本网段的虚拟 IP 地址指定给一个备份组。在接口视图下执行以下命令。

**vrrp vrid** *virtual-router-id* **virtual-ip** *virtual-address*

参数 *virtual-router-id* 定义了备份组号，备份组号范围从 1～255，虚拟路由器的 IP 地址可以是备份组所在网段中未被分配的 IP 地址，也可以和备份组内的某个路由器的接口 IP 地址相同。接口 IP 地址与虚拟 IP 地址相同的路由器被称为“IP 地址拥有者”。在同一个 VRRP 备份组中，只允许配置一个 IP 地址拥有者。这条命令需要在备份组的所有成员路由器的接口上配置，并且参数相同。

（2）配置备份组优先级

配置备份组优先级，在接口视图下执行以下命令。

**vrrp vrid** *virtual-router-id* **priority** *priority-value*

VRRP 优先级的取值范围为 0～255（数值越大表明优先级越高），可配置的范围是 1～254，优先级 0 为系统保留给特殊用途来使用，255 则是系统保留给 IP 地址拥有者的。默认情况下，优先级的取值为 100。

VRRP 根据优先级来确定备份组中每台路由器的地位，备份组中优先级最高的路由器将成为 Master。

优先级是可选参数，如果没有配置优先级，VRRP 将选举备份组接口 IP 地址较大的路由器为 Master。

（3）配置备份组中的路由器工作在抢占方式

**vrrp vrid** *virtual-router-id* **preempt-mode** [ **timer delay** *delay-value* ]

默认情况下，备份组中的路由器工作在抢占方式，抢占延迟时间为 0 秒。

如果备份组中的路由器工作在非抢占方式下，则只要 Master 路由器没有出现故障，Backup 路由器即使随后被配置了更高的优先级也不会成为 Master 路由器。

如果备份组中的路由器工作在抢占方式下，它一旦发现自己的优先级比当前的 Master 路由器的优先级高，就会对外发送 VRRP 通告报文。导致备份组内路由器重新选举 Master 路由器，并最终取代原有的 Master 路由器。相应地，原来的 Master 路由器将会变成 Backup 路由器。

在设置抢占的同时，还可以设置延迟时间，这样可以使得 Backup 延迟一段时间成为 Master。如果没有延迟时间，在性能不够稳定的网络中，Backup 路由器可能因为网络堵塞而无法正常收到 Master 路由器的报文，导致备份组内的成员频繁的进行主备状态切换。延迟时间以秒计，范围为 0～255。

（4）设置验证方式及验证字

VRRP 协议提供了 3 种验证方式，分别是无验证、简单字符验证和 MD5 验证。

①采用无验证方式时，发送 VRRP 报文的路由器不对要发送的报文进行任何验证处理，而接收 VRRP 报文的路由器也不对接收的报文进行任何验证。在这种情况下，用户不需要设置验证字。

②简单字符验证（simple）。发送 VRRP 报文的路由器将认证字填入到 VRRP 报文中，而收到 VRRP 报文的路由器会将收到的 VRRP 报文中的认证字和本地配置的认证字进行比较。如果认证字相同，则认为接收到的报文是真实、合法的 VRRP 报文；否则认为接收到的报文是一个非法报文。在这种情况下，用户应当设置长度不超过 8 位的验证字。

③MD5 验证。发送 VRRP 报文的路由器利用认证字和 MD5 算法对 VRRP 报文进行验证，在这种情况下，用户应当设置长度不超过 18 位的验证字。对于没有验证的报文，路由器会将其丢弃。

在接口视图下配置验证方式及验证字，命令如下：

```
vrrp vrid virtual-router-id authentication-mode { md5 | simple } key
```

默认验证方式为无验证，注意要把 VRRP 备份组内所有路由器接口的验证方式和密码设为一样。

（5）设置 VRRP 定时器

在接口视图下配置 VRRP 定时器，命令如下：

```
vrrp vrid virtual-router-id timer advertise adver-interval
```

参数 *adver-interval* 的单位为秒，默认情况下值是 3。

VRRP 备份组中的 Master 路由器会定时发送 VRRP 通告报文，通知备份组内的路由器自己工作正常。如果 Backup 超过一过时间没有收到 Master 发送来的 VRRP 报文，则认为它已经无法正常工作。同时就会将自己的状态转变为 Master。用户可以通过设置定时器来调整 Master 发送 VRRP 报文的间隔时间 *adver-interval*。

### 13.1.4 实现方法

1．设备清单

MSR20-40 路由器 3 台。

v.35 线缆 2 对。

装有 Windows XP SP2 的 PC 2 台。

S3610 交换机 1 台。

网线 4 根。

2. IP 地址规划（如表 13-1-1 所示）

表 13-1-1　IP 地址列表

| 设备名称 | 接口 | IP 地址 | 网关 |
| --- | --- | --- | --- |
| RT1 | G0/0/0 | 192.168.1.2/24 | |
| | S0/1/0 | 10.1.2.2/24 | |
| RT2 | G0/0/0 | 192.168.1.1/24 | |
| | S0/1/0 | 10.1.1.2/24 | |
| RT3 | S0/1/0 | 10.1.2.1/24 | |
| | S0/1/1 | 10.1.1.1/24 | |
| | G0/0/0 | 192.168.2.1/24 | |
| PC1 | | 192.168.1.4/24 | 192.168.1.3（虚拟 IP 地址） |
| PC2 | | 192.168.2.4/24 | 192.168.2.1 |

3. 实验步骤

（1）基本 IP 地址和路由配置

完成 RT1、RT2、RT3、PC1、PC2 的 IP 地址配置，其中，PC1 的网关地址应设置为 192.168.1.3，PC2 的网关地址应设置为 192.168.2.1。为了配置简单，在 RT1、RT2、RT3 上运行 OSPF，所有接口网段都在 OSPF Area 0 中发布。

（2）配置 VRRP

配置 RT1 虚拟 IP 地址：

```
[RT1]interface GigabitEthernet 0/0/0
[RT1-GigabitEthernet0/0/0]vrrp vrid 1 virtual-ip 192.168.1.3
```

配置 RT2 虚拟 IP 地址：

```
[RT2] interface GigabitEthernet 0/0/0
[RT2-GigabitEthernet0/0/0]vrrp vrid 1 virtual-ip 192.168.1.3
```

PC1 分别到 RT1 GigabitEthernet 0/0/0 接口和 RT2 GigabitEthernet 0/0/0 接口的可达性，如图 13-1-4、图 13-1-5 所示。

```
VPCS[1]> ping 192.168.1.2
192.168.1.2 icmp_seq=1 ttl=255 time=10.000 ms
192.168.1.2 icmp_seq=2 ttl=255 time=10.000 ms
192.168.1.2 icmp_seq=3 ttl=255 time=20.000 ms
192.168.1.2 icmp_seq=4 ttl=255 time=20.000 ms
192.168.1.2 icmp_seq=5 ttl=255 time=10.000 ms
```

图 13-1-4　PC1 与 RT1 GigabitEthernet 0/0/0 接口的连通性

```
VPCS[1]> ping 10.1.1.1
10.1.1.1 icmp_seq=1 ttl=254 time=30.000 ms
10.1.1.1 icmp_seq=2 ttl=254 time=30.000 ms
10.1.1.1 icmp_seq=3 ttl=254 time=20.000 ms
10.1.1.1 icmp_seq=4 ttl=254 time=20.000 ms
10.1.1.1 icmp_seq=5 ttl=254 time=20.000 ms
```

图 13-1-5　PC1 与 RT2 GigabitEthernet 0/0/0 接口的连通性

PC1 到虚拟网关的可达性如图 13-1-6 所示。

```
VPCS[1]> ping 192.168.1.3
192.168.1.3 icmp_seq=1 ttl=255 time=20.000 ms
192.168.1.3 icmp_seq=2 ttl=255 time=20.000 ms
192.168.1.3 icmp_seq=3 ttl=255 time=10.000 ms
192.168.1.3 icmp_seq=4 ttl=255 time=10.000 ms
192.168.1.3 icmp_seq=5 ttl=255 time=10.000 ms
```

图 13-1-6　PC1 到虚拟网关的可达性

配置 RT1 备份组优先级为 120。

```
[RT1-GigabitEthernet0/0/0]vrrp vrid 1 priority 120
```

查看 VRRP 备份组的状态摘要。

```
[RT1]display vrrp
 IPv4 Standby Information:
     Run Mode          : Standard
     Run Method        : Virtual MAC
 Total number of virtual routers : 1
 Interface        VRID    State       Run      Adver    Auth      Virtual
                                      Pri      Timer    Type         IP
 ----------------------------------------------------------------
 GE0/0/0           1       Master     120       1       None      192.168.1.3
[RT2]disp vrrp
 IPv4 Standby Information:
     Run Mode          : Standard
     Run Method        : Virtual MAC
 Total number of virtual routers : 1
 Interface        VRID    State       Run      Adver    Auth      Virtual
                                      Pri      Timer    Type         IP
 ----------------------------------------------------------------
 GE0/0/0           1       Backup     100       1       None      192.168.1.3
```

4. 验证

验证 VRRP：PC1 到 PC2 的可达性如图 13-1-7 所示。

```
VPCS[2]> 1
VPCS[1]> ping 192.168.2.4
192.168.2.4 icmp_seq=1 ttl=62 time=30.000 ms
192.168.2.4 icmp_seq=2 ttl=62 time=20.000 ms
192.168.2.4 icmp_seq=3 ttl=62 time=10.000 ms
192.168.2.4 icmp_seq=4 ttl=62 time=20.000 ms
192.168.2.4 icmp_seq=5 ttl=62 time=10.000 ms
```

图 13-1-7　PC1 与 PC2 的连通状态

将 RT1 关机，检测 PC1 到 PC2 的可达性如图 13-1-8 所示。

```
VPCS[1]> ping 192.168.2.4
192.168.2.4 icmp_seq=1 ttl=62 time=20.000 ms
192.168.2.4 icmp_seq=2 ttl=62 time=10.000 ms
192.168.2.4 icmp_seq=3 ttl=62 time=10.000 ms
192.168.2.4 icmp_seq=4 ttl=62 time=20.000 ms
192.168.2.4 icmp_seq=5 ttl=62 time=10.000 ms
```

图 13-1-8　将 RT1 关闭后 PC1 与 PC2 的连通状态

在 RT2 上查看 VRRP 的状态。

```
[RT2]display vrrp
 IPv4 Standby Information:
     Run Mode          : Standard
     Run Method        : Virtual MAC
 Total number of virtual routers : 1
 Interface          VRID   State        Run     Adver   Auth      Virtual
                                        Pri     Timer   Type         IP
 ----------------------------------------------------------------
 GE0/0/0             1     Master       100     1       None      192.168.1.3
```

### 13.1.5　思考与练习

1．局域网设备和链路备份通常采用______技术。

A．DCC　　B．链路聚合　　C．生成树协议　　D．VRRP

2．要在一个拥有 20 台路由器和 50 台交换机的网络中实现路由备份，应使用______。

A．备份中心　　B．VRRP　　C．生成树协议　　D．路由协议

3．下列关于 VRRP 协议的描述，正确的是______。

A．优先级影响虚拟路由器的选举结果

B．路由器如果设置为抢占方式，它一旦发现自己的优先级比当前的 Master 的优先级高，就会成为 Master

C．发送 VRRP 报文的周期越小越好，因为这样可以迅速感知故障，降低故障恢复时间

D．发送 VRRP 报文的周期越大越好，因为这样可以避免偶然性丢包等带来的不必要切换

# 14

# IPv6 技术

互联网所用 IPv4 技术的最大问题是提供的网络地址资源有限。从理论上讲，IPv4 地址可以为 1600 万个网络和 40 亿台主机提供编址。但采用 A、B、C 三类编址方式后，可用的网络地址和主机地址的数目大打折扣，以致 IP 地址已于 2011 年 2 月 3 日分配完毕。

一方面是地址资源数量的限制，另一方面是随着电子技术及网络技术的发展，计算机网络进入人们的日常生活，可能身边的每一样东西都需要连入 Internet。在这样的环境下，IPv6 应运而生。它不但解决了网络地址资源数量的问题，同时也为更多设备连入互联网在数量限制上扫清了障碍。

- 了解 IPv6 技术。
- 掌握 IPv6 地址及前缀表示方法。
- 掌握 IPv6 地址配置技术

## 任务　IPv6 地址配置

### 14.1.1　任务描述

某公司在北京建立了总部，广州建立了分部。分部有部分主机需要通过 IPv6 访问总部，请实现 IPv6 网络的配置，如图 14-1-1 所示。

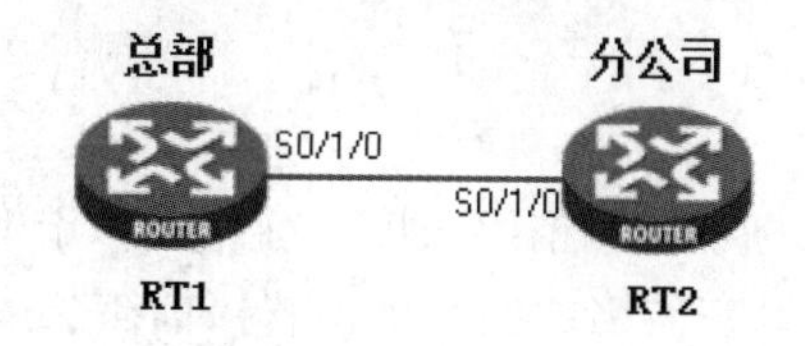


图 14-1-1　网络拓扑图

### 14.1.2　任务要求

掌握路由器 IPv6 地址的配置。

### 14.1.3　知识链接

1. IPv6 简介

IPv6（Internet Protocol Version 6，因特网协议版本 6）是网络层协议的第二代标准协议，也被称为 IPng（IP Next Generation，下一代因特网），它是 IETF（Internet Engineering Task Force，Internet 工程任务组）设计的一套规范，是 IPv4 的升级版本。

IPv6 的特点：

（1）IPv6 地址长度为 128 位，可用地址空间大大增加。

（2）灵活的 IP 报文头部格式。使用一系列固定格式的扩展头部取代了 IPv4 中可变长度的选项字段，使路由器对报文选项可以不做任何处理，加快了报文处理速度。

（3）IPv6 简化了报文头部格式，字段只有 8 个，加快了报文转发速度，提高了吞吐量。

（4）提高了安全性。身份认证和隐私权是 IPv6 的关键特性。

（5）支持更多的服务类型。

（6）允许协议继续演变，增加新的功能，使之适应未来技术的发展。

2. IPv6 地址表示

IPv6 地址由 128 位二进制数组成，每 16 位为一个组，共分为 8 组，每组用 4 位十六进制数表示，中间用“:”隔开。比如 AD80:0000:0000:0000:ABAA:0000:00C2:0002 是一个合法的 IPv6 地址。

（1）零压缩法

IPv6 地址比较长，不便于阅读与书写，采用零压缩法可以缩减其长度。

①如果几个连续位的值都是 0，可以用“::”来表示且“::”只能用一次。如 FE80:0000:0000:0000:AB12:0000:00C2:0322 可写成 FE80::AB12:0000:00C2:0322 或 FE80:0000:0000:0000:AB12::00C2:0322。

这是为了能准确还原被压缩的 0，不然就无法确定每个“::”代表了多少个 0。

②以 0 开头的组可以省略前面的 0，但不能省略组中有效的 0。如 FE80::AB12:0000:00C2:0322 可简写为 FE80::AB12:0:C2:322，但 FE80 中的 0 不能省略。

下面是一些合法的 IPv6 地址：

CDCD:910A:2200:5498:8475:1111:39:2020

1030::C9B4:FF12:48AA:1A2B

2000:0:0:0:0:0:0:1

2000::1

（2）地址前缀（/x）

IPv6 地址包含前缀、接口标识符和前缀长度。前缀类似于 IPv4 的网络部分，标识地址所属的网络；接口标识符标识地址在网络中的具体位置；前缀长度确定地址中哪一部分是前缀，哪一部分是接口标识符。

如 2000::1/16，表示 2000 是网络前缀，接口标识符为 0:0:0:0:0:0:1。

3. IPv6 地址类型

IPv6 有三种类型的地址，单播地址、组播地址和任播地址。

（1）单播地址

单播就是传统的点对点通信，单播地址用来唯一标识一个接口。发往单播地址的报文，由地址标识的接口接收。IPv6 单播地址的类型包括全球单播地址、链路本地地址和站点本地地址等。每个接口至少要有一个链路本地地址。

①全球单播地址相当于 IPv4 的公网地址，这类地址由网络供应商提供。

②链路本地地址用于邻居发现协议和无状态自动配置中链路本地节点之间的通信。使用链路本地地址作为目的地址的数据报文不会被转发到其他链路上，即路由器不支持链路本地地址的通信。当配置一个单播 IPv6 地址的时候，接口上会自动配置一个链路本地单播地址。

地址格式如图 14-1-2 所示。

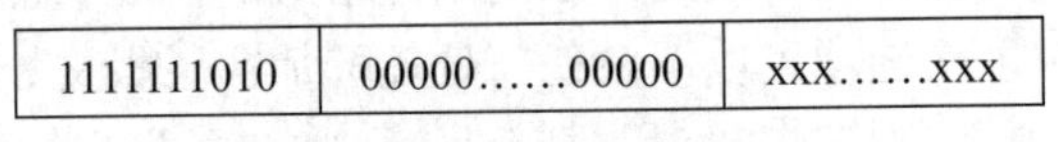


图 14-1-2　链路本地地址格式

前 10 位为定值，转换成十六进制为 FE80；中间 54 位全为 0；剩下的 64 位为接口地址。采用地址前缀表示 FE80::/10。

③站点本地地址用于规定站点内的通信，不能与站点外地址通信，也不能直接连接到全球 Internet，类似于 IPv4 的私有地址。

地址格式如图 14-1-3 所示。

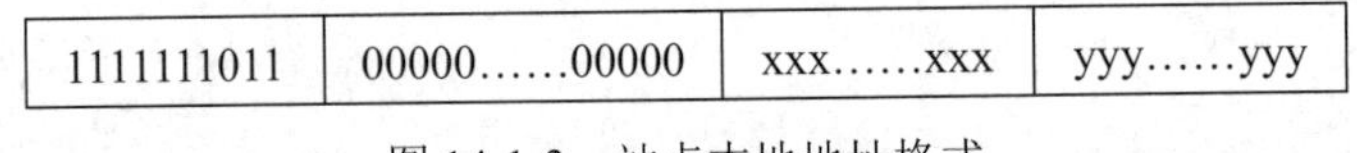


图 14-1-3　站点本地地址格式

前 10 位为定值，转换成十六进制为 FEC0；接着 38 位全为 0；其后 16 位为子网标识符；剩下的 64 位为接口地址。采用地址前缀表示 FEC0::/10。



④环回地址：同 IPv4 的环回地址，用于给节点自身发送报文，不能分配给任何物理接口。0:0:0:0:0:0:0:1（简写::1/128）是 IPv6 的环回地址。

⑤未指定地址：地址“::”称为未指定地址，不能分配给任何节点。在节点获得有效的 IPv6 地址之前，可在发送的 IPv6 报文的源地址字段填入该地址，但不能作为 IPv6 报文中的目的地址。

（2）组播地址

组播地址用来标识一组接口。一般这些接口属于不同的节点。一个节点可能属于 0 到多个组播组。发往组播地址的报文被该组中所有接口接收。

组播地址前 8 位标识一般都是 1111 1111，即地址以 FF 开头，地址前缀表示为 FF00::/8。

（3）任播地址

用来标识一组接口。一般这些接口属于不同的节点。发送到任播地址的数据报文被传送给此地址所标识的一组接口中距离源节点最近（根据使用的路由协议进行度量）的一个接口。任播地址是从单播地址中划分出来的，格式与单播地址格式相同。

4. EUI-64 格式

IPv6 单播地址要求接口标识符是 64 位。IEEE 定义了一个标准的 64 位全球唯一地址格式 EUI-64。该地址是从接口的 MAC 地址映射而来。其中，公司 ID 仍然是 24 位，但扩展 ID 是 40 位，从而为网络适配器制造商提供了更大的地址空间。

将 MAC 地址转换为 EUI-64 格式地址，需要在 MAC 地址的公司 ID 和扩展 ID 间（即从高位开始的第 24 位后）插入十六进制数 0xFFFE，为确保地址的唯一性，需将第 7 位取反。

例：MAC 地址 C8-9C-DC-12-D9-26 转换为 EUI-64 格式的地址。

（1）在 24 位后插入 0xFFFE：C8-9C-DC-FF-FE-12-D9-26。

（2）第 7 位取反：MAC 地址高两位的十六进制数 C8 转换为二进制为 11001000，第 7 位取反即 11001010，对应的十六进制数 0xCA，得到的结果为 CA-9C-DC-FF-FE-12-D9-26。

因此，该 MAC 地址对应的 EUI-64 格式 IPv6 地址为 CA9C:DCFF:FE12:D926。

5. IPv6 基本配置

（1）开启 IPv6 报文转发功能

IPv6 报文转发功能默认是关闭的。在进行 IPv6 的相关配置之前必须先开启，否则即使配置了 IPv6 地址，仍无法转发 IPv6 的报文。

```
system-view                //进入系统视图下
ipv6                       //开启 IPv6 报文转发
```

（2）配置接口 IPv6 地址

①配置全球单播或站点本地地址可以手工指定，也可以“指定前缀+EUI-64 格式”自动生成。配置命令如下：

手工指定： **ipv6 address** ipv6-address/prefix-length

EUI-64 自动生成：**ipv6 address** *ipv6-address/prefix-length* **eui-64**

②配置链路本地地址同样可以手工指定或自动生成。

手工指定：**ipv6 address** *ipv6-address* link-local

自动生成：ipv6 address auto link-local

### 14.1.4 实现方法

1. 设备清单

MSR20-40 路由器 2 台。

V.35 线缆 1 对。

装有 Windows XP SP2 的 PC 3 台。

网线若干。

2. IP 地址规划

IP 地址规划如表 14-1-1 所示。

表 14-1-1 IP 地址列表

| 设备名 | 接口号 | IP 地址 |
|---|---|---|
| RT1 | S0/1/0 | 2008:12:12:12::1/64 |
| RT2 | S0/1/0 | 2008:12:12:12::2/64 |

3. 实验步骤

（1）配置 RT1

①开启路由器的 IPv6 转发功能。

```
<RT1> system-view
[RT1] ipv6
```

②手工指定接口 Serial 0/1/0 的全球单播地址。

```
[RT1] interface Serial 0/1/0
[RT1-Serial0/1/0]ipv6 address 2008:12:12:12::1 64
```

（2）配置 RT2

```
<RT2> system-view
[RT2] ipv6

[RT2] interface Serial 0/1/0
[RT2-Serial0/1/0]ipv6 address 2008:12:12:12::2 64
[RT2-Serial0/1/0]
%Jul  9 10:12:50:767 2016 RT2 IFNET/5/PROTOCOL_UPDOWN: Protocol PPP IPV6CP on the interface Serial0/1/0 is UP.
```

（3）查看 IPv6 接口的信息

```
[RT1]display ipv6 interface Serial 0/1/0
*down: administratively down
(s): spoofing
Interface                      Physical   Protocol   IPv6 Address
Serial0/1/0                    up         up           2008:12:12:12::1

[RT2]display ipv6 interface Serial 0/1/0
*down: administratively down
(s): spoofing
Interface                      Physical   Protocol   IPv6 Address
Serial0/1/0                    up         up           2008:12:12:12::2
```

（4）测试 IPv6 网络连通性

```
[RT1]ping ipv6 2008:12:12:12::2
  PING 2008:12:12:12::2 : 56   data bytes, press CTRL_C to break
    Reply from 2008:12:12:12::2
    bytes=56 Sequence=1 hop limit=64   time = 11 ms
    Reply from 2008:12:12:12::2
    bytes=56 Sequence=2 hop limit=64   time = 10 ms
    Reply from 2008:12:12:12::2
    bytes=56 Sequence=3 hop limit=64   time = 10 ms
    Reply from 2008:12:12:12::2
    bytes=56 Sequence=4 hop limit=64   time = 10 ms
    Reply from 2008:12:12:12::2
    bytes=56 Sequence=5 hop limit=64   time = 30 ms
```

```
--- 2008:12:12:12::2 ping statistics ---
  5 packet(s) transmitted
  5 packet(s) received
  0.00% packet loss
  round-trip min/avg/max = 10/14/30 ms

[RT2]ping ipv6 2008:12:12:12::1
 PING 2008:12:12:12::1 : 56   data bytes, press CTRL_C to break
  Reply from 2008:12:12:12::1
  bytes=56 Sequence=1 hop limit=64   time = 4 ms
  Reply from 2008:12:12:12::1
  bytes=56 Sequence=2 hop limit=64   time = 30 ms
  Reply from 2008:12:12:12::1
  bytes=56 Sequence=3 hop limit=64   time = 4 ms
  Reply from 2008:12:12:12::1
  bytes=56 Sequence=4 hop limit=64   time = 30 ms
  Reply from 2008:12:12:12::1
  bytes=56 Sequence=5 hop limit=64   time = 140 ms

 --- 2008:12:12:12::1 ping statistics ---
  5 packet(s) transmitted
  5 packet(s) received
  0.00% packet loss
  round-trip min/avg/max = 4/41/140 ms
```

### 14.1.5 思考与练习

1．关于 IPv6 地址 2001:0410:0000:0001:0000:0001:0000:45FF 的压缩表达方式，下列哪个是正确的？______（选择一项或多项）

A．2001:410:0:1:0:1:0:45FF　　B．2001:41:0:1:0:1:0:45FF

C．2001:410:0:1::45FF　　D．2001:410::1::45FF

2．IPv6 链路本地地址属于______地址类型。

A．单播　　B．组播　　C．广播　　D．任播

3．下列哪些是正确的 IPv6 地址？______（选择一项或多项）

A．2001:410:0:1::45FF　　B．2001:410:0:1:0:0:0:0:45FF

C．2001:410:0:1:0:0:0:45FF　　D．2001:410:0:1:45FF

E．2001:410::1:0:0:0:45FF

# 15

# 网络故障排除

计算机网络是一个复杂的综合系统，因此网络故障诊断工作就显得繁杂。许多网络管理者都经受过网络异常的困扰。如果网络忽通忽断，或者经常出现莫名其妙的现象，那么网络就可能存在故障隐患。引起网络故障的原因很多，有操作系统引起的、有应用程序冲突引起的、有硬件引起的等。本项目简单介绍网络故障的分类及排除方法。

- 掌握网络故障的分类
- 掌握网络故障的排除方法
- 掌握常见的故障诊断命令

## 15.1 常见网络故障的分类

### 15.1.1 路由器接口故障

1. 串口故障及排除

串口出现连通性问题时，为了排除串口故障，一般是从 display interface serial 命令开始，分析它的屏幕输出报告内容，找出问题之所在。串口报告的开始提供了接口状态和线路协议状态。接口和线路协议的可能组合有以下几种：

（1）串口运行、线路协议运行。这是完全的工作条件。该串口和线路协议已经初始化，并正在交换协议的存活信息。

（2）串口运行、线路协议关闭。这个显示说明路由器与提供载波检测信号的设备连接，表明载波信号出现在本地和远程的调制解调器之间，但没有正确交换连接两端的协议存活信息。可能的故障原因：路由器配置问题、调制解调器操作问题、租用线路干扰或远程路由器故障、数字式调制解调器的时钟问题，以及通过链路连接的两个串口不在同一子网上，都会出现这个报告。

（3）串口和线路协议都关闭。可能是电信部门的线路故障、电缆故障或者是调制解调器故障。

（4）串口管理性关闭和线路协议关闭：这种情况是在接口配置中输入了 shutdown 命令。通过输入 no shutdown 命令，打开管理性关闭。

接口和线路协议都运行的状况下，虽然串口链路的基本通信建立起来了，但仍然可能由于信息包丢失和信息包错误导致出现许多潜在的故障问题。正常通信时接口输入或输出信息包不应该丢失，或者丢失的量非常小，而且不会增加。如果信息包丢失有规律增加，表明通过该接口传输的通信量超过接口所能处理的通信量。解决的办法是增加线路容量。查找其他原因发生的信息包丢失，查看 display interface serial 命令的输出报告中的输入/输出保持队列的状态。当发现保持队列中信息包数量达到了信息的最大允许值，可以增加保持队列设置的大小。

2. 以太接口故障及排除

以太接口的典型故障问题是：带宽的过分利用；碰撞冲突次数频繁；使用不兼容的帧类型。使用 display interface ethernet 命令可以查看该接口的吞吐量、碰撞冲突、信息包丢失和帧类型有关内容。

（1）通过查看接口的吞吐量可以检测网络的带宽利用状况。如果网络广播信息包的百分比很高，网络性能开始下降。光纤网转换到以太网段的信息包可能会淹没以太接口。互联网发生这种情况可以采用优化接口的措施，即在以太接口使用相应的命令，禁用快速转换，并且调整缓冲区和保持队列的设置。

（2）两个接口试图同时传输信息包到以太电缆上时，将发生碰撞。以太网要求冲突次数很少，并且不同的网络要求是不同的，一般情况下发现冲突每秒有三到五次就应该查找冲突的原因了。碰撞冲突产生拥塞，碰撞冲突的原因通常是由于铺设的电缆过长、过分利用或者存在“聋”节点。以太网络在物理设计和铺设电缆系统管理方面应有所考虑，超规范铺设电缆可能引起更多的冲突发生。

（3）如果接口和线路协议报告运行状态良好，并且节点的物理连接都完好，可是不能通信。引起问题的原因也可能是两个节点使用了不兼容的帧类型。解决问题的办法是重新配置使用相同帧类型。如果要求使用不同帧类型的同一网络的两个设备互相通信，可以在路由器接口使用子接口，并为每个子接口指定不同的封装类型。

### 15.1.2 交换机故障

由于交换机在公司网络中应用范围非常广泛，从低端到中端，从中端到高端，几乎涉及每个级别的产品，所以交换机发生故障的机率比路由器、硬件防火墙等要高很多。

交换机故障一般可以分为硬件故障和软件故障两大类。

1. 交换机的硬件故障

硬件故障主要指交换机电源、背板、模块、端口等部件的故障，可以分为以下几类。

（1）电源故障

由于外部供电不稳定、电源线路老化或者雷击等原因导致电源损坏或者风扇停止，从而不能正常工作。由于电源缘故而导致交换机内其他部件损坏的事情也经常发生。

如果面板上的 Power 指示灯是绿色的，就表示是正常的；如果该指示灯灭了，则说明交换机没有正常供电。这类问题很容易发现，也很容易解决，同时也是最容易预防的。

针对这类故障，首先应该做好外部电源的供应工作，一般通过引入独立的电力线来提供独立的电源，并添加稳压器来避免瞬间高压或低压现象。如果条件允许，可以添加 UPS（不间断电源）来保证交换机的正常供电，有的 UPS 提供稳压功能，而有的没有，选择时要注意。在机房内设置专业的避雷措施，来避免雷电对交换机的伤害。现在有很多做避雷工程的专业公司，实施网络布线时可以考虑。

（2）端口故障

这是最常见的硬件故障，无论是光纤端口还是双绞线的 RJ-45 端口，在插拔接头时一定要小心。如果不小心把光纤插头弄脏，可能导致光纤端口污染而不能正常通信。我们经常看到很多人喜欢带电插拔接头，理论上讲是可以的，但是这样也无意中提高了端口的故障发生率。在搬运时不小心，也可能导致端口物理损坏。如果购买的水晶头尺寸偏大，插入交换机时，也容易破坏端口。此外，如果接在端口上的双绞线有一段暴露在室外，万一这根电缆被雷电击中，就会导致所连交换机端口被击坏或者造成更加不可预料的损伤。

一般情况下，端口故障是某一个或者某几个端口损坏。所以，在排除了端口所连计算机的故障后，可以通过更换所连端口，来判断其是否损坏。遇到此类故障，可以在电源关闭后，用酒精棉球清洗端口。如果端口确实被损坏，那就只能更换端口了。

（3）模块故障

交换机是由很多模块组成的，比如堆叠模块、管理模块（也叫控制模块）、扩展模块等。这些模块发生故障的机率很小，不过一旦出现问题，就会遭受巨大的经济损失。如果插拔模块时不小心，或者搬运交换机时受到碰撞，或者存在电源不稳定等情况，都可能导致此类故障的发生。

当然上面提到的这三个模块都有外部接口，比较容易辨认，有的还可以通过模块上的指示灯来辨别故障。比如：堆叠模块上有一个扁平的梯形端口，有的交换机上是一个类似于 USB 的接口。管理模块上有一个 Console 口，用于和网络管理员的计算机建立连接，方便管理。如果扩展模块是光纤连接的话，会有一对光纤接口。

在排除此类故障时，首先确保交换机及模块的电源正常供应，然后检查各个模块是否插在正确的位置上，最后检查连接模块的线缆是否正常。在连接管理模块时，还要考虑它是否采用规定的连接速率、是否有奇偶校验、是否有数据流控制等因素。连接扩展模块时，需要检查是否匹配通信模式，比如使用全双工模式还是半双工模式。当然如果确认模块有故障，解决的方法只有一个，那就是应当立即联系供应商予以更换。

（4）背板故障

交换机的各个模块都是接插在背板上的。如果环境潮湿，电路板受潮短路，或者元器件因高温、雷击等因素而受损都会造成电路板不能正常工作。比如：散热性能不好或环境温度太高导致机内温度升高，致使元器件烧坏。

在外部电源正常供电的情况下，如果交换机的各个内部模块都不能正常工作，那就可能是背板坏了，遇到这种情况即使是电器维修工程师，恐怕也无计可施，唯一的办法就是更换背板了。

（5）线缆故障

其实这类故障从理论上讲，不属于交换机本身的故障，但在实际使用中，电缆故障经常导致交换机系统或端口不能正常工作，所以这里也把这类故障归入交换机硬件故障。比如接头接插不紧，线缆制作时顺序排列错误或者不规范，线缆连接时应该用交叉线却使用了直连线，光缆中的两根光纤交错连接，错误的线路连接导致网络环路等。

从上面的几种硬件故障来看，机房环境不佳极易导致各种硬件故障，所以我们在建设机房时，必须先做好防雷接地及供电电源、室内温度、室内湿度、防电磁干扰、防静电等环境的建设，为网络设备的正常工作提供良好的环境。

2. 交换机的软件故障

交换机的软件故障是指系统及其配置上的故障，它可以分为以下几类:

（1）系统错误

交换机系统是硬件和软件的结合体。在交换机内部有一个可刷新的只读存储器，它保存的是这台交换机所必需的软件系统。这类错误也和我们常见的 Windows、Linux 系统一样，由于当时设计的原因存在一些漏洞，在条件合适时，会导致交换机满载、丢包、错包等情况的发生。所以交换机系统提供了诸如 Web、TFTP 等方式来下载并更新系统。当然在升级系统时，也有可能发生错误。

对于此类问题，我们需要养成经常浏览设备厂商网站的习惯，如果有新的系统推出或者新的补丁，应及时更新。

（2）配置不当

初学者对交换机不熟悉，或者由于各种交换机配置不一样，管理员往往在配置交换机时会出现配置错误。比如 VLAN 划分不正确导致网络不通，端口被错误地关闭，交换机和网卡的模式配置不匹配等。这类故障有时很难发现，需要一定的经验积累。如果不能确保用户的配置有问题，请先恢复出厂默认配置，然后再一步一步地配置。最好在配置之前，先阅读说明书，这也是网管要养成的好习惯之一。每台交换机都有详细的安装手册、用户手册，深入到每类模块都有详细的讲解。由于很多交换机的手册是用英文编写的，所以英文不好的用户可以向供应商的工程师咨询后再做具体配置。

（3）密码丢失

这可能是每个管理员都曾经历过的。一旦忘记密码，都可以通过一定的操作步骤来恢复或者重置系统密码。有的则比较简单，在交换机上按下一个按钮就可以了；而有的则需要通过一定的操作步骤才能解决。

此类情况一般发生在人为遗忘或者交换机发生故障后导致数据丢失。

（4）外部因素

由于病毒或者黑客攻击等情况的存在，有可能某台主机向所连接的端口发送大量不符合封装规则的数据包，造成交换机处理器过分繁忙，致使数据包来不及转发，进而导致缓冲区溢出产生丢包现象。还有一种情况就是广播风暴，它不仅会占用大量的网络带宽，而且还将占用大量的 CPU 处理时间。网络如果长时间被大量广播数据包所占用，正常的点对点通信就无法正常进行，网络速度就会变慢或者瘫痪。

一块网卡或者一个端口发生故障，都有可能引发广播风暴。由于交换机只能分割冲突域，而不能分割广播域（在没有划分 VLAN 的情况下），所以当广播包的数量占到通信总量的 30% 时，网络的传输效率就会明显下降。

总的来说软件故障应该比硬件故障难查找，解决问题时，可能不需要花费过多的金钱，而需要较多的时间。最好在平时的工作中养成记录日志的习惯。每当发生故障时，及时做好故障现象记录、故障分析过程、故障解决方案、故障归类总结等工作，以积累自己的经验。比如在进行配置时，由于种种原因，当时没有对网络产生影响或者没有发现问题，但也许几天以后问题就会逐渐显现出来。如果有日志记录，就可以联想到是否前几天的配置有错误。由于很多时候都会忽略这一点，以为是在其他方面出现问题，当走了许多弯路之后，才找到问题所在。所以说记录日志及维护信息是非常必要的。

## 15.2　交换机（路由器）故障的一般排障方法

交换机的故障多种多样，不同的故障有不同的表现形式。进行故障分析时要通过各种现象灵活运用排障方法（如排除法、对比法、替换法），找出故障所在，并及时排除。

（1）排除法

当我们面对故障现象并分析问题时，无意中就已经学会使用排除法来确定发生故障的方向了。这种方法是指依据所观察到的故障现象，尽可能全面地列举出所有可能发生的故障，然后逐个分析、排除。在排除时要遵循由简到繁的原则，提高效率。使用这种方法可以应付各种各样的故障，但维护人员需要有较强的逻辑思维，对交换机知识有全面深入的了解。

（2）对比法

所谓对比法，就是利用现有的、相同型号的且能够正常运行的交换机作为参考对象，和故障交换机之间进行对比，从而找出故障点。这种方法简单有效，尤其是系统配置上的故障，只要简单地对比一下就能找出配置的不同点，但是有时要找一台型号相同、配置相同的交换机也不是一件容易的事。

（3）替换法

这是我们最常用的方法，也是在维修电脑中使用频率较高的方法。替换法是指使用正常的交换机部件来替换可能有故障的部件，从而找出故障点的方法。它主要用于硬件故障的诊断，但需要注意的是，替换的部件必须是相同品牌、相同型号的同类交换机才行。

当然为了使排障工作有章可循，我们可以在故障分析时遵循以下的原则：

（1）由远到近

由于交换机的一般故障（如端口故障）都是通过所连接计算机而发现的，所以经常从客户端开始检查。我们可以沿着客户端计算机→端口模块→水平线缆→跳线→交换机这样一条路线，逐个检查，先排除远端故障的可能。

（2）由外而内

如果交换机存在故障，我们可以先从外部的各种指示灯上辨别，然后根据故障指示，再来检查内部的相应部件是否存在问题。比如 PWR 为绿灯表示电源供应正常，熄灭表示没有电源供应；左侧为黄色表示现在该连接工作在 10Mbps，右侧为绿色表示工作在 100Mbps，熄灭表示没有连接，闪烁表示端口被管理员手动关闭；无论能否从外面判断出故障所在，都必须登录交换机以确定具体的故障所在，并进行相应的排障措施。

（3）由软到硬

发生故障，谁都不想动不动就用螺丝刀先去拆了交换机再说，所以在检查时，总是先从系统配置或系统软件上着手进行排查。如果软件上不能解决问题，那就是硬件有问题了。比如某端口不好用，那我们可以先检查用户所连接的端口是否不在相应的 VLAN 中，或者该端口是否被其他的管理员关闭或者配置上的其他原因。如果排除了系统和配置上的各种可能，那就可以怀疑到真正的问题所在——硬件故障上。

（4）先易后难

在遇到较复杂故障时，必须先从简单操作或配置来着手排除。这样可以加快故障排除的速度，提高效率。

由于交换机故障现象多种多样，没有固定的排除步骤，而有的故障往往具有明确的方向性，一眼就能识别得出。所以只能根据具体情况具体分析了，当然不管是什么样的故障对于一个新上任的网络管理员来说都是困难的事，所以如果你希望能够成为交换机故障的排除高手，就一定要在日常工作中积累经验，每处理好一个故障都用心的去回顾问题根源以及解决方法。这样才能不断地提高自己，更好地承担网络管理的重任。

## 15.3 常见网络故障诊断工具的使用

在排查网络故障过程中，有时很难确定故障的根源。如果有一些软件的支持，诊断网络故障也就不会这么困难了。下面就介绍一些小巧的网络诊断程序以及使用方法。

### 15.3.1 ping 命令

ping 命令是 Windows、UNIX 和 Linux 系统下的一个命令。ping 也属于一个通信协议，是 TCP/IP 协议的一部分。利用 ping 命令可以检查网络是否连通，可以很好地帮助我们分析和判定网络故障。

但凡是使用 TCP/IP 协议的局域或广域网络，不管是家庭网络、办公室网络、校园网络还是企业网络，甚至 Internet，当客户端无法正常访问网络时，建议用户先用 ping 命令来测试。

ping 主要用于确定网络是否处于连接状态，它的工作原理是通过 ICMP 协议发送一个网络数据包并请求应答，接收到请求的目标主机再次使用 ICMP 协议返回相同的数据。于是 ping 就可以针对每个数据包的发送和接收时间进行报告，并提供没有响应文件包的百分比。这些功能在确定网络是否处于正常连接，和网络的连接状况（丢失数据包的比率）时非常有用。

1．ping 命令的格式

ping 一般有两种命令格式：“ping 对方主机名称”和“Ping 对方主机的 IP 地址”。使用时可以在 Windows 的命令提示符窗口或者是通过“开始”|“运行”命令来执行。比如我们输入“ping www.baidu.com”命令之后将看见如图 15-3-1 所示的界面。

通过这个命令我们不仅能够检测出对方主机是否处于正常运行状态，还可以了解自己的计算机与对方主机之间的连接速率等状况。

```
管理员: C:\Windows\system32\cmd.exe
Microsoft Windows [版本 6.1.7601]
版权所有 (c) 2009 Microsoft Corporation。保留所有权利。

C:\Users\Administrator>ping www.baidu.com

正在 Ping www.a.shifen.com [119.75.217.109] 具有 32 字节的数据:
来自 119.75.217.109 的回复: 字节=32 时间=15ms TTL=48
来自 119.75.217.109 的回复: 字节=32 时间=15ms TTL=48
来自 119.75.217.109 的回复: 字节=32 时间=14ms TTL=48
来自 119.75.217.109 的回复: 字节=32 时间=14ms TTL=48

119.75.217.109 的 Ping 统计信息:
    数据包: 已发送 = 4，已接收 = 4，丢失 = 0 (0% 丢失)，
往返行程的估计时间(以毫秒为单位):
    最短 = 14ms，最长 = 15ms，平均 = 14ms

C:\Users\Administrator>_
```

图 15-3-1　Ping 程序运行窗口

2. 常见错误信息

通常 ping 命令的出错信息有下面 4 种：

第一，Unknow host

Unknow host 出错往往是远程主机的名称无法被域名服务器转换为 IP 地址。导致这种故障的原因有可能是域名服务器出现问题、输入的远程主机名称不对或者是通信线路有故障，如图 15-3-2 所示。

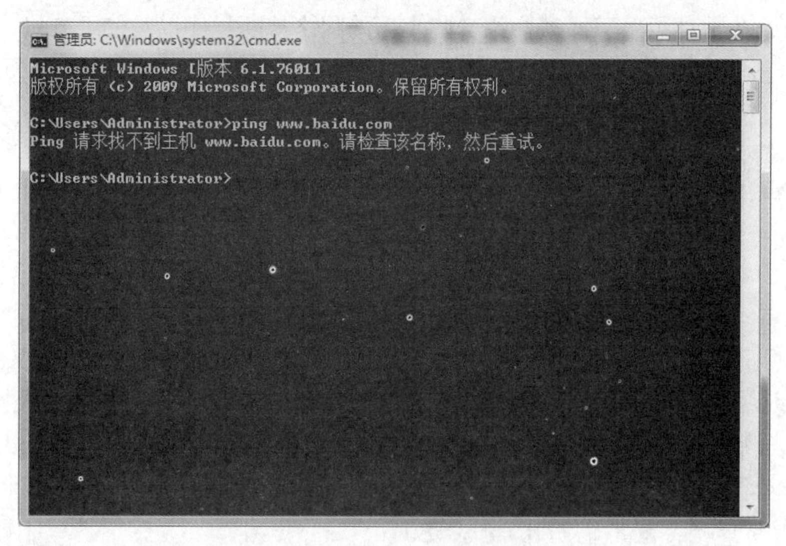


图 15-3-2　Unknow host 出错

第二，Network unreachable

Network unreachable 出错是因为本地系统没有到达远程计算机之间的路由，这时可以采用下面介绍的 netstat 命令来检查路由表，确定路由配置是否正确。

第三，No answer

No answer 出错时远程系统没有响应，这种故障说明本地系统有一条可以到达远程计算机

的路由，但是接收不到它发送给本地计算机的任何信息。这类网络故障有可能是远程计算机没有运行、本地或者远程计算机网络配置不正确、本地或者远程计算机路由器没有工作、通信线路有问题或者是远程主机的路由选择有问题。

第四，Request Timed out

Timed out 是指与远程主机连接超时，所有的数据包都丢失。产生这种故障有可能是路由器连接问题、远程计算机没有正常运行或者是网络线路出现故障。

3. ping 命令使用详解

在命令提示符窗口中输入“ping /?”命令可以查看到有关 ping 程序的所有附加参数，在特定的时候使用这些参数可以帮助我们更好地完成网络测试检查工作，如图 15-3-3 所示。

图 15-3-3　ping 命令详解

从图中可以看出它的复杂程度，ping 命令本身后面都是它的执行参数，现对其参数作一下详细讲解：

-t：有这个参数时，当你 ping 一个主机时系统就不停的运行这个 ping 命令，直到你按下 Ctrl+C 组合键。

-a：解析主机的 NetBIOS 主机名，如果你想知道你所 ping 的主机计算机名则要加上这个参数了，一般是在运用 ping 命令后的第一行就显示出来。

-n count：用来定义测试所发出的测试包的个数，默认值为 4。通过这个命令可以自己定义发送的个数，对衡量网络速度很有帮助，比如我想测试发送 20 个数据包的返回的平均时间为多少，最快时间为多少，最慢时间为多少，就可以通过执行带有这个参数的命令获知。

-l size：定义所发送缓冲区的数据包的大小，在默认的情况下 Windows 的 ping 发送的数据包大小为 32bytes，也可以自己定义，但有一个限制，就是最大只能发送 65500B，超过这个数时，对方就很有可能因接收的数据包太大而死机，所以微软公司为了解决这一安全漏洞限制了 ping 的数据包大小。

-f：在数据包中发送“不要分段”标志，一般你所发送的数据包都会通过路由分段再发送给对方，加上此参数以后路由就不会再分段处理。

-i TTL：指定TTL 值在对方的系统里停留的时间，此参数同样是检查网络运转情况的。

-v TOS：将“服务类型”段设置为“TOS”指定的值。

-r count：在“记录路由”字段中记录传出和返回数据包的路由。一般情况下发送的数据包是通过一个个路由才到达对方的计算机，但到底是经过了哪些路由呢？通过此参数就可以设定探测经过的路由的个数，不过限制在了 9 个，也就是说你只能跟踪到 9 个路由。

-s count：指定“count”指定的跳数的时间戳，此参数和-r count 差不多，只是这个参数不记录数据包返回所经过的路由，最多也只记录 4 个。

-j host-list：利用“computer-list”指定的计算机列表路由数据包。连续计算机可以被中间网关分隔 IP 允许的最大数量为 9。

-k host-lis：利用“computer-list”指定的计算机列表路由数据包。连续计算机不能被中间网关分隔 IP 允许的最大数量为 9。

-w timeout：指定超时间隔，单位为毫秒。

destination-list：是指要测试的主机名或 IP 地址。

4. 数据丢包问题实例分析

相信大家接触网络一定遇到过这样的问题，特别是局域网用户，上网不稳定，网络时通时断，这是典型的网络丢包。网络丢包是我们在使用 ping（检测某个系统能否正常运行）对目的站点进行询问时，数据包由于各种原因在信道中丢失的现象。为什么会出现此类问题呢？如何解决网络丢包问题呢？下面我们就来一起学习下如何解决网络丢包问题的方法。

（1）了解网络丢包率的概念

数据在网络中是被分成一个个数据包传输的，每个数据包中都有表示数据的信息和提供数据路由的帧。而数据包在一般介质中传播时总有一小部分由于两个终端的距离过大会丢失，而大部分数据包都会到达目的终端。所谓网络丢包率是数据包丢失部分与所传数据包总数的比值。正常传输时网络丢包率应该控制在一定范围内。

在 cmd 中键入 ping [网址]，最后一行（x%丢失）显示的就是对目标地址 ping 包的丢包率。

（2）了解一下单位互联网用户宽带接入方式拓扑图（如图 15-3-4 所示）

（3）解决问题的步骤方法

我们要解决的问题是用户计算机丢包严重，有时甚至会影响用户正常上网，解决问题的方法是顺藤摸瓜，意思是说由用户计算机自下而上查找问题。

（4）分步骤判断出网络丢包问题所在

造成用户计算机上网丢包原因：

- 计算机网卡是否损坏；
- RJ-45 接头是否损坏，是否线路错误；
- 网线是否折伤；
- 设备故障。

下面首先使用用户的计算机，在 cmd 中键入 ipconfig 命令，显示如图 15-3-5 所示。

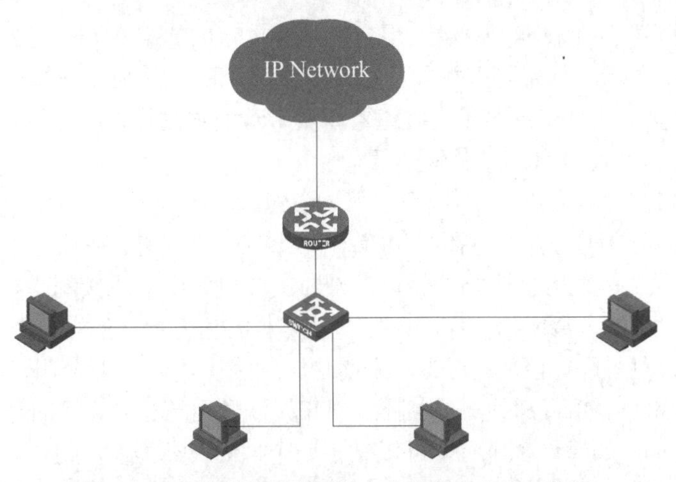


图 15-3-4　某单位互联网用户宽带接入方式拓扑图

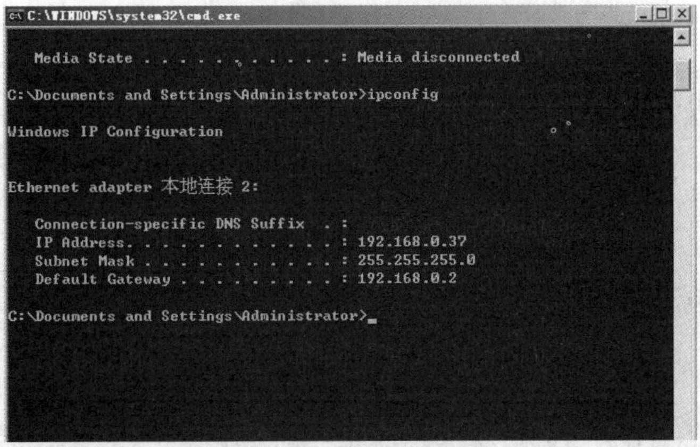

```
C:\WINDOWS\system32\cmd.exe

   Media State . . . . . . . . . . . : Media disconnected

C:\Documents and Settings\Administrator>ipconfig

Windows IP Configuration


Ethernet adapter 本地连接 2:

   Connection-specific DNS Suffix  . :
   IP Address. . . . . . . . . . . . : 192.168.0.37
   Subnet Mask . . . . . . . . . . . : 255.255.255.0
   Default Gateway . . . . . . . . . : 192.168.0.2

C:\Documents and Settings\Administrator>_
```

图 15-3-5　ipconfig 命令

从上图得到该网络的默认网关（Default Gateway）后，ping 192.168.0.2 -t 得到该网络丢包率为 100%，如图 15-3-6 所示。

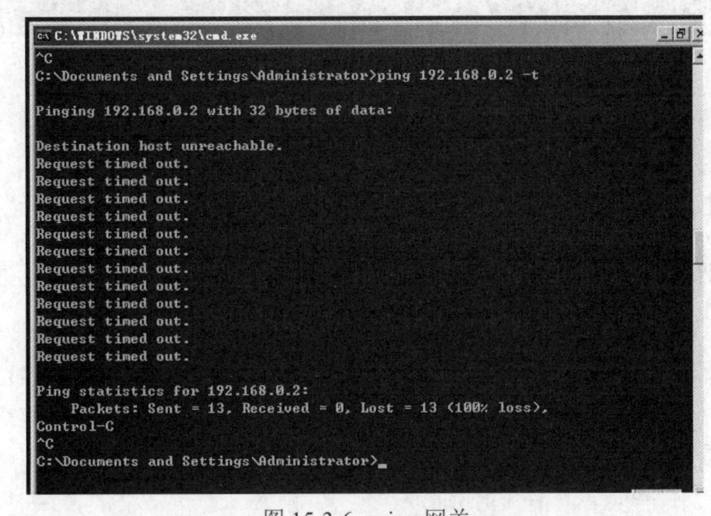


图 15-3-6　ping 网关

得到上述信息后，为了排除故障点，用自己随身携带的笔记本 ping192.168.0.2 -t 得到的结果依然如图 15-3-6 所示，首先可以排除不是用户计算机网卡的故障。接着查看用户水晶头是否制作规范，为了保险起见，将水晶头截掉重新做了新的水晶头，可是故障依旧。这时候就要从用户的机器脱离向上找问题，即顺藤摸瓜。

为了能在 24 口交换机中迅速定位哪根网线是该用户的，我们需要用户不停地从网络端口上拔插网线，这样就可以在交换机指示灯处看到某个灯一灭一亮，注意这里说的一灭一亮并不是频闪，而是灭了又亮。采用上述办法就可以判断出 7 口为用户所接的交换机端口，从交换机上拔下该网线，用直通线一端接 7 口，一端接笔记本，依然丢包，这样可以排除是网线的问题。

如果出错的互联网用户是极个别的，说明这个网络中，绝大部分用户上网是正常的，找到该交换机空余的端口，用直通线一端接上，一端接测试用笔记本，目的是通过这个步骤测试出哪个端口是完好的，如果这个不行，可以试下一个，依次类推，找到一个完好的端口，尽量多测试一会。为了节省时间，测试端口时，可以一直运行着 ping 包的命令，待出现如图 15-3-7 所示的情形后，基本可断定该端口可正常使用。

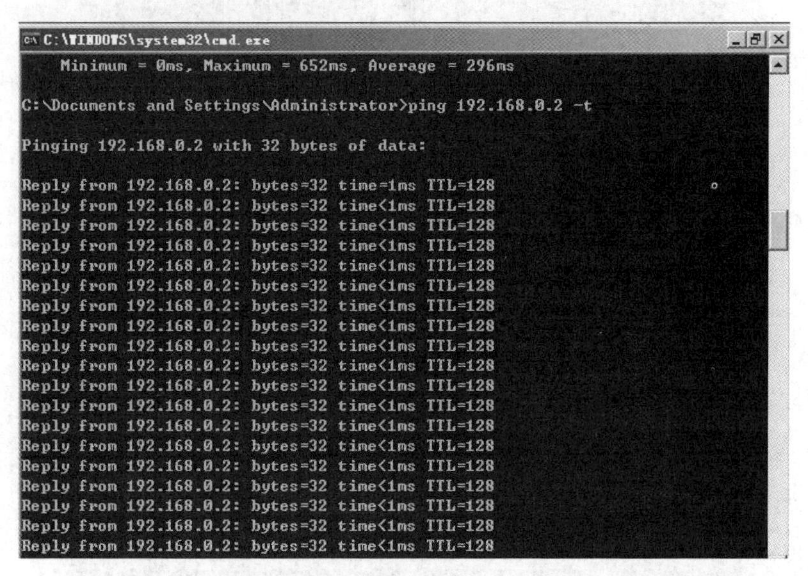


图 15-3-7　连续 ping 网关正常

可以将这次查修用户的网线插入该测试好的端口中，并加注标签，以备下次容易查修，然后在用户计算机上运行 cmd 命令，输入 ping 192.168.0.2 可以得到网络正常、ping 包正常，此次故障排除工作也就完成。

### 15.3.2　ipconfig 命令

ipconfig 是调试计算机网络的常用命令，通常大家使用它显示计算机中网络适配器的 IP 地址、子网掩码及默认网关。其实这只是 ipconfig 的不带参数用法，而它的带参数用法，在网络应用中也是相当不错的。

1. ipconfig 参数说明

（1）/all

显示所有网络适配器（网卡、拨号连接等）的完整 TCP/IP 配置信息。与不带参数的用法相比，它的信息更全更多，如 IP 是否动态分配、显示网卡的物理地址等。

（2）/batch 文件名（Windows 98 系统中适用）

将 ipconfig 所显示信息以文本方式写入指定文件。此参数可用来备份本机的网络配置。

（3）/release

释放全部（或指定）适配器的由 DHCP 分配的动态 IP 地址。此参数适用于 IP 地址非静态分配的网卡，通常和 renew 参数结合使用。

（4）/renew

为全部（或指定）适配器重新分配 IP 地址。此参数同样仅适用于 IP 地址非静态分配的网卡，通常和 release 参数结合使用。

2. 为网卡动态分配新地址

步骤 1，在电脑命令行输入 ipconfig　/release

说明：去除网卡（适配器 1）的动态 IP 地址。

步骤 2，在电脑命令行输入 ipconfig　/renew

说明：为网卡重新动态分配 IP 地址。

如果你的网络连通发生故障，凑巧网卡的 IP 地址是自动分配的，就可以使用上面的方法解决。

### 15.3.3　tracert 命令

tracert（跟踪路由）是路由跟踪实用程序，用于确定 IP 数据包访问目标所采取的路径。它的作用直白点说就是从你的计算机到网站，中间经过了多少个网络节点。换句话说，从主机 A 到主机 B 需要走多少条街，进而可以知道到底是哪条路出了问题。

tracert 通过向目标发送具有变化的“生存时间（TTL）”值的“ICMP 回应请求”消息来确定到达目标的路径。要求路径上的每个路由器在转发数据包之前至少将 IP 数据包中的 TTL 递减 1。这样，TTL 就成为最大链路计数器。数据包上的 TTL 到达 0 时，路由器应该将“ICMP 已超时”的消息发送回源计算机。tracert 发送 TTL 为 1 的第一条“回应请求”消息，并在随后的每次发送过程将 TTL 递增 1，直到目标响应或跳数达到最大值，从而确定路径。默认情况下跳数的最大数量是 30，可使用-h 参数指定。检查中间路由器返回的“ICMP 超时”消息与目标返回的“回显答复”消息可确定路径。但是，某些路由器不会为其 TTL 值已过期的数据包返回“已超时”消息，而且这些路由器对于 tracert 命令不可见。在这种情况下，将为该跳数显示一行星号（*）。

在基于 Windows 操作系统的 PC 或服务器上，tracert 命令格式如图 15-3-8 所示。

当我们不能通过网络访问目的设备时，网络管理员就需要判断是哪里出了问题。问题不仅仅会出现在最终目的设备，也可能出现在转发数据包的中间路由器。这时可以使用 tracert 命令确定数据包在网络上的停止位置。如图 15-3-9 所示结果表明这可能是路由器配置的问题，或者是 www.jiaozsz.com 或者 145.145.145.3 网络不存在（错误的域名或者 IP 地址）。如图 15-3-10 表示本机连接的网关是 192.168.0.1，下一跳网关是 222.22.125.1。如图 15-3-11 所示结果并不能很好地反映源主机和目的主机网络互联互通情况，因为路由器拒绝回复，中间的路由器是要回应一个 ICMP 的超时消息，也就是 TTL=0，或是某些路由器本身不支持 ICMP 协议。

```
管理员: C:\Windows\system32\cmd.exe

C:\Users\Administrator>tracert /?

用法: tracert [-d] [-h maximum_hops] [-j host-list] [-w timeout]
              [-R] [-S srcaddr] [-4] [-6] target_name

选项:
    -d                 不将地址解析成主机名。
    -h maximum_hops    搜索目标的最大跃点数。
    -j host-list       与主机列表一起的松散源路由(仅适用于 IPv4)。
    -w timeout         等待每个回复的超时时间(以毫秒为单位)。
    -R                 跟踪往返行程路径(仅适用于 IPv6)。
    -S srcaddr         要使用的源地址(仅适用于 IPv6)。
    -4                 强制使用 IPv4。
    -6                 强制使用 IPv6。

C:\Users\Administrator>
```

图 15-3-8　tracert 命令格式

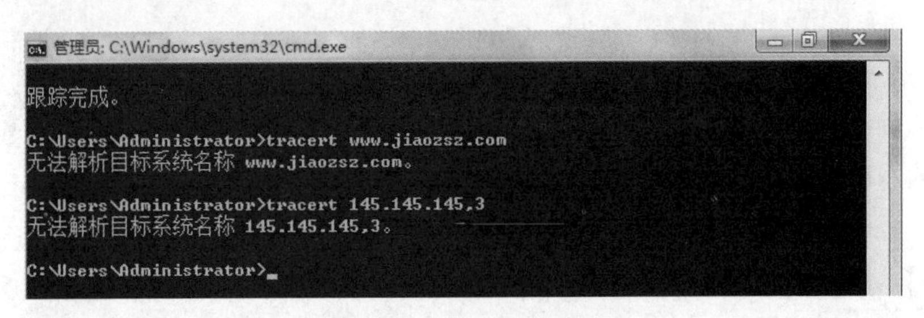


图 15-3-9　tracert 命令 1

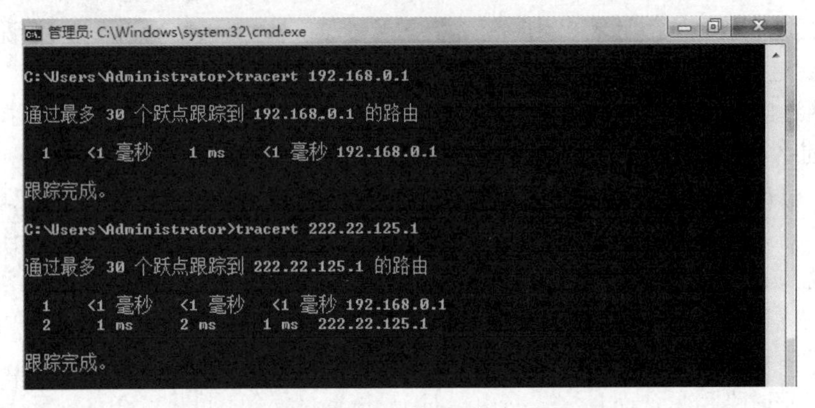


图 15-3-10　tracert 命令 2

图 15-3-9 至图 15-3-12 显示 tracert 命令的结果共有五列数据：

第一列表示是去往目的地的第几跳（通俗说就是第几个）路由器；

第二列到第四列表示发出的三个 ICMP 包的往返时延（发送三个探测包的回应时间，一般在网络正常的情况下，三个时间差不多，如果相差比较大，说明网络情况变化比较大），若出现*表示超时，出现 Request timed out 或请求超时表示路由器拒绝回复。

第五列表示到达的路由器的 IP 地址或者是路由器的名字。

从图 15-3-12 可以看出，到达目标经过了 18 个节点，并且包传输的很快，中间出现“* * * 请求超时”，表示没有 ICMP 回复，可以理解中间节点不允许 ping，但我们要到达的目的主机还是可以 ping 通的。

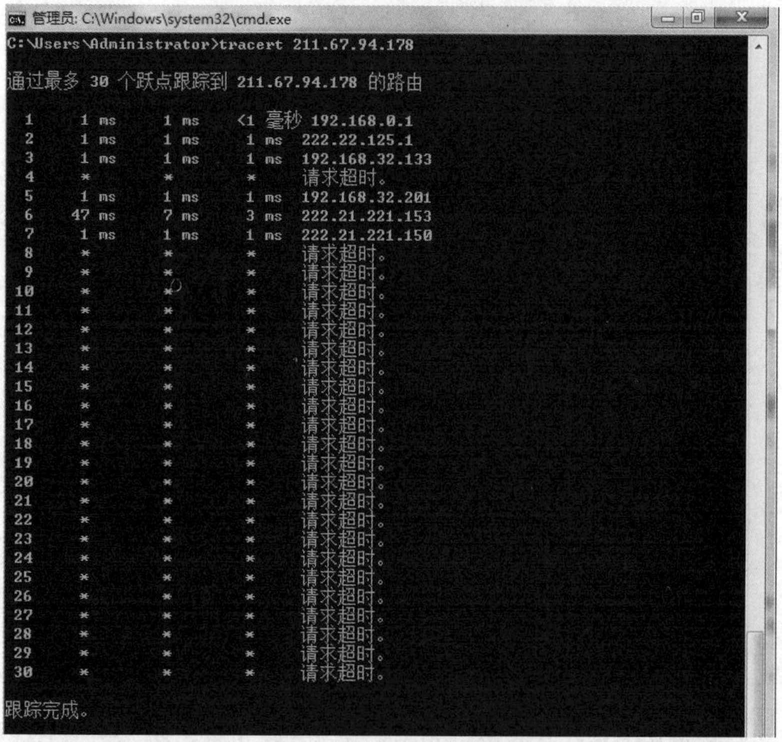

```
管理员: C:\Windows\system32\cmd.exe
C:\Users\Administrator>tracert 211.67.94.178

通过最多 30 个跃点跟踪到 211.67.94.178 的路由

  1     1 ms     1 ms    <1 毫秒 192.168.0.1
  2     1 ms     1 ms     1 ms  222.22.125.1
  3     1 ms     1 ms     1 ms  192.168.32.133
  4     *        *        *     请求超时。
  5     1 ms     1 ms     1 ms  192.168.32.201
  6    47 ms     7 ms     3 ms  222.21.221.153
  7     1 ms     1 ms     1 ms  222.21.221.150
  8     *        *        *     请求超时。
  9     *        *        *     请求超时。
 10     *        *        *     请求超时。
 11     *        *        *     请求超时。
 12     *        *        *     请求超时。
 13     *        *        *     请求超时。
 14     *        *        *     请求超时。
 15     *        *        *     请求超时。
 16     *        *        *     请求超时。
 17     *        *        *     请求超时。
 18     *        *        *     请求超时。
 19     *        *        *     请求超时。
 20     *        *        *     请求超时。
 21     *        *        *     请求超时。
 22     *        *        *     请求超时。
 23     *        *        *     请求超时。
 24     *        *        *     请求超时。
 25     *        *        *     请求超时。
 26     *        *        *     请求超时。
 27     *        *        *     请求超时。
 28     *        *        *     请求超时。
 29     *        *        *     请求超时。
 30     *        *        *     请求超时。

跟踪完成。
```

图 15-3-11 tracert 命令 3

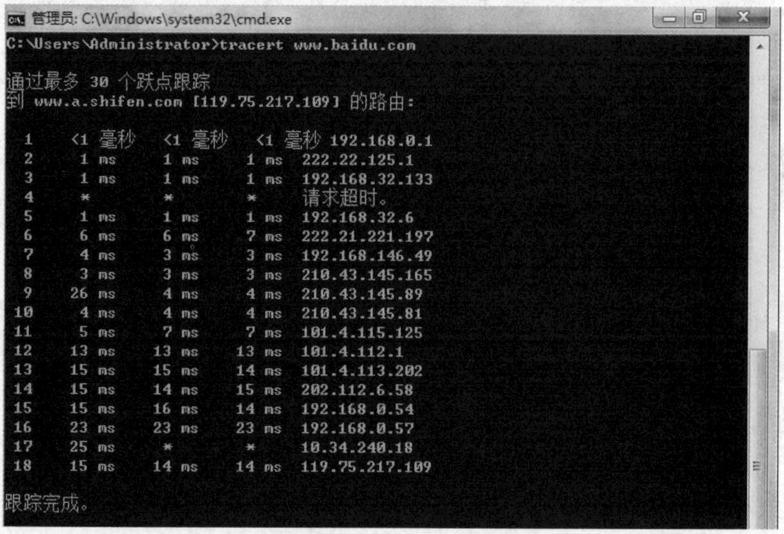

```
管理员: C:\Windows\system32\cmd.exe
C:\Users\Administrator>tracert www.baidu.com

通过最多 30 个跃点跟踪
到 www.a.shifen.com [119.75.217.109] 的路由:

  1    <1 毫秒  <1 毫秒  <1 毫秒 192.168.0.1
  2     1 ms     1 ms     1 ms  222.22.125.1
  3     1 ms     1 ms     1 ms  192.168.32.133
  4     *        *        *     请求超时。
  5     1 ms     1 ms     1 ms  192.168.32.6
  6     6 ms     6 ms     7 ms  222.21.221.197
  7     4 ms     3 ms     3 ms  192.168.146.49
  8     3 ms     3 ms     3 ms  210.43.145.165
  9    26 ms     4 ms     4 ms  210.43.145.89
 10     4 ms     4 ms     4 ms  210.43.145.81
 11     5 ms     7 ms     7 ms  101.4.115.125
 12    13 ms    13 ms    13 ms  101.4.112.1
 13    15 ms    15 ms    14 ms  101.4.113.202
 14    15 ms    14 ms    15 ms  202.112.6.58
 15    15 ms    16 ms    14 ms  192.168.0.54
 16    23 ms    23 ms    23 ms  192.168.0.57
 17    25 ms     *        *     10.34.240.18
 18    15 ms    14 ms    14 ms  119.75.217.109

跟踪完成。
```

图 15-3-12 tracert 命令 4

# 16

# 云计算

传统的信息产业企业既是资源的整合者又是资源的使用者，就像一个电视机企业既要生产电视机还要生产发电机一样，这种格局并不符合现代产业分工高度专业化的需求，同时也不符合企业需要灵敏地适应客户的需要。传统的计算资源和存储资源大小通常是相对固定的，面对客户高波动性的需求时会非常的不敏捷，企业的计算和存储资源要么是被浪费，要么是面对客户峰值需求时力不从心。如何将企业 IT 转变为按需服务的、灵活的并能够支持企业业务发展的驱动力，在当今的竞争环境中显得尤为重要！

云计算技术使资源与用户需求之间成为一种弹性化的关系，资源的使用者和资源的整合者并不是一个企业，资源的使用者只需要对资源按需付费，从而敏捷地响应客户不断变化的资源需求，这一方法降低了资源使用者的成本，提高了资源的利用效率。

- 理解云计算工作原理
- 了解云计算的常见应用
- 了解云计算发展方向

## 16.1 云计算概念

云计算是基于互联网的相关服务的增加、使用和交付模式，通常涉及通过互联网来提供动态易扩展且经常是虚拟化的资源。美国国家标准与技术研究院（NIST）定义：云计算是一种按使用量付费的模式，这种模式提供可用的、便捷的、按需的网络访问，进入可配置的计算资源共享池（资源包括网络、服务器、存储、应用软件、服务），这些资源能够被快速提供，只需投入很少的管理工作或与服务供应商进行很少的交互。

### 16.1.1　云计算基本原理

云计算是通过使计算分布在大量的分布式计算机上，而非本地计算机或远程服务器中，企业数据中心的运行与互联网更相似。这使得企业能够将资源切换到需要的应用上，根据需求访问计算机和存储系统。

这就好比是从古老的单台发电机模式转向了电厂集中供电的模式。它意味着计算能力也可以作为一种商品进行流通，就像煤气、水电一样，取用方便，费用低廉。最大的不同在于，它是通过互联网进行传输的。

一个典型的云计算平台如图 16-1-1 所示。用户通过云用户端提供的交互接口从服务中选择所需的服务，其请求通过管理系统调度相应的资源，通过部署工具分发请求、配置 Web 应用。

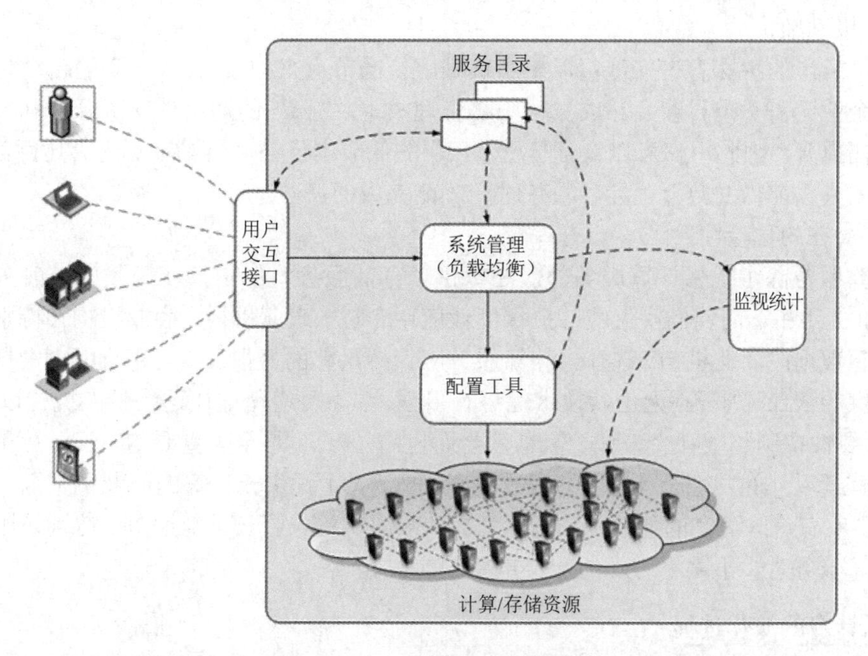


图 16-1-1　云计算平台结构图

### 16.1.2　云计算的特点

被普遍接受的云计算特点如下：

（1）超大规模

“云”具有相当的规模，Google 云计算已经拥有 100 多万台服务器，Amazon、IBM、微软、Yahoo 等的“云”均拥有几十万台服务器。企业私有云一般拥有数百上千台服务器。“云”能赋予用户前所未有的计算能力。

（2）虚拟化

云计算支持用户在任意位置、使用各种终端获取应用服务。所请求的资源来自“云”，而不是固定的有形的实体。应用在“云”中某处运行，但实际上用户无需了解、也不用担心应用运行的具体位置。只需要一台笔记本或者一个手机，就可以通过网络服务来实现我们需要的一切，甚至包括超级计算这样的任务。

（3）高可靠性

“云”使用了数据多副本容错、计算节点同构可互换等措施来保障服务的高可靠性，使用云计算比使用本地计算机可靠。

（4）通用性

云计算不针对特定的应用，在“云”的支撑下可以构造出千变万化的应用，同一个“云”可以同时支撑不同的应用运行。

（5）高可扩展性

“云”的规模可以动态伸缩，满足应用和用户规模增长的需要。

（6）按需服务

“云”是一个庞大的资源池，可以按需购买。云可以像自来水、电、煤气那样计费。

（7）极其廉价

由于“云”的特殊容错措施可以采用极其廉价的节点来构成云，“云”的自动化集中式管理使大量企业无需负担日益高昂的数据中心管理成本，“云”的通用性使资源的利用率较之传统系统大幅提升，因此用户可以充分享受“云”的低成本优势，经常只要花费几百美元、几天时间就能完成以前需要数万美元、数月时间才能完成的任务。

（8）潜在的危险性

云计算服务除了提供计算服务外，还提供了存储服务。但是云计算服务当前垄断在私人机构（企业）手中，而他们仅仅能够提供商业应用。对于政府机构、商业机构（特别像银行这样持有敏感数据的商业机构）选择云计算服务应保持足够的警惕。一旦商业用户大规模使用私人机构提供的云计算服务，无论其技术优势有多强，都不可避免地让这些私人机构以“数据（信息）”的重要性挟制整个社会。对于信息社会而言，“信息”是至关重要的。云计算中的数据对于数据所有者以外的其他云计算用户是保密的，但是对于提供云计算的商业机构而言确实毫无秘密可言。所有这些潜在的危险，是商业机构和政府机构选择云计算服务、特别是国外机构提供的云计算服务时，不得不考虑的一个重要的前提。

### 16.1.3 云计算的演化过程

云计算主要经历了四个阶段才发展到现在这样比较成熟的水平，这四个阶段依次是电厂模式、效用计算、网格计算和云计算。

（1）电厂模式阶段

电厂模式就好比是利用电厂的规模效应，来降低电力的价格，并让用户使用起来更方便，且无需维护和购买任何发电设备。



（2）效用计算阶段

在 1960 年左右，当时计算设备的价格是非常高昂的，远非普通企业、学校和机构所能承受，所以很多人产生了共享计算资源的想法。1961 年，人工智能之父麦肯锡在一次会议上提出了“效用计算”这个概念，其核心借鉴了电厂模式，具体目标是整合分散在各地的服务器、存储系统以及应用程序来共享给多个用户，让用户能够像把灯泡插入灯座一样来使用计算机资源，并且根据其所使用的量来付费。但由于当时整个 IT 产业还处于发展初期，很多强大的技术还未诞生，比如互联网等，所以虽然这个想法一直为人称道，但是总体而言“叫好不叫座”。

（3）网格计算阶段

网格计算研究如何把一个需要非常强大的计算能力才能解决的问题分成许多小的部分，然后把这些部分分配给许多低性能的计算机来处理，最后把计算结果综合起来攻克大问题。可惜的是，由于网格计算在商业模式、技术和安全性方面的不足，使其没有在工程界和商业界取得预期的成功。

（4）云计算阶段

云计算的核心与效用计算、网格计算非常类似，也是希望 IT 技术能像使用电力那样方便，并且成本低廉。但与效用计算、网格计算不同的是，2014 年在需求方面已经有了一定的规模，同时在技术方面也已经基本成熟了。

### 16.1.4 云计算服务层次

在云计算中，根据其服务集合所提供的服务类型，整个云计算服务集合被划分成 3 个层次：应用层、平台层和基础设施层。

云计算的服务层次是根据服务类型即服务集合来划分的，与大家熟悉的计算机网络体系结构中层次的划分不同。在计算机网络中每个层次都实现一定的功能，层与层之间有一定关联。而云计算体系结构中的层次是可以分割的，即某一层次可以单独完成一项用户的请求而不需要其他层次为其提供必要的服务和支持。

每一层都对应着一个子服务集合，分别是基础设施即服务（IaaS）、平台即服务（PaaS）和软件即服务（SaaS）。它们分别在基础设施层、软件开放运行平台层、应用软件层实现。如图 16-1-2 所示为云计算及其服务层次对应关系。

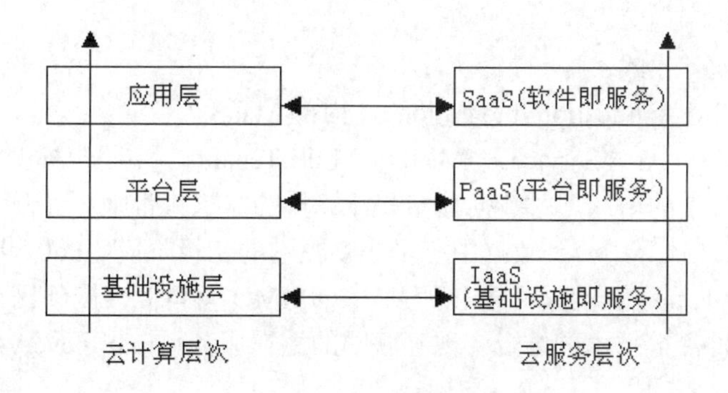


图 16-1-2 云计算服务层次

（1）IaaS

IaaS（Infrastructure-as-a-Service）：基础设施即服务，消费者通过 Internet 可以从完善的计算机基础设施获得服务。IaaS 是把数据中心、基础设施等硬件资源通过 Web 分配给用户的商业模式。

（2）PaaS

PaaS（Platform-as-a-Service）：平台即服务。PaaS 实际上是指将软件研发的平台作为一种服务，以 SaaS 的模式提交给用户。因此，PaaS 也是 SaaS 模式的一种应用。但是，PaaS 的出现可以加快 SaaS 的发展，尤其是加快 SaaS 应用的开发速度。PaaS 服务使得软件开发人员可以不购买服务器等设备环境的情况下开发新的应用程序。

（3）SaaS

SaaS（Software-as-a- Service）：软件即服务。它是一种通过 Internet 提供软件的模式，用户无需购买软件，而是向提供商租用基于 Web 的软件，来管理企业经营活动。

SaaS 模式大大降低了软件，尤其是大型软件的使用成本，并且由于软件是托管在服务商的服务器上，减少了客户的管理维护成本，可靠性也更高。

## 16.2 云计算的应用

“云应用”是“云计算”概念的子集，是云计算技术在应用层的体现。云应用跟云计算最大的不同在于，云计算作为一种宏观技术发展概念而存在，而云应用则是直接面对客户解决实际问题的产品。

“云应用”的工作原理是把传统软件“本地安装、本地运算”的使用方式变为“即取即用”的服务，通过互联网或局域网连接并操控远程服务器集群，完成业务逻辑或运算任务的一种新型应用。“云应用”的主要载体为互联网技术，以瘦客户端（Thin Client）或智能客户端（Smart Client）的展现形式，其界面实质上是 HTML5、Javascript 或 Flash 等技术的集成。云应用不但可以帮助用户降低 IT 成本，更能大大提高工作效率，因此传统软件向云应用转型的发展革新浪潮已经不可阻挡。

1. 云物联

“物联网就是物物相连的互联网”。这有两层意思：第一，物联网的核心和基础仍然是互联网，是在互联网基础上的延伸和扩展的网络；第二，其用户端延伸和扩展到了任何物品与物品之间进行信息交换和通信。

物联网的两种业务模式：

（1）MAI（M2M Application Integration），内部 MaaS；

（2）MaaS（M2M As A Service），MMO，Multi-Tenants（多租户模型）。

随着物联网业务量的增加，对数据存储和计算量的需求将带来对“云计算”能力的要求：

（1）云计算：从计算中心到数据中心。在物联网的初级阶段，PoP 即可满足需求；

（2）在物联网的高级阶段，可能出现 MVNO/MMO 营运商（国外已存在多年），需要虚拟化云计算技术、SOA 等技术的结合实现互联网的泛在服务：TaaS（everyThing as a Service）。

2. 云安全

云安全（Cloud Security）是一个从“云计算”演变而来的新名词。云安全的策略构想是：使用者越多，每个使用者就越安全，因为如此庞大的用户群，足以覆盖互联网的每个角落，只要某个网站被挂马或某个新木马病毒出现，就会立刻被截获。

“云安全”通过网状的大量客户端对网络中软件行为的异常监测，获取互联网中木马、恶意程序的最新信息，推送到 Server 端进行自动分析和处理，再把病毒和木马的解决方案分发到每一个客户端。

3. 云存储

云存储是在云计算（Cloud Computing）概念上延伸和发展出来的一个新的概念，是指通过集群应用、网格技术或分布式文件系统等功能，将网络中大量各种不同类型的存储设备通过应用软件集合起来协同工作，共同对外提供数据存储和业务访问功能的一个系统。当云计算系统运算和处理的核心是大量数据的存储和管理时，云计算系统中就需要配置大量的存储设备，那么云计算系统就转成为一个云存储系统，所以云存储是一个以数据存储和管理为核心的云计算系统。

4. 私有云

私有云（Private Cloud）是将云基础设施与软硬件资源创建在防火墙内，以供机构或企业内各部门共享数据中心内的资源。创建私有云，除了硬件资源外，一般还有云设备（IaaS）软件；现时商业软件有 VMware 的 vSphere 和 Platform Computing 的 ISF，开放源代码的云设备软件主要有 Eucalyptus 和 OpenStack。

5. 云游戏

云游戏是以云计算为基础的游戏方式，在云游戏的运行模式下，所有游戏都在服务器端运行，并将渲染完毕后的游戏画面压缩后通过网络传送给用户。在客户端，用户的游戏设备不需要任何高端处理器和显卡，只需要基本的视频解压能力就可以了。就现今来说，云游戏还并没有成为家用机和掌机界的联网模式，因为至今 X360 仍然在使用 LIVE，PS 在使用 PS NETWORK，Wii 在使用 WiFi。但是几年后或十几年后，云计算取代这些东西成为其网络发展的终极方向的可能性非常大。如果这种构想能够成为现实，那么主机厂商将变成网络运营商，他们不需要不断投入巨额的新主机研发费用，而只需要拿这笔钱中的很小一部分去升级自己的服务器就行了，但是达到的效果却是相差无几的。对于用户来说，他们可以省下购买主机的开支，但得到的却是顶尖的游戏画面（当然对于视频输出方面的硬件必须过硬）。你可以想象一台掌机和一台家用机拥有同样的画面，家用机和我们今天用的机顶盒一样简单，甚至家用机可以取代电视的机顶盒而成为此时代的电视收看方式。

6. 云教育

视频云计算应用在教育行业的实例，流媒体平台采用分布式架构部署，分为 Web 服务器、数据库服务器、直播服务器和流服务器，如有必要可在信息中心架设采集工作站搭建网络电视或实况直播应用，在各个学校部署录播系统或直播系统的教室配置流媒体功能组件，这样录播实况可以实时传送到流媒体平台管理中心的全局直播服务器上，同时录播的特色课件也可以上传存储到教育局信息中心的流存储服务器上，方便今后的检索、点播、评估等各种应用。

7. 云会议

云会议是基于云计算技术的一种高效、便捷、低成本的会议形式。使用者只需要通过互联网界面，进行简单易用的操作，便可快速高效地与全球各地团队及客户同步分享语音、数据文件及视频，而会议中数据的传输、处理等复杂技术由云会议服务商帮助使用者进行操作。

目前国内云会议主要集中在以 SaaS（软件即服务）模式为主体的服务内容，包括电话、网络、视频等服务形式，基于云计算的视频会议就叫云会议。云会议是视频会议与云计算的完美结合，带来了最便捷的远程会议体验。移动云电话会议，是云计算技术与移动互联网技术的完美融合，通过移动终端进行简单的操作，随时随地提供高效的会议召集和管理。

8. 云社交

云社交（Cloud Social）是一种物联网、云计算和移动互联网交互应用的虚拟社交应用模式，以建立著名的“资源分享关系图谱”为目的，进而开展网络社交。云社交的主要特征就是把大量的社会资源统一整合和评测，构成一个资源有效池为用户提供按需服务。参与分享的用户越多，能够创造的利用价值就越大。

## 16.3 云计算的发展方向

21 世纪前十年云计算作为一个新的技术趋势已经得到了快速的发展。云计算已经彻底改变了以往的工作方式，也改变了传统软件工程企业。以下可以说是云计算现阶段发展最受关注的几大方面。

1. 混合云模式开启

2015 年混合云初露头角。各种规模的企业都面临非结构化数据集前所未有的增长速度，面对如此形势，许多企业根据自身独特的需求和实际成本来寻求不同的云方案，过去的一年里，混合云以其独特的魅力引起了高度关注。

尽管混合云的部署面临着严峻的挑战，但是对于众多企业来说其回报也是颇丰的。使用混合云的原因有很多，其中不仅是因为其所具有的公共云优势，而且它还让企业用户能够充分利用内部部署私有云的附加安全性和可控性。

混合云让企业用户能够降低成本、高效运行工作负载、在最适合的环境中开发应用程序以及为最终用户和数据追求合适的安全性与可靠性。企业使用云计算（包括私人和公共）来补充他们的内部基础设施和应用程序。专家预测，这些服务将优化业务流程。采用云服务是一个新开发的业务功能。

2. 云计算进一步扩展投资价值

当下各种 O2O 的衣食住行服务都离不开云。云计算在消费领域的普及应用，极大地改变了人类的生活方式。医疗领域出现的新兴基因测序业务，借助云计算、大数据技术采集基因数据，成为实现精准医疗的关键。

以云计算为代表的 IT 技术，将不再仅仅是满足内部员工信息化的技术支撑系统，更是驱动企业开创新商业模式的生产系统。其不仅重构着商业世界，同样也在向公共服务领域延伸。通过对政务、交通、教育等公共服务领域进行资源整合，实现大平台、大应用、大协同的体系化构建，传统公共服务的建设模式、管理模式和应用模式被彻底颠覆。

云计算简化了软件、业务流程和访问服务，其帮助企业操作和优化投资规模，不仅仅是通过降低成本、有效的商业模式或更大的灵活性操作。有很多的企业通过云计算优化他们的投资。在相同的条件下，企业正扩展到更多的创新与 IT 能力，这将会帮助企业带来更多的商业机会。

3. 移动云服务已经到来

云计算的发展并不局限于 PC，随着移动互联网的蓬勃发展，基于手机等移动终端的云计算服务已经出现。而移动计算是随着移动通信、互联网、数据库、分布式计算等技术的发展而兴起的新技术。移动计算技术将使计算机或其他信息智能终端设备在无线环境下实现数据传输及资源共享。它的作用是将有用、准确、及时的信息提供给任何时间、任何地点的任何客户。这将极大地改变人们的生活方式和工作方式。

未来一定是移动应用这样的方式为主。作为移动设备的数量上升显著的平板电脑和智能手机是在移动应用中发挥了更多的作用。许多这样的设备被用于规范业务流程、通信等功能。

4. 基于云服务商自身服务的实时监测工具受重视

通常来说，为了了解当前服务的运行状况，用户不得不自行编写脚本及工具，以低效的轮询方式调用各种管理 API。随后，为了确定状态的变更，客户还要将当前信息与历史信息进行对比，这是相当麻烦的事情。

为了解决这种窘境，需要一个实时监测工具，它允许客户通过一个接近实时的事件流了解整个环境中所产生的各种变更。这些变更还能够通过各种规则的应用进一步触发通知机制或其他行为。另外，这个实时监测系统可以被视为整个环境的中枢神经系统，它将连接到所支持服务的每个角落，并时刻了解各种运维的变更。

5. 云安全仍不容忽视

云计算自出现之日起其安全性就饱受诟病，这个永恒的话题，一直“高烧”不退。如今云计算具备可扩展性、计算能力、海量存储等特性，可打造更好的数字化平台满足人们日益增长的期望值。但是人们担心在云上的数据安全，其成为首要考量因素，无论是企业客户还是政府部门。用户期待看到更安全的应用程序和技术。许多新的加密技术、安全协议，在未来会越来越多的呈现出来。

## 16.4 云计算平台应用开发案例分析

伴随中国经济三十年的高速发展，我国进入了快速城镇化时期，随之而来的是各式各样的“城市病”：城市管理难度加大、人口膨胀、资源浪费、交通日益拥堵、生态环境恶化等。现代城市需要更加智慧的管理方式，因此，智慧城市应运而生。据不完全统计，全球范围内在建的智慧城市已达 1000 多个，未来还会保持年均 20%的增长速度，智慧城市建设也已在我国遍地开花。而云计算的发展恰恰是解决现代化信息基础设施建设中需要大规模分布式数据管理、面向服务的应用集成、快速资源部署和灵活调度等一系列技术问题，为智慧应用构筑肥沃土壤，助力智慧城市的建设和发展。

以云计算为代表的新一代信息技术赋予社会空前的资源整合和计算能力，信息化的特征正在逐渐由数字化向智能化转变，各种具有智能意义的应用和服务逐渐诞生，智能化解决方案日益成为各行业的选择。智能化对全局性和协同性的要求，都呼唤具有整合计算能力、整体资源调配能力和开放应用运营能力的城市综合平台，在这种情况下，如果说“智慧城市”作为信息化与城市化高度融合的产物应运而生，那么云计算将是“智慧城市”的一片智慧沃土，为城市信息化提供高效、绿色、灵活、强大的信息基础设施和综合平台，孕育各种丰富多彩的智慧应用。如图 16-4-1 所示，为物联网架构下的智慧城市云计算体系脉络。

企业有两个基本的云计算方案：一是建立一个门户网站，为供应链成员之间提供实时的通信和协作；二是一个完整的 B2B 解决方案，不仅为各方之间提供实时的通信与合作，并且还要实时执行事务处理和数据库的更新。

1. 供应链云服务模式的业务架构

该系统给出了一个多用户的、基于云计算的供应链系统业务架构体系（如图 16-4-2 所示）。从云计算的角度来看，该供应链系统首先以传统供应链为主线，包括供应商、制造商、分销商、零售商和终端客户，物流、资金流和信息流在供应链上下游动态流动，传统供应链企业构成了云服务的需求端。这些企业是异构的，并且彼此存在着信息盲点。其次，以云服务平台为根基。

云服务平台包括需求信息采集和挖掘、个性化服务、供应链资源整合、资源匹配与调度、质量管理与监控等功能模块，以财务金融信息云、企业共享资源云、企业私有云、互联网资源云、需求信息云、供应商资源云等为组成部分，通过系统整合多方资源搭建起供应链信息云，为包括生产企业、贸易企业、物流服务提供商、原材料供应商、终端客户、金融机构等供应链上下游提供信息支持，以最大化提升被服务机构的核心价值。

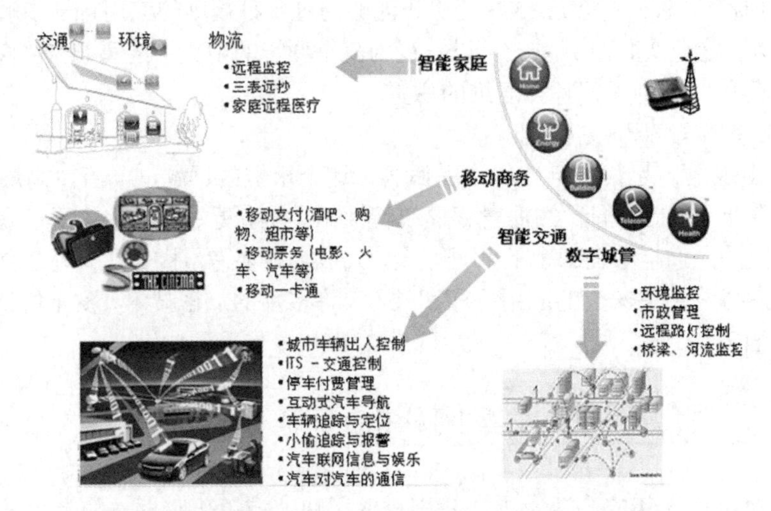


图 16-4-1　物联网架构下的智慧城市云计算体系脉络

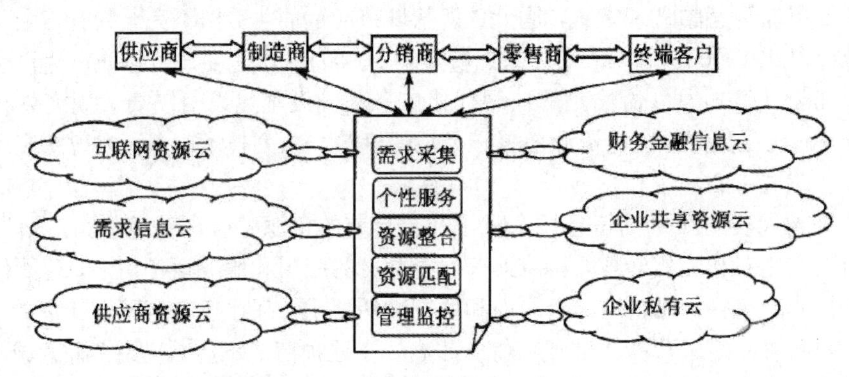


图 16-4-2　供应链云服务模式业务架构图

2. 供应链云服务模式的技术架构

为实现云计算的供应链系统，需要从技术角度解析上述业务架构，该平台的技术架构如图 16-4-3 所示。自上而下分为访问层、接口层、服务层、虚拟层、物理层等 5 个层次。

（1）访问层

访问层面向供应链上的企业用户，为用户提供个性化的统一访问界面，用户可以通过门户网站或者集成的 B2B 平台访问和使用各种云计算和云存储服务。用户访问的工具可以是 Web 浏览器、专属的客户端或者无线终端等，访问的权限根据企业在供应链流程中的不同角色决定。

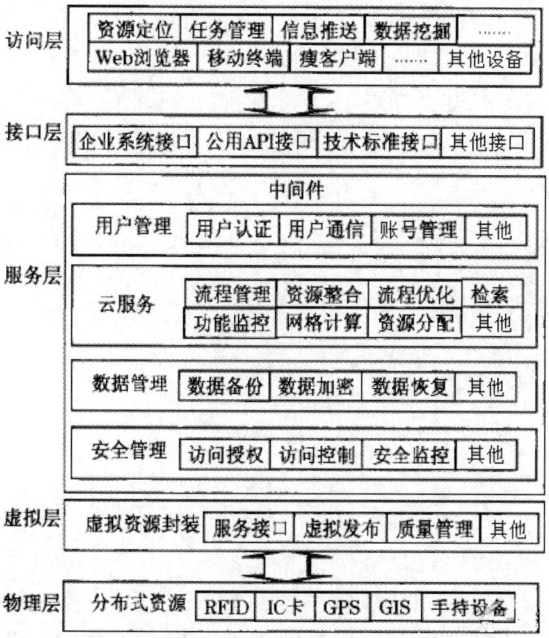

访问层
资源定位 | 任务管理 | 信息推送 | 数据挖掘 | ……
Web浏览器 | 移动终端 | 瘦客户端 | …… | 其他设备

接口层
企业系统接口 | 公用API接口 | 技术标准接口 | 其他接口

服务层
中间件
用户管理：用户认证 | 用户通信 | 账号管理 | 其他
云服务：流程管理 | 资源整合 | 流程优化 | 检索 | 功能监控 | 网格计算 | 资源分配 | 其他
数据管理：数据备份 | 数据加密 | 数据恢复 | 其他
安全管理：访问授权 | 访问控制 | 安全监控 | 其他

虚拟层
虚拟资源封装：服务接口 | 虚拟发布 | 质量管理 | 其他

物理层
分布式资源：RFID | IC卡 | GPS | GIS | 手持设备

图 16-4-3　供应链云服务模式技术架构图

（2）接口层

接口层为各类用户提供接入、认证及权限管理等服务，接口层一方面屏蔽了硬件细节，另一方面为不同用户提供了统一的接口路径。

（3）服务层

服务层是供应链云服务平台的核心部分，是实现供应链普适计算（Ubiquitous Computing）的最重要结构。具体可以分为以下 4 层：首先，紧邻接口层的是用户管理子层，与接口层进行对接。其次是云服务子层，主要完成供应链云计算的核心功能，包括供应链流程管理、供应链云资源整合、优化、检索及分配、云服务功能监控、Web 服务网格计算、分布式文件系统云服务、集群系统云服务等核心服务。第三层是数据管理子层，面向供应链的云计算提供数据管理、存储虚拟化、数据的加密备份等基础服务。最后一层是安全管理子层，为上一层的权限管理提供保障，包括身份认证、访问授权、访问控制、安全监控等功能。

（4）虚拟层

虚拟层实际上是将分布式的物理资源整合成虚拟供应链资源，并将其封装成可供全局访问的各类云计算资源，以透明一致的访问方式提供给平台上一层使用，具体功能包括服务接口、虚拟化、封装、虚拟资源发布等。

（5）物理层

物理层是以上 4 层的资源载体，由各种异质的供应链内的分布式物理资源构成，主要包括各种基础设施、设备等，通过 GPS、RFID、传感器、仿真设备等汇集到云计算平台，实现共享和协同。

# 17

# 综合实训

## 17.1 项目背景

1. 项目描述

此项目选自“2016年XX省职业院校技能大赛”高职组计算机网络应用竞赛试题。

某集团公司原在国内建立了总部，后在欧洲地区建立了分部。总部设有研发、市场、供应链、售后等4个部门，统一进行IP及业务资源的规划和分配。

公司规模在2016年快速发展，业务数据量和公司访问量增长迅速。为了更好管理数据，提供服务，集团决定建立自己的小型数据中心及云计算服务平台，以达到快速、可靠交换数据，以及增强业务部署弹性的目的。

2. 网络拓扑

集团总部及欧洲地区分部的网络拓扑结构如图17-1-1所示。

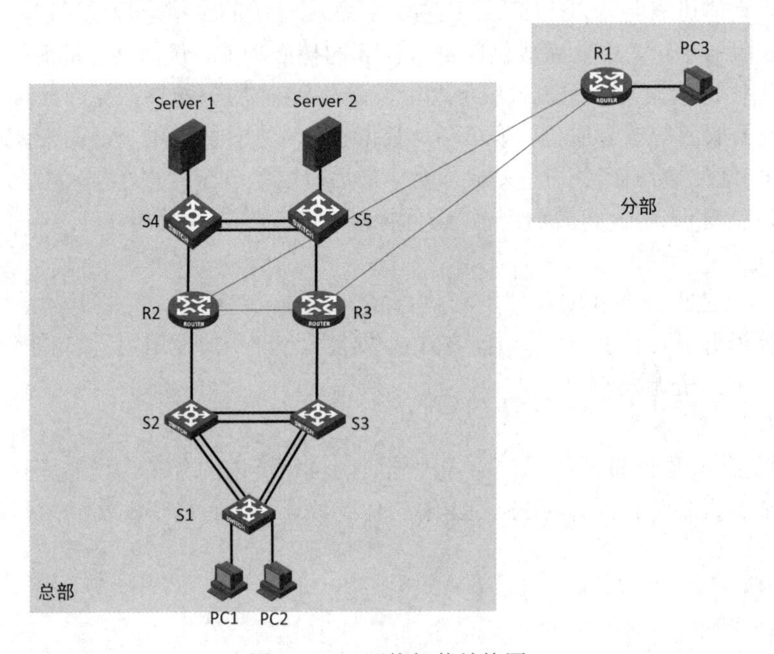


图17-1-1 网络拓扑结构图

其中两台 S5800 交换机编号为 S4、S5，用于服务器高速接入；两台 S3600V2 编号为 S2、S3，作为总部的核心交换机；两台 MSR2630 路由器编号为 R2、R3，作为总部的核心路由器；一台 S3600V2 编号为 S1，作为接入交换机；一台 MSR2630 路由器编号为 R1，作为分支机构路由器。

请根据拓扑图网络物理连接表（见表 17-1-1）完成设备的连线，如果现场提供的线缆不能满足需要，请现场制作所需线缆。

表 17-1-1 网络物理连接表

| 源设备名称 | 设备接口 | 目标设备名称 | 设备接口 |
|---|---|---|---|
| S1 | E1/0/1 | PC1 | |
| S1 | E1/0/2 | PC2 | |
| S1 | E1/0/17 | S2 | E1/0/19 |
| S1 | E1/0/18 | S2 | E1/0/20 |
| S1 | E1/0/19 | S3 | E1/0/19 |
| S1 | E1/0/20 | S3 | E1/0/20 |
| S2 | E1/0/21 | S3 | E1/0/21 |
| S2 | E1/0/22 | S3 | E1/0/22 |
| S2 | E1/0/23 | R2 | G0/0 |
| S3 | E1/0/23 | R3 | G0/0 |
| R2 | G0/1 | S4 | G1/0/24 |
| R3 | G0/1 | S5 | G1/0/24 |
| S4 | G1/0/21 | S5 | G1/0/21 |
| S4 | G1/0/22 | S5 | G1/0/22 |
| S4 | G1/0/1 | Server 1 | |
| S5 | G1/0/1 | Server 2 | |
| R1 | S2/0 | R2 | S2/0 |
| R1 | S3/0 | R3 | S2/0 |
| R1 | G0/0 | PC3 | |
| R2 | S3/0 | R3 | S3/0 |

3. 服务规划

集团公司原有两台服务器，分别给两个不同业务部门使用，承载着 FTP、Web 等业务。公司在实施云计算后，将所有的物理服务器都改成虚拟机，以增强服务器的可靠性、可扩展性，并合理利用资源。

公司业务具体信息如表 17-1-2 所示。服务器具体信息如表 17-1-3 所示。

表 17-1-2 公司业务信息表

| 服务器名 | 业务部门 | 所属 VLAN | IPv4 地址 | 网关 |
|---|---|---|---|---|
| Win-1 | 研发 | VLAN 11 | 100.10.11.200/24 | 100.10.11.254 |
| Win-2 | 市场 | VLAN 21 | 100.10.21.200/24 | 100.10.21.254 |

表 17-1-3 服务器信息表

| 服务器名 | 内存 | 磁盘容量 | 操作系统 | 业务 |
|---|---|---|---|---|
| Win-1 | 2048MB | 60GB | Windows Server 2008 r2 | FTP |
| Win-2 | 2048MB | 40GB | Windows Server 2008 r2 | Web |

## 17.2 云计算网络构建

根据项目需求，构建如下云计算网络。

1. PPP 部署

总部路由器与分部路由器间属于广域网链路。需要使用 PPP 进行安全保护。

PPP 的具体要求如下：

- 使用 CHAP 协议；
- 双向认证，用户名+验证口令方式；
- 用户名和密码均为 123456。

2. 链路聚合

总部核心交换机 S2、S3 与接入交换机 S1 间使用链路聚合来增加链路带宽并增强可靠性。具体要求如下：

- 使用动态聚合模式；
- 聚合组内配置聚合负载分担类型，根据源 IP 地址与目的 IP 地址进行聚合负载分担。

3. 虚拟局域网

为了减少广播，需要规划并配置 VLAN。具体要求如下：

- 配置合理，链路上不允许不必要的数据流通过。
- 交换机与路由器间的互连物理端口、S2 和 S3 间的 E1/0/22 端口、S4 和 S5 间的 G1/0/22 端口直接使用三层模式互连。
- 规划 S4 和 S5 交换机的 G1/0/1 至 G1/0/16 端口为连接服务器的端口；S2 和 S3 间的 E1/0/21 端口、S4 和 S5 间的 G1/0/21 端口为 Trunk 类型。
- 物理服务器管理端口属于 VLAN101。

根据表 17-2-1，在交换机上完成 VLAN 配置和端口分配。

表 17-2-1 VLAN 分配表

| 设备 | VLAN 编号 | VLAN 名称 | 端口 | 说明 |
|---|---|---|---|---|
| S1 | VLAN11 | RD | E1/0/1 至 E1/0/4 | 研发 |
| | VLAN21 | Sales | E1/0/5 至 E1/0/8 | 市场 |

续表

| 设备 | VLAN 编号 | VLAN 名称 | 端口 | 说明 |
|---|---|---|---|---|
| | VLAN31 | Supply | E1/0/9 至 E1/0/12 | 供应链 |
| | VLAN41 | Service | E1/0/13 至 E1/0/16 | 售后 |

4. IPv4 地址部署

根据表 17-2-2，为网络设备分配 IPv4 地址。

表 17-2-2 IPv4 地址分配表

| 设备 | 接口 | IPv4 地址 |
|---|---|---|
| S2 | VLAN11 | 200.20.11.252/24 |
| | VLAN21 | 200.20.21.252/24 |
| | VLAN31 | 200.20.31.252/24 |
| | VLAN41 | 200.20.41.252/24 |
| | E1/0/22 | 11.0.0.1/30 |
| | E1/0/23 | 11.0.0.5/30 |
| | Loopback 0 | 9.9.9.202/32 |
| S3 | VLAN11 | 200.20.11.253/24 |
| | VLAN21 | 200.20.21.253/24 |
| | VLAN31 | 200.20.31.253/24 |
| | VLAN41 | 200.20.41.253/24 |
| | E1/0/22 | 11.0.0.2/30 |
| | E1/0/23 | 11.0.0.9/30 |
| | Loopback 0 | 9.9.9.203/32 |
| S4 | VLAN11 | 100.10.11.252/24 |
| | VLAN21 | 100.10.21.252/24 |
| | VLAN31 | 100.10.31.252/24 |
| | VLAN41 | 100.10.41.252/24 |
| | VLAN101 | 100.10.0.252/24 |
| | G1/0/22 | 11.0.0.33/30 |
| | G1/0/24 | 11.0.0.26/30 |
| | Loopback 0 | 9.9.9.204/32 |
| S5 | VLAN11 | 100.10.11.253/24 |
| | VLAN21 | 100.10.21.253/24 |
| | VLAN31 | 100.10.31.253/24 |
| | VLAN41 | 100.10.41.253/24 |
| | VLAN101 | 100.10.0.253/24 |

续表

| 设备 | 接口 | IPv4 地址 |
|---|---|---|
| | G1/0/22 | 11.0.0.34/30 |
| | G1/0/24 | 11.0.0.30/30 |
| | Loopback 0 | 9.9.9.205/32 |
| R1 | S2/0 | 11.0.0.13/30 |
| | S3/0 | 11.0.0.17/30 |
| | G0/0 | 100.10.50.254/24 |
| | Loopback 0 | 9.9.9.1/32 |
| R2 | G0/0 | 11.0.0.6/30 |
| | G0/1 | 11.0.0.25/30 |
| | S2/0 | 11.0.0.14/30 |
| | S3/0 | 11.0.0.21/30 |
| | Loopback 0 | 9.9.9.2/32 |
| R3 | G0/0 | 11.0.0.10/30 |
| | G0/1 | 11.0.0.29/30 |
| | S2/0 | 11.0.0.18/30 |
| | S3/0 | 11.0.0.22/30 |
| | Loopback 0 | 9.9.9.3/32 |

5. IPv4 IGP 路由部署

总部的 S2、S3、R2、R3 使用 RIP 协议；S4、S5、R2、R3 使用 OSPF 协议。具体要求如下：

- R2、R3 是边界路由器，且其互连接口属于 OSPF 区域；
- RIP 进程号为 1，版本号为 RIP-2，取消自动聚合；
- OSPF 进程号为 10，区域 0；
- 要求业务网段中不出现协议报文；
- 要求所有路由协议都发布具体网段；
- 为了管理方便，需要发布 Loopback 地址，并尽量在 OSPF 域中发布；
- 优化 OSPF 相关配置，以尽量加快 OSPF 收敛；
- 不允许发布默认路由，也不允许使用静态路由。

6. IPv4 BGP 路由部署

总部与分部间使用 BGP 协议。具体要求如下：

- 分部为 AS200，总部为 AS100；
- 总部内 R2、R3 需要建立 IBGP 连接；
- 分部的所有路由必须通过 Network 命令来发布，总部路由通过引入方式来发布；
- 分部向总部发布默认路由。

最终，要求全网路由互通。

7. 路由优化部署

考虑到路由协议众多，且有引入路由的行为，为了防止本路由域内始发路由被再引回到本路由域，从而造成环路，规划在路由引入时使用 Route-Policy 来进行过滤。具体要求如下：

- 采用给路由打标签的方式来实现；
- OSPF 路由标签值为 10，BGP 路由标签值为 100，RIP 标签值为 50；
- 要求配置简单，实现合理。

同时，需要考虑通过合理配置从而杜绝次优路径的产生（提示：可通过配置不同路由协议的优先级值来实现）。

8. PBR

考虑到分部到总部间有两条广域网线路，为合理利用带宽，规划从分部去往总部的 FTP 数据通过 R1→R2 的线路转发，从分部去往总部的 Web 数据通过 R1→R3 的线路转发。为达到上述目的，采用 PBR 来实现。具体要求如下：

- 分部去往总部的 FTP 数据由 ACL3001 来定义；
- 分部去往总部的 Web 数据由 ACL3002 来定义。

9. MSTP 及 VRRP 部署

在总部交换机 S2、S3 上配置 MSTP 防止二层环路；要求 VLAN11 和 VLAN21 的数据流经过 S2 转发，S2 失效时经过 S3 转发；VLAN31 和 VLAN41 的数据流经过 S3 转发，S3 失效时经过 S2 转发。所配置的参数要求如下：

- region-name 为 H3C；
- 实例 1 对应 VLAN11 和 VLAN21，实例 2 对应 VLAN31 和 VLAN41。
- S2 作为实例 1 中的主根，实例 2 中的从根；S3 作为实例 2 中的主根，实例 1 中的从根。

在 S2 和 S3 上配置 VRRP，实现主机的网关冗余。所配置的参数要求如表 17-2-3 所示。

表 17-2-3 VRRP 参数表

| VLAN | VRRP 备份组号（VRID） | VRRP 虚拟 IP |
|---|---|---|
| VLAN11 | 10 | 200.20.11.254 |
| VLAN21 | 20 | 200.20.21.254 |
| VLAN31 | 30 | 200.20.31.254 |
| VLAN41 | 40 | 200.20.41.254 |

- S2 作为 VLAN11 和 VLAN21 内主机的实际网关，S3 作为 VLAN31 和 VLAN41 内主机的实际网关，且互为备份；其中各 VRRP 组中高优先级设置为 150，低优先级设置为 110。

在 S4 和 S5 上配置 VRRP，实现主机的网关冗余。所配置的参数要求如表 17-2-4 所示。

表 17-2-4 VRRP 参数表

| VLAN | VRRP 备份组号（VRID） | VRRP 虚拟 IP |
|---|---|---|
| VLAN11 | 10 | 100.10.11.254 |
| VLAN21 | 20 | 100.10.21.254 |

续表

| VLAN | VRRP 备份组号（VRID） | VRRP 虚拟 IP |
|---|---|---|
| VLAN31 | 30 | 100.10.31.254 |
| VLAN41 | 40 | 100.10.41.254 |
| VLAN101 | 50 | 100.10.0.254 |

- S4 作为 VLAN11、VLAN21 和 VLAN101 内主机的实际网关，S5 作为 VLAN31 和 VLAN41 内主机的实际网关，且互为备份；其中各 VRRP 组中高优先级设置为 150，低优先级设置为 110。

10. QoS 部署

因总部与分部间的广域网带宽有限，为了保证关键的应用，需要在设备上配置 QoS，使分部与总部 DNS 服务器（100.10.31.200）间的 DNS 数据流能够被加速转发（EF），最大带宽为链路带宽的 10%。所配置的参数要求如下：

- ACL 编号为 3030（匹配 DNS 数据流）；
- classifier 名称为 DNS；
- behavior 名称为 DNS；
- QoS 策略名称为 DNS。

11. 设备与网络管理部署

根据表 17-2-5，为网络设备配置主机名。

表 17-2-5　网络设备名称表

| 拓扑图中设备名称 | 配置主机名（Sysname 名） | 说明 |
|---|---|---|
| S1 | S1 | 总部接入交换机 |
| S2 | S2 | 总部核心交换机 1 |
| S3 | S3 | 总部核心交换机 2 |
| S4 | S4 | 总部数据中心交换机 1 |
| S5 | S5 | 总部数据中心交换机 2 |
| R1 | R1 | 分部路由器 |
| R2 | R2 | 总部路由器 1 |
| R3 | R3 | 总部路由器 2 |

- 为路由器开启 SSH 服务端功能，对 SSH 用户采用 password 认证方式，用户名和密码为 admin，密码为明文类型，用户角色为 network-admin。
- 为交换机开启 Telnet 功能，对所有 Telnet 用户采用本地认证的方式。创建本地用户，设定用户名和密码为 admin 的用户有 3 级命令权限，用户名和密码为 000000 的用户有 1 级命令权限。密码为明文类型。
- 为路由器开启简单网络管理协议（SNMP）。要求网管服务器只能通过 SNMPv3 访问设备，且用户只能读写节点 SNMP 下的对象；MIB 对象名、SNMP 组名和用户名都为 2016，认证算法为 MD5，加密算法为 3DES，认证密码和加密密码都是明文方式，密码是 123456。

## 17.3　部分参考答案

1. PPP 部署

R1 上的配置

```
#
interface Serial2/0
ppp authentication-mode chap
ppp chap password cipher $c$3$HUUSlfT7tVTtfuo3RjQ3Vuex+wYOpitqYg==
ppp chap user 123456
ip address 11.0.0.13 255.255.255.252

#
interface Serial3/0
ppp authentication-mode chap
 ppp chap password cipher $c$3$bKPW5YLJq9zA01LurCTSZUv9Bfq2wJzK3Q==
 ppp chap user 123456
 ip address 11.0.0.17 255.255.255.252
```

R2 上的配置

```
#
interface Serial2/0
ppp authentication-mode chap
ppp chap password cipher $c$3$FWT4Wd6xztbf7FnC6ofOz4a41Rb9BKAuUg==
ppp chap user 123456
ip address 11.0.0.14   255.255.255.252
```

R3 上的配置

```
#
interface Serial2/0
ppp authentication-mode chap
ppp chap password cipher $c$3$gTELoyC2KggZ11NBORFJlMdZHSYkAkCwUw==
ppp chap user 123456
ip address 11.0.0.18   255.255.255.252
```

2. 链路聚合

S2 上的配置

```
#
interface Bridge-Aggregation1
port link-type trunk
undo port trunk permit vlan 1
port trunk permit vlan 11 21 31 41
link-aggregation mode dynamic
link-aggregation load-sharing mode destination-ip source-ip
```

S1 上的配置

```
#
interface Bridge-Aggregation1
port link-type trunk
undo port trunk permit vlan 1
```

```
port trunk permit vlan 11 21 31 41
link-aggregation mode dynamic
link-aggregation load-sharing mode destination-ip source-ip
#
interface Bridge-Aggregation2
port link-type trunk
undo port trunk permit vlan 1
port trunk permit vlan 11 21 31 41
link-aggregation mode dynamic
link-aggregation load-sharing mode destination-ip source-ip
```

S3 上的配置

```
#
interface Bridge-Aggregation1
port link-type trunk
undo port trunk permit vlan 1
port trunk permit vlan 11 21 31 41
link-aggregation mode dynamic
link-aggregation load-sharing mode destination-ip source-ip
```

3. IPv4 IGP 路由部署

R2 上的配置

```
#
ospf 10 router-id 9.9.9.2
import-route rip 1 tag 10 route-policy import
import-route bgp tag 100 route-policy import
silent-interface Serial2/0
spf-schedule-interval 1
area 0.0.0.0
network 9.9.9.2 0.0.0.0
network 11.0.0.12 0.0.0.3
network 11.0.0.20 0.0.0.3
network 11.0.0.24 0.0.0.3
#
rip 1
undo summary
version 2
network 11.0.0.4 0.0.0.3
import-route ospf 10 route-policy import tag 10
import-route bgp route-policy import tag 100
```

R3 上的配置

```
#
ospf 10 router-id 9.9.9.3
import-route rip 1 tag 50 route-policy import
import-route bgp tag 100 route-policy import
silent-interface Serial2/0
spf-schedule-interval 1
area 0.0.0.0
network 9.9.9.3 0.0.0.0
network 11.0.0.16 0.0.0.3
network 11.0.0.20 0.0.0.3
```

```
network 11.0.0.28 0.0.0.3
#
rip 1
undo summary
version 2
network 11.0.0.8 0.0.0.3
import-route ospf 10 route-policy import tag 10
import-route bgp route-policy import tag 100
```

S2 上的配置

```
#
rip 1
undo summary
version 2
network 11.0.0.0
network 9.0.0.0
network 200.20.11.0
network 200.20.21.0
network 200.20.31.0
network 200.20.41.0
```

S3 上的配置

```
#
rip 1
undo summary
version 2
network 11.0.0.0
network 9.0.0.0
network 200.20.11.0
network 200.20.21.0
network 200.20.31.0
network 200.20.41.0
```

S4 上的配置

```
#
ospf 10 router-id 9.9.9.204
silent-interface Vlan-interface11
silent-interface Vlan-interface21
silent-interface Vlan-interface31
silent-interface Vlan-interface41
silent-interface Vlan-interface101
spf-schedule-interval 1
area 0.0.0.0
network 9.9.9.204    0.0.0.0
network 11.0.0.32    0.0.0.3
network 11.0.0.24    0.0.0.3
network 100.10.0.0    0.0.0.255
network 100.10.11.0    0.0.0.255
network 100.10.21.0    0.0.0.255
network 100.10.31.0    0.0.0.255
network 100.10.41.0    0.0.0.255
#
```

S5 上的配置

```
#
ospf 10 router-id 9.9.9.205
silent-interface Vlan-interface11
silent-interface Vlan-interface21
silent-interface Vlan-interface31
silent-interface Vlan-interface41
silent-interface Vlan-interface101
spf-schedule-interval 1
area 0.0.0.0
network 11.0.0.32   0.0.0.3
network 11.0.0.28   0.0.0.3
network 9.9.9.205   0.0.0.0
network 100.10.0.0   0.0.0.255
network 100.10.11.0   0.0.0.255
network 100.10.21.0   0.0.0.255
network 100.10.31.0   0.0.0.255
network 100.10.41.0   0.0.0.255
```

4. PBR

R1 上的配置

```
#
acl advanced 3001
rule 10 permit tcp destination-port eq ftp
rule 20 permit tcp destination-port eq ftp-data
#
acl advanced 3002
rule 10 permit tcp destination-port eq www
```

5. MSTP 及 VRRP 部署

S2 上的配置

```
#
stp region-configuration
region-name H3C
instance 1 vlan 11 21
instance 2 vlan 31 41
active region-configuration
#
stp instance 1 root primary
stp instance 2 root secondary
stp enable
#
interface Vlan-interface11
ip address 200.20.11.252 255.255.255.0
undo rip output
vrrp vrid 10 virtual-ip 200.20.11.254
vrrp vrid 10 priority 150
#
interface Vlan-interface21
ip address 200.20.21.252 255.255.255.0
undo rip output
```

```
vrrp vrid 20 virtual-ip 200.20.21.254
vrrp vrid 20 priority 150
#
interface Vlan-interface31
ip address 200.20.31.252 255.255.255.0
undo rip output
vrrp vrid 30 virtual-ip 200.20.31.254
vrrp vrid 30 priority 110
#
interface Vlan-interface41
ip address 200.20.41.252 255.255.255.0
undo rip output
vrrp vrid 40 virtual-ip 200.20.41.254
vrrp vrid 40 priority 110
```

S3 上的配置

```
#
stp region-configuration
region-name H3C
instance 1 vlan 11 21
instance 2 vlan 31 41
active region-configuration
#
stp instance 1 root secondary
stp instance 2 root primary
stp enable
#
interface Vlan-interface11
ip address 200.20.11.253 255.255.255.0
undo rip output
vrrp vrid 10 virtual-ip 200.20.11.254
vrrp vrid 10 priority 110
#
interface Vlan-interface21
ip address 200.20.21.253 255.255.255.0
undo rip output
vrrp vrid 20 virtual-ip 200.20.21.254
vrrp vrid 20 priority 110
#
interface Vlan-interface31
ip address 200.20.31.253 255.255.255.0
undo rip output
vrrp vrid 30 virtual-ip 200.20.31.254
vrrp vrid 30 priority 150
#
interface Vlan-interface41
ip address 200.20.41.253 255.255.255.0
undo rip output
vrrp vrid 40 virtual-ip 200.20.41.254
vrrp vrid 40 priority 150
```

6. QoS 部署

R1 上的配置

```
#
traffic classifier DNS operator and
if-match acl 3030
#
traffic behavior DNS
queue ef bandwidth pct 10 cbs-ratio 25
#
qos policy DNS
classifier DNS behavior DNS
#
acl advanced 3030
rule 10 permit udp source 100.10.50.0 0.0.0.255 destination 100.10.31.200 0 destination-port eq dns
```

R2 上的配置

```
#
sysname R2
#
traffic classifier DNS operator and
if-match acl 3030
#
traffic behavior DNS
queue ef bandwidth pct 10 cbs-ratio 25
#
qos policy DNS
classifier DNS behavior DNS
#
acl advanced 3030
rule 10 permit udp source 100.10.31.200 0 source-port eq dns destination 100.10.50.0 0.0.0.255
```

R3 上的配置同 R2。

7. 设备与网络管理部署

R1 上的配置

```
#
authentication-mode scheme
user-role network-admin
#
snmp-agent
snmp-agent local-engineid 800063A2803A7CABE4010500000001
snmp-agent sys-info version v3
snmp-agent mib-view included 2016 snmp
snmp-agent usm-user v3 2016 2016 cipher authentication-mode md5
$c$3$HNj2VfAJ1CXoA2ScRCMwAfNvWc3zChHTU0e06gCioXyzmA== privacy-mode 3des
$c$3$0un3VdiWxVEXSfirm+hMOiy5Fj4VpSfRdSeb87ao/1ZY+XqEDHXwqRjkoNOVVAGImX8=
#
ssh server enable
ssh user admin service-type stelnet authentication-type password
```

R2 与 R3 上的配置同 R1。

S1 上的配置

```
#
telnet server enable
#
local-user 000000
password cipher $c$3$VuB/beP6uink6lDXUrMRBZsEf06t9LkOkA==
authorization-attribute level 1
service-type telnet
local-user admin
password cipher $c$3$9pmym2OewAVyjgu2JMSuDJY30Cihv4QR
authorization-attribute level 3
service-type telnet
```

S2～S5 上的配置同 S1。

# LITO 模拟器的使用

## 一、LITO 模拟器简介

LITO 是一款专门进行 H3C 交换机和路由器实验的模拟器，是完全免费的软件。它界面清晰且使用简单，可以直接搭建、运行网络拓扑，还有标准的 VPCS 模拟 PC，支持 WinPcap 的任何版本。目前的版本为 v1.5.2，本书的实验大多是在该模拟器上完成的。

## 二、LITO 模拟器的基本用法

1．模拟器窗口简介

（1）工作区域。中间的空白区域就是拓扑图的构建和网络实验的工作区域。该区域是 LITO 模拟器的核心区域，其他区域都是为它服务的。在工作区，用户可以根据需要设计各种计算机网络拓扑结构，并对每个设备进行功能配置如图 A-1 所示。

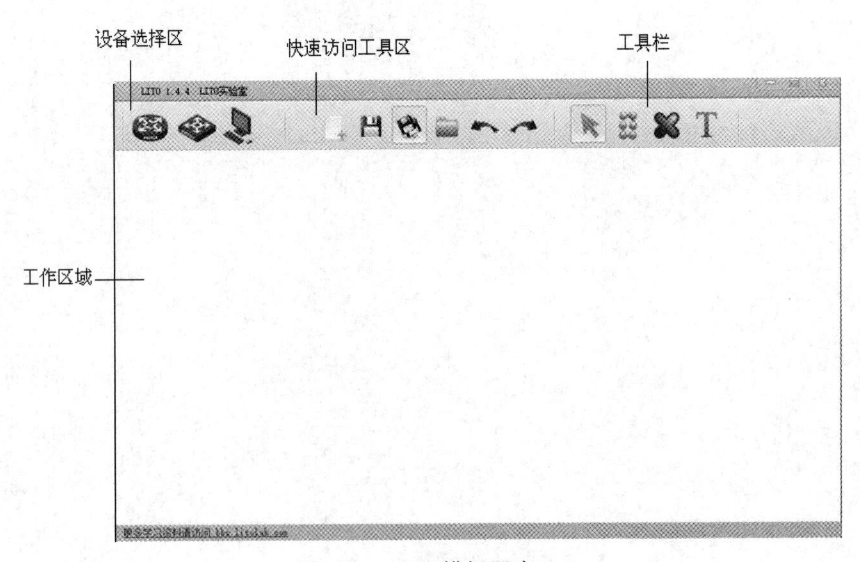


图 A-1　LITO 模拟器窗口

（2）设备选择区。主界面左上角为设备选择区，其中包含的设备类型有 Router（路由器）、Switch（交换机）、PC（计算机）。当需要用哪个设备的时候，直接用鼠标将该设备拖到工作区域即可。

（3）工具栏。主界面右上角为工具栏，包括设备（选择设备）、连线、删除线、标注。

（4）快速访问工具区。包括新建、保存、另存为、打开、撤销、恢复。当鼠标指针指向这些工具的时候就会显示该工具的功能。这些工具的使用和其他计算机软件中的功能一样，不再赘述。

图 A-2　LITO 的快捷方式

2. 模拟器的使用简介

（1）双击安装完成后的图标，如图 A-2 所示。

（2）打开 H3C 模拟器 LITO。

（3）点击图 A-3 中的“确定”按钮，进入模拟器的主界面，如图 A-4 所示。

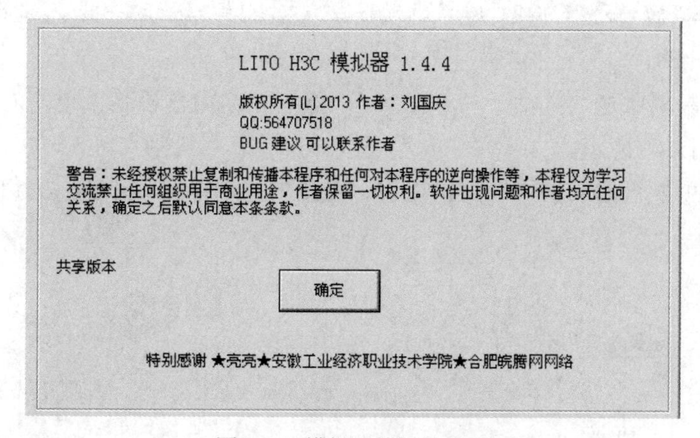


图 A-3　模拟器的初始界面

图 A-4　LITO 软件的主界面

（4）搭建网络拓扑时，先用鼠标将所需的路由器、交换机、主机拖到工作区域如图 A-5 所示。

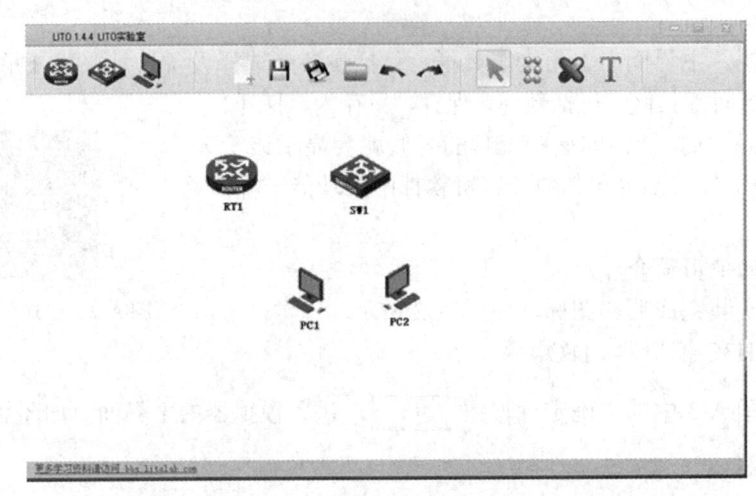


图 A-5　模拟器当中的设备

（5）单击工具栏中的“连线”按钮 ，然后在路由器设备上单击右键，弹出路由器的接口列表，如图 A-6 所示。

（6）同理，可以查看交换机的默认接口，这里的 E 口是二层口，G 口是三层口，如图 A-7 所示。

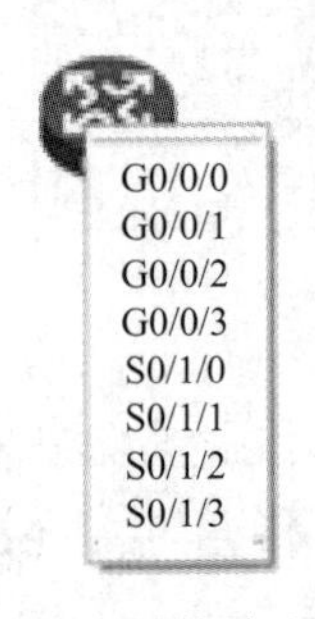


图 A-6　路由器的默认接口

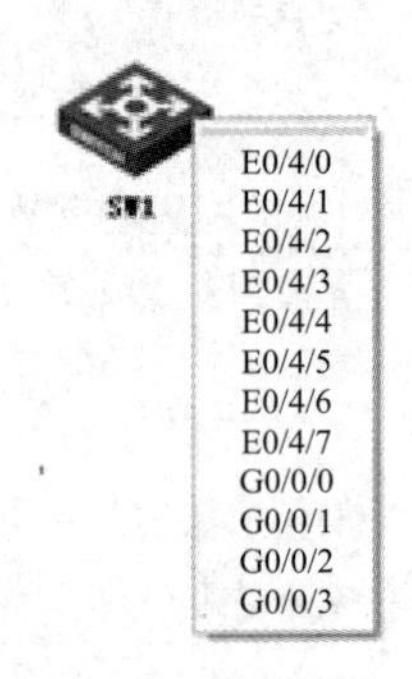


图 A-7　交换机的默认接口

（7）将各个设备按照网络拓扑进行连接。在路由器上单击右键后，选择需要的接口，例如 G0/0/0，移动鼠标到对端设备上，在对端设备上单击鼠标右键选择需要的接口，例如交换机上的 E0/4/0 接口，即将路由器 RT1 和交换机 SW1 连接起来。同理，选择交换机的 E0/4/1 接口，鼠标移动到 PC1 上，在 PC1 上单击右键出现网卡 1 时单击即建立了 SW1 和 PC1 之间的连接。PC2 的连接同 PC1。完整的网络拓扑图如图 A-8 所示。

（8）对设备进行配置前，要启动设备。首先选择工具栏中的设备选择按钮 ，然后在设备上单击右键，在弹出的菜单上选择开启设备。开启后的设备边上出现一绿色的圆点，如图 A-9 所示。

（9）对设备进行配置时，双击设备即可。例如双击路由器 RT1，得到 RT1 的配置视图，见图 A-10。

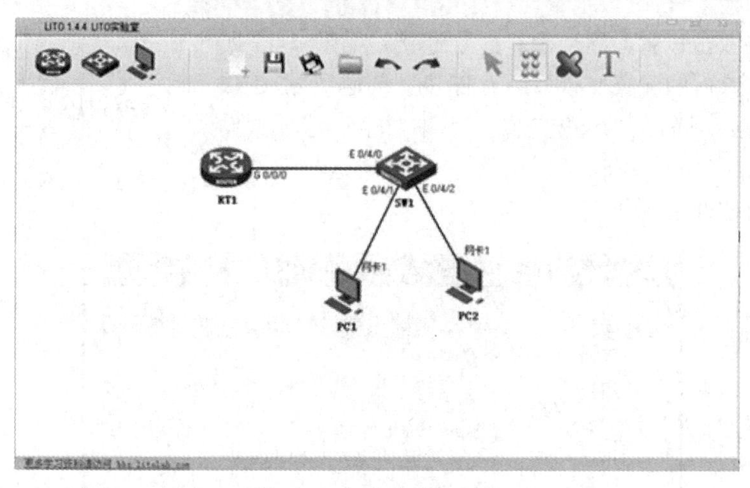


图 A-8　完整的网络拓扑

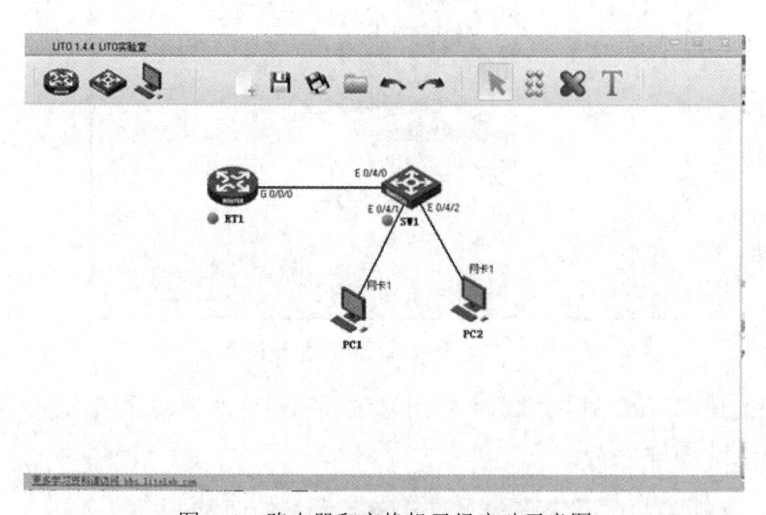


图 A-9　路由器和交换机已经启动示意图

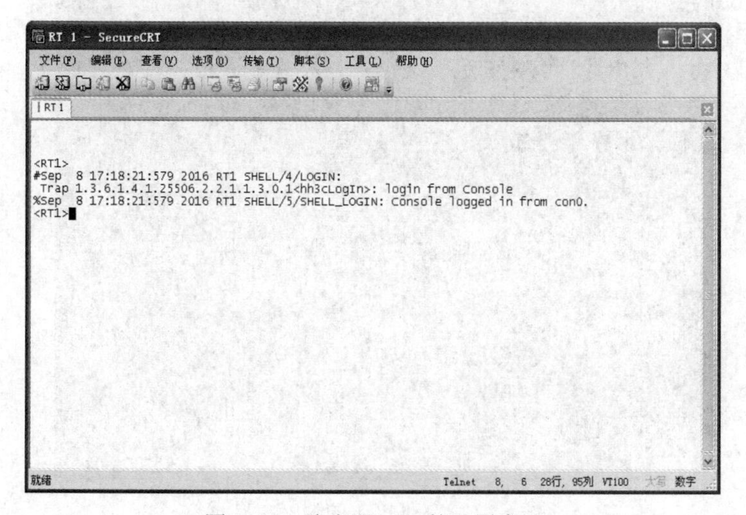


图 A-10　路由器 RT1 的配置窗口

（10）如果双击设备，显示没有建立连接，如图 A-11 所示。这是因为 CRT 的配置文件默认存储位置问题导致 CRT 打开无连接设置。只需在“选项”菜单当中对全局选项做设置即可，如图 A-12 所示。在右下角配置文件夹中选择软件安装位置的 SecureCRT 目录即可。

图 A-11　未建立连接示意图

图 A-12　全局选项中的常规设置

（11）PC 的使用。PC 在网络当中常用来进行网络连通性的测试。双击 PC 即可打开 VPCS，如图 A-13 所示。

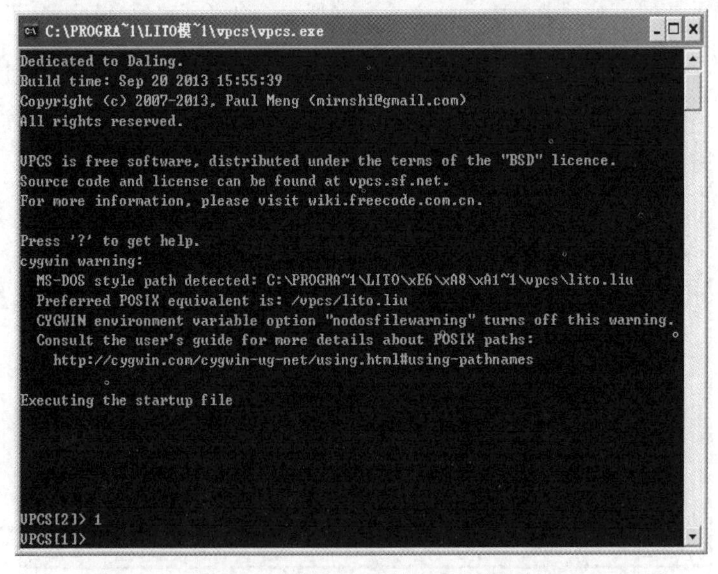


图 A-13　启动 PC1 的 VPCS 界面

如果要切换到 PC2，只需要在图 A-14 所示视图下输入数字 2 即可。

```
VPCS[2]> 1
VPCS[1]> 2
VPCS[2]>
```

图 A-14　PC2 的 VPCS 界面

（12）在 PC 的 VPCS 当中进行 IP 地址配置，格式为：IP <IP 地址> [网关] [掩码/长度]。例如 PC1 的 IP 地址为 192.168.0.10/24，它的配置如图 A-15 所示。

```
VPCS[1]> ip 192.168.0.10 255.255.255.0
Checking for duplicate address...
PC1 : 192.168.0.10 255.255.255.0

VPCS[1]>
```

图 A-15　PC1 的 IP 地址配置

（13）查看 PC 的状态。命令格式为：show ip，如图 A-16 所示。

```
VPCS[1]> show ip

NAME        : VPCS[1]
IP/MASK     : 192.168.0.10/24
GATEWAY     : 255.255.255.0
DNS         :
MAC°        : 00:50:79:66:68:00
LPORT       : 19021
RHOST:PORT  : 127.0.0.1:19010
MTU:        : 1500

VPCS[1]>
```

图 A-16　PC1 的状态

（14）清除 IP。命令格式为：clear ip，如图 A-17 所示。

```
VPCS[1]> clear ip
IPv4 address/mask, gateway, DNS, and DHCP cleared
```

图 A-17　PC1 的相关 IP 配置被清除

**注意**：*所有 PC 的配置都是一起的，关掉一台 PC 的 VPCS，则实验当中所有的 PC 都要重新配置。*

（15）删除设备或设备连线。删除设备的时候，选择按钮，然后在设备上单击右键，在快捷菜单中选择“删除设备”即可。删除设备之间的连线的时候，要保证连线两端的设备是关闭的，然后点击“删除线”按钮，在其中一端的设备中单击右键，选择要删除的连线接口即可。

（16）标注的使用。为了使得网络拓扑图简单易懂，有时候我们需要在适当的地方添加一些说明文字，此时可以选择“标注”按钮，然后在工作区域单击，即可在光标闪烁的地方输入文字。

LITO 模拟器的使用相对来说比较简单，其他工具功能的实现大家可以查阅相关的书籍。

# B

# HCL 模拟器的使用

## 一、HCL 简介

华三云实验室（H3C Cloud Lab，简称 HCL）是 H3C 官方 2014 年 11 月正式推出的模拟器，这是一款界面图形化的全真网络模拟软件，用户可以通过该软件实现 H3C 公司多个型号的虚拟设备的组网，是用户学习、测试基于 H3C 公司 Comware v7 平台的网络设备的必备工具。

## 二、软件下载地址

HCL 官方下载、HCL 论坛支持。

## 三、HCL 模拟器的基本用法

1. HCL 软件界面介绍

（1）标题栏及菜单栏区域：标题栏显示工程的名字，▼ 下拉式菜单中包括工程、编辑、设置、查看、帮助和退出，如图 B-1 所示。

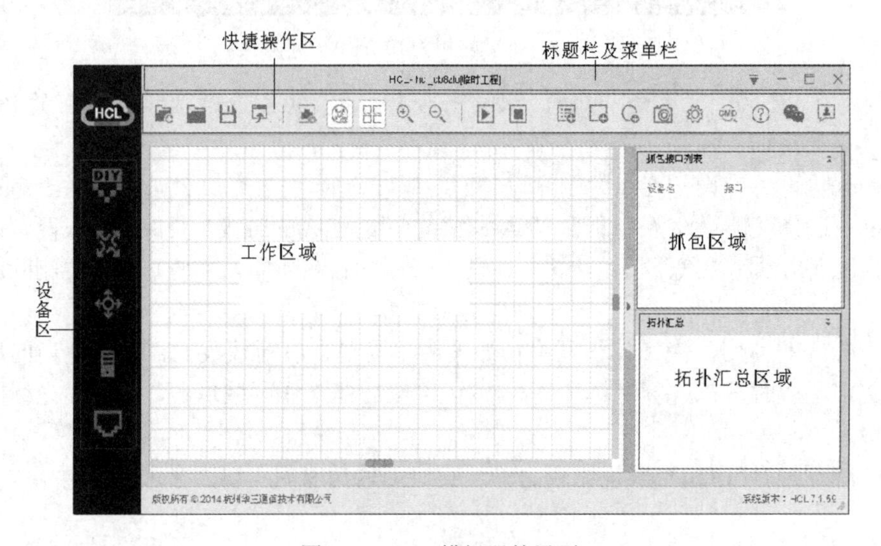


图 B-1　HCL 模拟器的界面

（2）快捷操作区：提供了用户经常使用的一些操作的快捷按钮。

（3）设备区；包含 DIY、路由器、交换机、终端 4 类设备和连线。

（4）工作区域：用户可以在此区域通过添加设备、连线和图形等元素组建虚拟网络。

（5）抓包区域：显示所有设置抓包接口的信息。

（6）拓扑汇总区域：显示工作区域所有设备的运行状态和接口之间的连线情况。

2. 模拟器的使用简介

（1）双击安装完成后的图标，如图 B-2 所示。

图 B-2　HCL 的快捷方式

（2）打开模拟器，系统自动新建一个临时工程，用户可在此临时工程上创建拓扑网络。也可以点击快捷操作区的“新建工程”图标 创建新的工程，如图 B-3 所示。

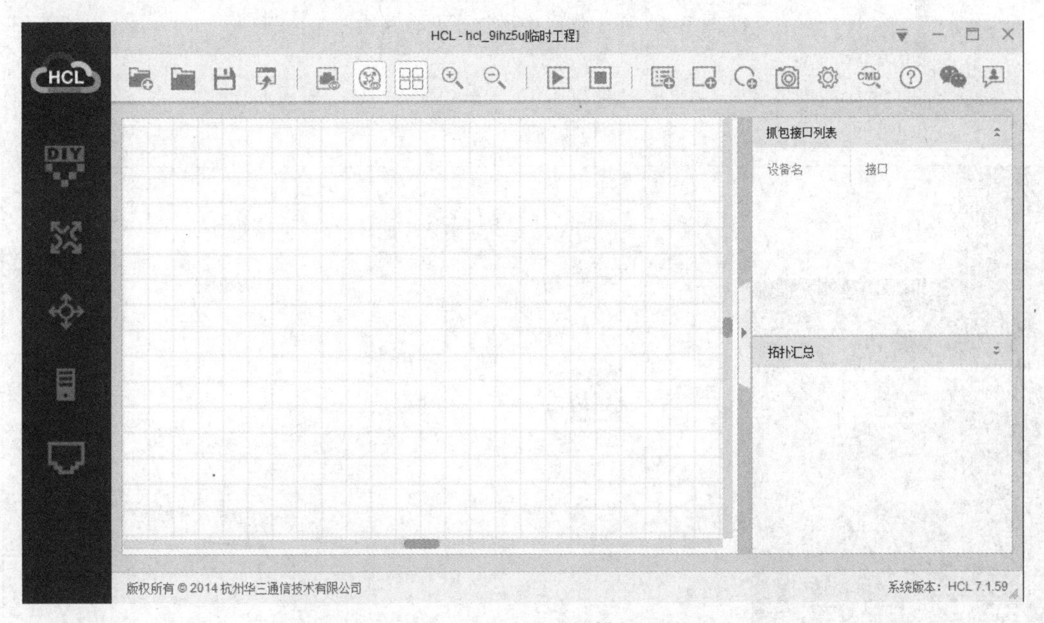


图 B-3　创建了临时工程的模拟器的界面

（3）从设备区选取相应的设备类型，添加到工作区域搭建网络拓扑，如图 B-4 所示。

（4）单击“连线”按钮 ，选择合适的连线类型，如图 B-5 所示。

（5）将两台路由器连接起来，如图 B-6 所示。

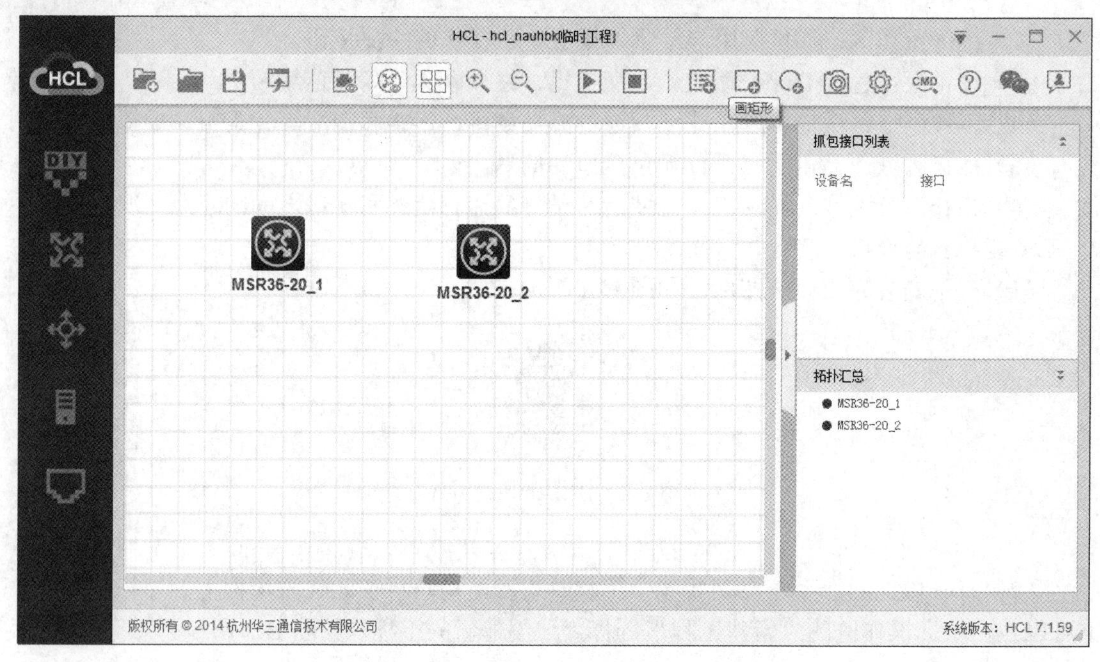


图 B-4　在工作区中添加了两台路由器

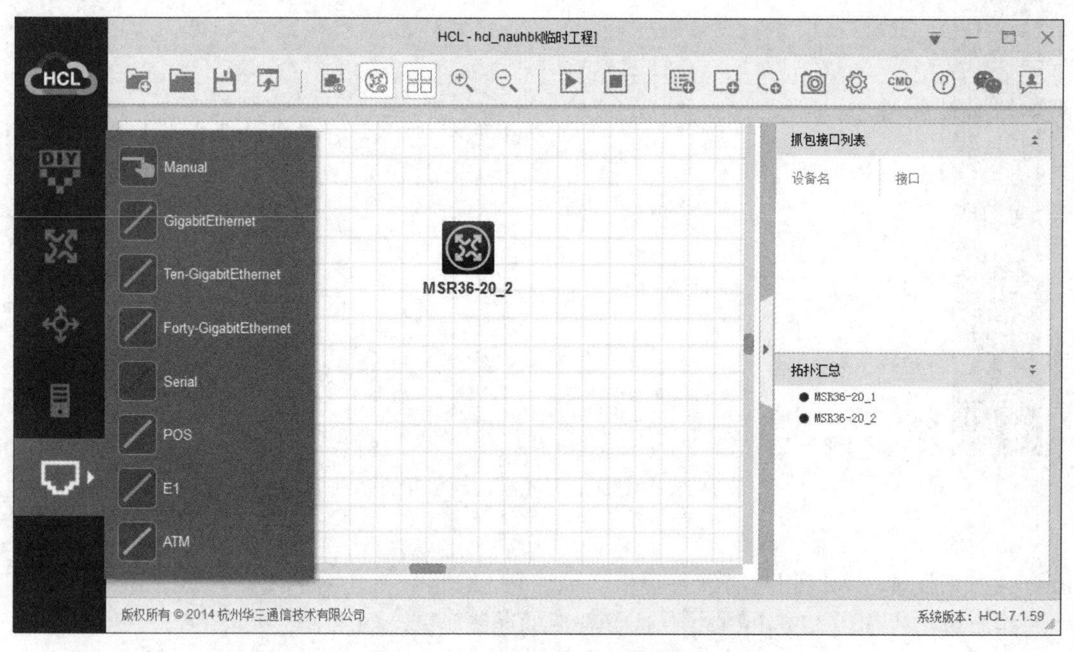


图 B-5　HCL 中提供的连线种类

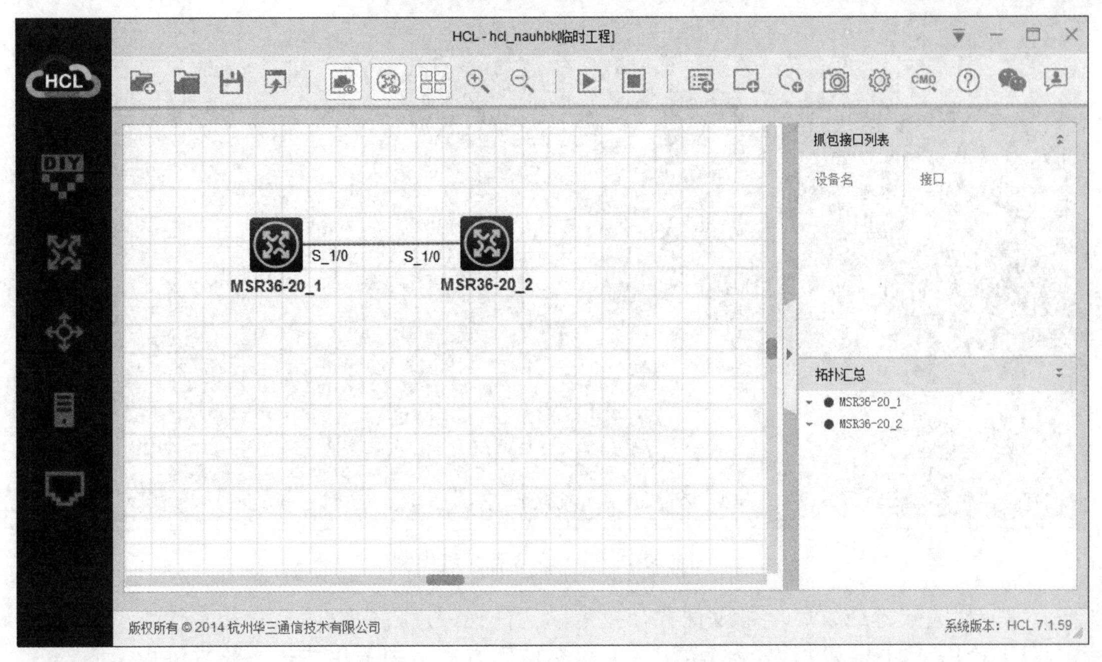


图 B-6　由串行线连接的两台路由器

（6）点击快捷操作区的“全部启动”按钮 ，启动工作区中的所有设备。或者在设备上单击右键，在弹出的快捷菜单中选择“启动”，逐个启动设备，如图 B-7 所示。

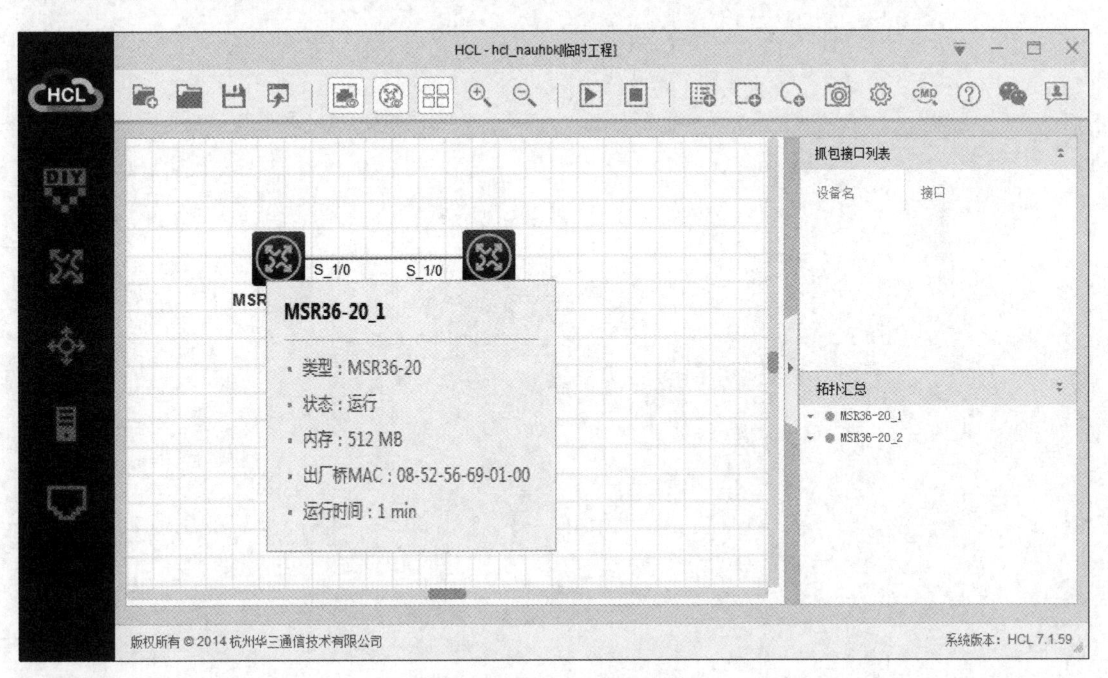


图 B-7　设备启动后的情况

（7）在设备上单击右键，选择快捷菜单中的“启动命令行终端”；或者双击设备，进入设备的命令行配置视图，如图 B-8 所示。

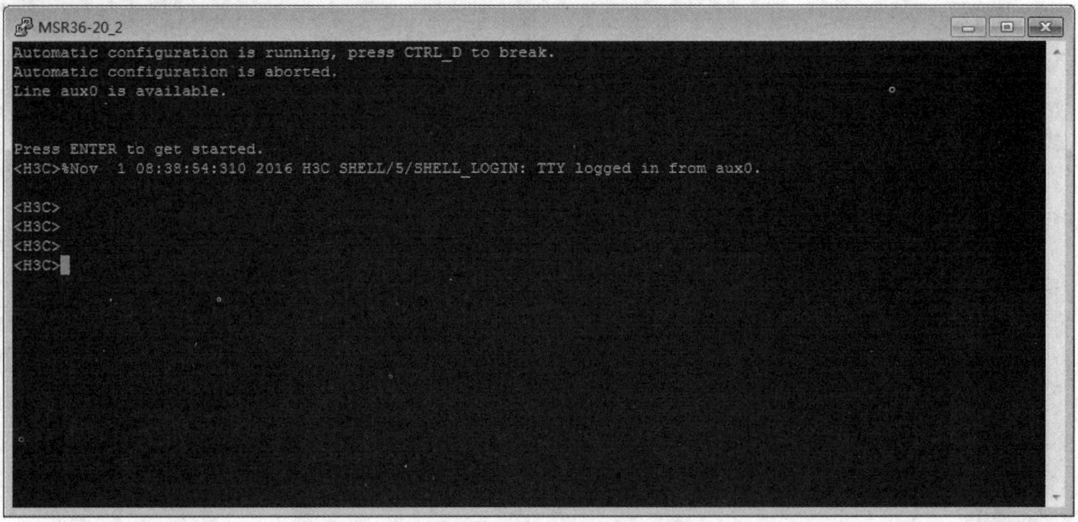

```
MSR36-20_2
Automatic configuration is running, press CTRL_D to break.
Automatic configuration is aborted.
Line aux0 is available.


Press ENTER to get started.
<H3C>%Nov  1 08:38:54:310 2016 H3C SHELL/5/SHELL_LOGIN: TTY logged in from aux0.

<H3C>
<H3C>
<H3C>
<H3C>
```

图 B-8　设备的命令行配置视图

（8）相关配置结束后，可以保存在指定的文件夹中，方便以后查看和修改。

以上给出了 HCL 模拟器的简单用法，更多使用方法请查看华三云实验室用户手册。

# 参考文献

[1] 杭州华三通信技术有限公司．路由交换技术第 1 卷（上册）[M]．北京：清华大学出版社，2011．
[2] 杭州华三通信技术有限公司．路由交换技术第 1 卷（下册）[M]．北京：清华大学出版社，2012．
[3] 华为 3com 技术有限公司．构建中小企业网络 HCNE．2006．
[4] 华为 3com 技术有限公司．构建企业级路由网络 HCSE．2006．
[5] 肖颖．网络规划与组建[M]．北京：高等教育出版社，2014．
[6] 褚建立．交换机/路由器配置与管理项目教程[M]．北京：清华大学出版社，2013．
[7] 谢尧，王明昊．网络设备配置实训教程[M]．北京：高等教育出版社，2015．
[8] 徐敬东，张建忠．计算机网络（第 2 版）[M]．北京：清华大学出版社，2013．
[9] 谢希仁．计算机网络教程[M]．北京：人民邮电出版社，2002．
[10] 王春霞，吴凤娟．局域网组建与维护[M]．长春：吉林大学出版社，2009．
[11] 曹克勤，汪浩．计算机网络教程[M]．天津：南开大学出版社．2007．
[12] 阚宝朋．计算机网络技术基础[M]．北京：高等教育出版社，2015．
[13] 张平安．交换机/路由器配置与管理任务教程．北京：高等教育出版社，2014．
[14] 伍技祥，张庚．交换机/路由器配置与管理实验教程．北京：中国水利水电出版社，2013．
[15] 梁广民，王隆杰．思科网络实验室．北京：电子工业出版社，2014．
[16] 张洪春．计算机网络技术与工程基础．南京：江苏教育出版社，2011．
[17] 刘远生．计算机网络基础．北京：清华大学出版社，2006．
[18] 王志良，王粉花．物联网工程概论．北京：机械工业出版社，2011．
[19] 王鹏，黄焱，安俊秀，张逸琴．云计算与大数据技术．北京：人民邮电出版社，2016．
[20] 余立建，王茜，李文仲．物联网/无线传感网实践与实验．成都：西南交通大学出版社，2011．